Stoff- und Wärmeübertragung
in der chemischen Kinetik

Stoff- und Wärmeübertragung in der chemischen Kinetik

Von

D. A. Frank-Kamenetzki

Ins Deutsche übertragen und bearbeitet

von

Dr. J. Pawlowski

Farbenfabriken Bayer A.G., Leverkusen

Mit 31 Abbildungen

Springer-Verlag Berlin Heidelberg GmbH

1959

Die russische Original-Ausgabe dieses Buches ist im Jahre 1947 erschienen (Russischer Staatsverlag, Moskau). Eine englische Übersetzung hat die Princeton University Press (Princeton N. Y.) im Jahre 1955 herausgebracht.

ISBN 978-3-662-13055-1   ISBN 978-3-662-13054-4 (eBook)
DOI 10.1007/978-3-662-13054-4

Vorbemerkung zur deutschen Ausgabe

Die vorliegende Monographie erschien 1947 in russischer Sprache als Veröffentlichung des Instituts für Chemische Physik der Akademie der Wissenschaften der USSR zu Moskau, herausgegeben von dem Direktor des Institutes, dem Nobelpreisträger N. N. SEMENOW, aus dessen Schule der Verfasser stammt. Sie behandelt das Zusammenwirken chemischer Umsetzungen mit den Transportprozessen der Diffusion, der hydrodynamischen Stoffbewegung und der Wärmeübertragung. Das Buch ist geschrieben von der höheren Warte eines Forschers, der in langjähriger Tätigkeit zahlreiche Probleme dieser Art erfolgreich bearbeitete und unsere Kenntnisse auf diesem Gebiet, das vielseitige Anforderungen stellt, erheblich bereicherte und vorantrieb. Neben DAMKÖHLER und anderen kann er als Begründer des Entwicklungszweiges der chemischen Kinetik bezeichnet werden, dem er selbst den Namen „Makroskopische Kinetik" gab und der bei uns als „Chemische Reaktionstechnik" oder „Technische Reaktionsführung" bekannt ist.

Trotz einiger einführender Abschnitte stellt das Buch keine „Einführung" in das Gebiet dar. Vielmehr handelt es sich um eine Monographie, in der die Arbeitsgebiete des Verfassers durchaus im Vordergrund stehen: Diffusionseinflüsse bei Löseprozessen und heterogenen Katalysen, stabile und instabile Reaktionszustände bei homogenen und heterogenen Verbrennungs- und Oxydationsprozessen (insbesondere Flammen und Explosionen) mit den Erscheinungen des Zündens und Löschens, sowie periodische Prozesse in chemisch reagierenden Systemen. Die allgemeineren Ausführungen dienen so gut wie ausschließlich dazu, diese Erscheinungen vom Standpunkt der Theorie her zu unterbauen und ihre tiefer liegenden Zusammenhänge in charakteristischen Analogien und Unterscheidungsmerkmalen herauszuarbeiten. Dabei wird der mathematische Apparat nur soweit ausgeführt, wie zum Verständnis und zur Deutung der Versuchsergebnisse erforderlich, und in starkem Maße von den Aussagemöglichkeiten der Dimensionsanalyse Gebrauch gemacht. Nur durch Verzicht auf Perfektion in dieser Hinsicht war es möglich, den breiten Bereich von den Grundlagen der chemischen Kinetik und der Transportvorgänge bis zur Auswertung von Meßergebnissen, z. B. über Explosionsgrenzen oder über Kontakttemperaturen bei exothermen heterogenen Katalysen in einem Buch dieses verhältnismäßig geringen Umfanges zu überspannen.

Auf diese Weise gewinnt die Monographie den Charakter eines großzügigen Wurfes aus persönlicher Sicht, mit allen Vorteilen einer einheitlichen Linie und vielfach ineinander verzahnten Darstellung. Jeder Abschnitt ist verbunden mit einer ausgewählten Bibliographie insbesondere russischer Originalveröffentlichungen, die anderweitig nur schwer zugänglich sind. Andererseits bedingt die persönliche Note in der Anlage des Buches, daß einige Darlegungen kaum allgemeine Zustimmung finden dürften, worauf SEMENOW in seinem Vorwort zu der Originalausgabe bereits hinwies.

Die Übersetzung durch Dr. J. PAWLOWSKI, Farbenfabriken Bayer, Leverkusen, lehnt sich im wesentlichen an das Original an. Nur dort, wo es aus didaktischen Gründen ratsam erschien, sind einige Überarbeitungen des Textes sowie der mathematischen Ableitungen vorgenommen und eine Reihe von Erläuterungen in Fußnoten hinzugefügt worden. Russische Namen im Text sind phonetisch wiedergegeben. Im Schrifttum erscheinen hingegen die Namen nach *ISO Recommendation R 9*, Okt. 1955 in Transliteration, die eine eindeutige Rückübersetzung ins Russische gestattet.

Die Bedeutung des Buches von FRANK-KAMENETZKI für die Entwicklung der „Makroskopischen Kinetik", die gerade heute in vielfacher Hinsicht stetig an Bedeutung gewinnt, wurde besonders unterstrichen durch eine von der Princeton University Press 1955 herausgebrachte englische Übersetzung, die N. THON besorgte und für die R. H. WILHELM das Vorwort schrieb. Es ist außerordentlich zu begrüßen, daß nunmehr auch eine deutsche Übersetzung vorliegt, welche die Monographie allen auf diesem Gebiet Lernenden und Lehrenden sowie praktisch Tätigen unmittelbar zugänglich macht.

Hamburg, im Januar 1959   **E. Wicke**

Geleitwort zur Originalausgabe

In der chemischen Kinetik hat sich in den letzten Jahren eine neue Richtung entwickelt, die eine komplexe Betrachtung der chemischen Prozesse in Verbindung mit den physikalischen Vorgängen der Stoff- und Wärmeübertragung anstrebt.

Es hat sich die Möglichkeit einer überraschenden Synthese der anscheinend gegenseitig so weit entfernten Wissenszweige abgezeichnet, wie die chemische Kinetik einerseits und die Theorie der Stoff- und Wärmeübertragung sowie die Hydrodynamik andererseits.

Vorgänge, die in der klassischen Kinetik als Störungen der chemischen Reaktion empfunden wurden, erlangten nunmehr, gerade in Verbindung mit den chemischen Prozessen, ein besonderes Interesse.

Diese Verknüpfung der Reaktionskinetik mit der Theorie der Stoff- und Wärmeübertragung und der Hydrodynamik führte zu einer Reihe wertvoller theoretischer Ergebnisse, zur Entwicklung neuer Untersuchungsmethoden der Reaktionskinetik und schuf die wissenschaftliche Grundlage für eine Reihe von wichtigen technischen Prozessen, wie Verbrennungs- und Lösevorgänge.

An der Entwicklung dieser neuen Disziplin nahm eine Reihe von Forschern aus mehreren Ländern teil; in der Sowjetunion waren es PREDWODITELEW, KNORRE, WULIS (Verbrennung der Kohle), SHAWORONKOW (Prozesse und Apparate der chemischen Technologie), TEMKIN, BORESKOW (Katalyse); im Ausland taten sich unter anderen HOTTEL, MAYERS, BURKE und SCHUMANN, SHERWOOD, CHILTON und COLBURN, LEWIS und ELBE, DAMKÖHLER, FISCHBECK hervor.

Im Institut für chemische Physik an der Akademie der Wissenschaften der UdSSR, wo man sich speziell mit den Problemen der chemischen Kinetik und der Theorie der Verbrennungsvorgänge befaßt, wurden unter anderem auch die Arbeiten über die makroskopische Kinetik durchgeführt. Es genügt in diesem Zusammenhang auf die bekannten Arbeiten von JELOWITSCH, TODES und SELDOWITSCH mit seiner Schule hinzuweisen. Aus dieser Schule kam auch der Verfasser des vorliegenden Buches.

Das vorliegende Werk bringt nicht nur in der sowjetischen, sondern auch in der wissenschaftlichen Weltliteratur zum erstenmal eine originale, einheitliche und systematische Darstellung sämtlicher Gebiete der makroskopischen Kinetik.

Dem Verfasser gelang es, einige neue wirksame Methoden zu entwickeln und eine Reihe von neuen physikalischen Begriffen einzuführen. Er zeichnete ferner wichtige Grenzgebiete ab und konnte eine Reihe wertvoller wissenschaftlicher Ergebnisse gewinnen. Man kann wohl sagen, daß mit diesem Werk die makroskopische Kinetik zu einer selbständigen wissenschaflichen Disziplin geworden ist.

Der Verfasser zeigte, daß die behandelten Fragen nicht nur spezieller angewandter Natur sind, sondern daß ihnen ein allgemein theoretisches Interesse gebührt.

Das Buch stellt eine Originalmonographie dar, die sich mit den Problemen auseinandersetzt, an deren Ausarbeitung der Verfasser unmittelbar und aktiv beteiligt war. Ohne den Anspruch auf die absolute Vollständigkeit und Objektivität in der Auswahl des Materials zu erheben, zeichnet sich das Buch durch einen einheitlichen und originellen Standpunkt aus, welcher konsequent eingenommen wird. Nicht alle in diesem Buch zum Ausdruck gekommenen Ansichten des Verfassers finden die allgemeine Anerkennung. So sind unter anderem die im Kap. V erläuterten Vorstellungen über die Eigenschaften der laminaren Unterschicht strittig. Es ist aber zweifellos für die Weiterentwicklung der Wissenschaft von Bedeutung, daß diese Fragen aufgeworfen werden.

Der Sowjetwissenschaft gebührt bereits eine beachtliche Stellung auf dem Gebiete der allgemeinen und insbesondere der makroskopischen chemischen Kinetik. Man kann zuversichtlich hoffen, daß das vorliegende Buch die Weiterentwicklung auf diesem Gebiet beschleunigen und den sich mit den angewandten Fragen beschäftigenden Chemikern, Physikern und Ingenieuren wertvolle Hilfe leisten wird.

N. N. Semenow
Mitglied der Akademie
der Wissenschaften der UdSSR

Vorwort des Verfassers

> Ich habe nicht allein bei anderen Autoren gesehen,
> sondern mich auch durch eigene Kunst überzeugen
> können, daß die chemischen Experimente, in Verbin-
> dung mit den physikalischen, besonders wirksam sind.
>
> M. W. LOMONOSSOW
> aus dem „Projekt über die Errichtung eines chemischen
> Laboratoriums an der Imp. Akad. der Wissenschaften.
> März des Jahres 1745"

Das eigentliche Thema dieses Buches ist die Rolle der physikalischen Faktoren beim Ablauf von chemischen Reaktionen.

Bereits vor zweihundert Jahren hat LOMONOSSOW vorausgesehen, wie sehr fruchtbringend die Verbindung zwischen der Chemie und der Physik sein muß. Bis zum heutigen Tag bringt die Entwicklung der Wissenschaft dafür immer neue Bestätigungen.

Es sind Mehrere, die an der Entwicklung der Ideen beteiligt waren, denen dieses Buch gewidmet ist.

Tiefe Verbundenheit schulde ich meinen Lehrern: JA. B. SELDOWITSCH, L. D. LANDAU und N. N. SEMENOW; meinen engsten Mitarbeitern: ERNA BLUMBERG, N. JA. BUBEN, Z. M. KLIBANOWA, I. E. SALNIKOW, HELENE FRIDMAN; — danke ich herzlichst. Ferner möchte ich für das entgegengebrachte Interesse für meine Arbeit sowie für wertvolle Ratschläge und Hinweise den Herren G. N. ABROMOWITSCH, A. A. ANDRONOW, A. P. WANITSCHEW, W. W. WOJEWODSKI, L. A. WULIS, W. I. GOLDANSKI, M. W. KELDYSCH, G. F. KNORRE, E. M. MINSKI, M. B. NEJMAN und W. W. POMERANZEW meinen Dank aussprechen.

D. A. Frank-Kamenetzki

Inhaltsverzeichnis

I. Einführung 1

Einiges aus der chemischen Kinetik 2
  Reaktionsgeschwindigkeit 2
  Einfache und zusammengesetzte Reaktionen 3
  Reaktionsordnung und Aktivierungsenergie 3
  Autokatalyse und Zwischenprodukte der Reaktion 4
  Kettenreaktionen 5
  Stationärer und nichtstationärer Reaktionsablauf 5
  Heterogene Reaktionen 7

Einiges über die Theorie der Stoff- und der Wärmeübertragung 8
  Ähnlichkeit des Diffusions- und des Wärmeübertragungsvorganges ... 8
  Wärmeleitung und Diffusion im ruhenden Medium 8
  Freie und erzwungene Konvektion 9
  Laminares und turbulentes Fließen 10
  Transportkoeffizienten 10
  Koeffizient des turbulenten Austausches 11
  Wärmeübergangszahl 12
  Stoffübergangszahl 13
  Ähnlichkeitstheorie 13
  Grenzschicht 17
  Die Probleme der Außen- und der Innenströmung 18
  Widerstandszahl und die Analogie von REYNOLDS 19
  Beziehungen zwischen den Kennzahlen 21
  Längsanströmung einer Platte 26
  Konvektion im Schüttgut 26
  Differentialgleichungen der Wärmeleitung und der Diffusion 27
  Analyse der Differentialgleichungen mit Hilfe der Ähnlichkeitstheorie 28

Schrifttum 31

II. Diffusionskinetik 32

Gleichmäßig zugängliche Reaktionsflächen 33
  Reaktionen erster Ordnung 34
  Das reaktionskinetische Gebiet und das Diffusionsgebiet 35

Einige Beispiele des Reaktionsablaufes im Diffusionsgebiet 37
  Verbrennung der Kohle 38
  Reaktionen gebrochener Ordnung 42
  Kinetik des Lösevorganges 46
  Heterogener Abbruch der Kettenreaktion 49
  Reaktionen an den Wänden eines geschlossenen Gefäßes 51

Diffusionskinetik polymolekularer Reaktionen 56
    Reaktionsverlauf bei mehreren diffundierenden Stoffen 56
    Gleichgewichtsreaktionen....................................... 59
    Parallel- und Folgereaktionen 61
    Autokatalytische Reaktionen 64
Gleichmäßig zugängliche Flächen.................................... 65
Poröse Körper 66
Diffusion durch eine Membran 74
Diffusion durch Poren 76
Bildung eines festen Schutzfilmes 77
Mikroheterogene Prozesse 78
Schrifttum 83

III. Einfluß des Stephan-Stromes 84

    Die Methode von MAXWELL-STEPHAN 89
    Kondensation von Dämpfen aus einem Gasgemisch 92
    Schrifttum 93

IV. Nichtisotherme Diffussion 94

    Gleichungen der Diffusion und der Wärmeleitfähigkeit bei gleichzeitigem Auftreten beider Prozesse 94
    Gesetze von ENSKOG und CHAPMANN........................... 94
    Das Thermodiffusionsgesetz in der FICKschen Form 96
    Angenäherte Theorie der nichtisothermen Diffusion................ 97
    Angenäherte Behandlung der Diffusionswärmeleitung 98
    Differentialgleichungen der Wärmeleitung und der Diffusion bei gleichzeitigem Verlauf beider Vorgänge 99
    Schrifttum 100

V. Chemische Hydrodynamik 100

    Konvektive Diffusion in Flüssigkeiten und Geschwindigkeitsverteilung an einer festen Wand 101
    Diffusionsschicht 102
    Laminare Unterschicht 103
    Dimensionsanalytische Betrachtung 104
    Allgemeine Formeln 106
    Fehlen der laminaren Unterschicht 108
    Theorie von LANDAU und LEWITSCH 110
    Laminare Unterschicht mit unstetigem Übergang................. 111
    Empirische Formeln 113
    Geschwindigkeitsverteilung im turbulenten Strom 116
    Laminare Unterschicht mit Übergangszone 117
    Gegenüberstellung verschiedener Hypothesen über die Geschwindigkeitsverteilung... 122
    Diffusion zu den schwebenden Teilchen und die lokale Struktur der Turbulenz 124
    Schrifttum 127

VI. Theorie der Verbrennung vom Standpunkt der Dimensionsanalysis 128

Theorie der thermischen Selbstentflammung...................... 128
  Stationäre Theorie der thermischen Explosion 130
  Nichtstationäre Theorie der thermischen Explosion 134
Thermische Ausbreitung der Flammenfront...................... 137
  Theorie von DANIELL 140
  Theorie von SELDOWITSCH 142
  Diffusionsbedingte Ausbreitung der Flamme 147
Schrifttum 148

VII. Temperaturverteilung im Reaktionsgefäß und stationäre Theorie der Wärmeexplosion 149

Stationäre Theorie.. 149
Korrektur für den Stoffverbrauch während der Induktionsperiode 160
Wärmeexplosion bei autokatalytischen Reaktionen.................. 160
Experimentelle Prüfung der Wärmeexplosions-Theorie.............. 161
Schrifttum 167

VIII. Ausbreitung der Flamme 167

Die Gleichung und die Grenzbedingungen 168
Eindeutigkeit der Lösung 169
Thermische Ausbreitung der Flamme 170
Die Wärmestrom-Methode 172
Diffusionsbedingte Ausbreitung (Kettenausbreitung) der Flammenfront bei der Autokatalyse zweiter Ordnung........................ 174
Verbrennung im strömenden Gas................................ 175
Turbulente Verbrennung 176
Schrifttum 177

IX. Wärmehaushalt bei heterogenen exothermen Reaktionen............ 178

Qualitative Erörterung des Zünd- und des Löschvorganges bei beliebiger Reaktionskinetik 180
Mathematische Theorie des Zündens und des Löschens bei Reaktionen erster Ordnung 182
Stationäre Erwärmung der Reaktionsfläche 188
  Berücksichtigung der Thermodiffusion und der Diffusionsleitfähigkeit 191
  Berücksichtigung des STEPHAN-Stromes 194
  Experimentelles Material 199
Stationärer Reaktionsverlauf in einer Schicht und in einem Kanal 203
  Anwendungen 207
  Betriebszustand der Kontakt-Apparate 207
  Verbrennung der Kohle 209
  Katalytische Oxydation des Isopropylalkohols 211
  Katalytische Gasanalysatoren 213
Schrifttum 213

X. Periodische Prozesse in der chemischen Kinetik 214

Bedingungen für kleine oszillierend auftretende Abweichungen des chemischen Prozesses von seinem stationären Verlauf 214

Relaxationsbedingte periodische Schwankungen 216

Das VOLTERRA-LOTKA-System 216

Periodische Vorgänge bei der Oxydation der Kohlenwasserstoffe 217

Thermokinetische periodische Vorgänge 218

Schrifttum 220

Namenverzeichnis 221

Sachverzeichnis 223

Formelzeichen[1]

a = Temperaturleitzahl (I, 12)
a = Integrationskonstante (VII, 12)
A = Austauschkoeffizient (I, 15), (Kap. V)
A = Proportionalitätskonstante (II, 81)
$\mathfrak{A}$ = Maximale Reaktionsarbeit (II, 46)
b = Koeffizient, Integrationskonstante
B = Dimensionsloser Parameter (VI, 25)
c = Spezifische Wärme
C = Konzentration
C = Widerstandszahl (S. 19)
C = Dimensionsloser Parameter (S. 145)
d = Charakteristische Länge
D = Diffusionskonstante (I, 11)
E = Aktivierungsenergie (I, 2)
f = Kinetische Konstante der Kettenverzweigung (I, 3)
   = Widerstandszahl (I, 30)
   = Erdbeschleunigung
   = Kinetische Konstante (I, 3)
g = Adsorbierte Menge (S. 7)
Gr = Grashof-Zahl (I, 27)
J_0, J_1 = Bessel-Funktionen
J = Mittlere Enthalpie des Gemisches
k = Geschwindigkeitskonstante (I, 1)
k^* = Effektive Geschwindigkeitskonstante (II, 7)
k_T = Koeffizient der Thermodiffusion (IV, 3)
K = Gleichgewichtskonstante (II, 43)
l = Freie Mischlänge (I, 15)
L = Länge
L = Eindringtiefe der Reaktion (II, 72)
L = Hydrodynamische Konstante (V, 6)

m = Exponent
n = Exponent
n_0 = Startgeschwindigkeit (I, 3)
N = Spezifische Porenanzahl
Nu = Nusselt-Zahl der Wärmeübertragung (I, 18)
Nu' = Nusselt-Zahl der Stoffübertragung (I, 19)
p = Partialdruck
P = Gesamtdruck
Pr = Prandtl-Zahl (I, 22)
Pe = Péclet-Zahl (I, 40)
q = Wärme- bzw. Stoffstromdichte
Q = Reaktionswärme
r = Radius
r' = Hydraulischer Radius
R = Gaskonstante
Re = Reynolds-Zahl (I, 24)
S = Querschnitt
Sc = Schmidt-Zahl (I, 23)
St = Stanton-Zahl der Wärmeübertragung (I, 20)
St' = Stanton-Zahl der Stoffübertragung (I, 21)
t = Zeit
T = Absolute Temperatur
u = Schwankungsgeschwindigkeit (I, 15)
U_1 = Dimensionsloser Parameter (II, 35)
u = Dimensionslose Temperaturgröße (VI, 6)
$u_{1,2}$ = Mittlere Strömungsgeschwindigkeit der einzelnen Gemischkomponenten (III, 19)
U = Mittlere quadratische Geschwindigkeit (I, 14)
v = Reaktionsgeschwindigkeit (I, 1)
v = Strömungsgeschwindigkeit

---

[1] Die in Klammern stehenden Angaben weisen auf das jeweilige Kapitel und die Beziehung hin, wo das betreffende Formelzeichen erstmalig vorkommt (Pa).

V = Charakteristische Strömungs-
geschwindigkeit
w = Geschwindigkeit der Flammen-
ausbreitung (VI, 29)
x = Ortskoordinate
x = Konzentration
x = Dimensionslose Feldgröße
x = Molbruch
X = Stationärer Wert der Konzen-
trationen
z = Mittlerer Teilchendurchmesser
z = Häufigkeitsfaktor
α = Wärmeübergangszahl (I, 16)
β = Stoffübergangszahl (I, 17)
γ = Dimensionslose Größe (III, 10)
δ = Dimensionsloser Parameter
(VI, 14), (VII, 9), (IX, 7a), (IX, 61)
δ = Dicke des festen Schutzfilmes
δ_λ = Dicke der Temperaturgrenz-
schicht (I, 28)
δ_D = Dicke der Diffusionsgrenz-
schicht (I, 28a)
ε = Wahrscheinlichkeit des Ketten-
abbruches (S. 50)
ε = Spezifische Dissipationswärme
(V, 100)
ε = Induktionskorrektur für den
Stoffverbrauch (VII, 28)
ζ = Widerstandszahl
ζ = Dimensionslose Konzentration
ζ = Dimensionsloser Parameter
(IX, 59a)

ϑ = Dimensionslose Temperatur
θ = Dimensionslose Temperatur
(VI, 12)
$\varkappa$ = Universelle Turbulenzkonstante
(V, 65)
λ = Wärmeleitzahl (I, 10)
λ = Freie Weglänge
μ = Dynamische Zähigkeit
μ = Dimensionsloser Parameter (II, 11)
μ = Eigenwert der Bessel-Funktion
μ = Dimensionsloser Parameter
(IX, 7b)
ν = Kinematische Zähigkeit
ν = Stöchiometrischer Koeffizient
ν = Dimensionsloser Parameter (VI, 7a)
ν = Dimensionsloser Parameter
(IX, 5a, b)
ξ = Dimensionslose Ortskoordinate
ξ = Dimensionsloser Parameter
(IX, 11)
Π = Kreisumfang
ϱ = Stoffdichte
σ = Dimensionsloser Parameter
(VII, 13)
τ = Schubspannung
τ = Charakteristische Zeit
φ = Dimensionslose Konzentra-
tionsdifferenz
φ = Geschwindigkeitsverhältnis
χ = Labyrinthfaktor (S. 71)
ω = Volumen
Ω = Spezifischer Porenquerschnitt

Kapitel I

Einführung

Die *klassische chemische Kinetik* befaßt sich mit dem Ablauf von chemischen Reaktionen unter idealisierten Bedingungen; es wird vorausgesetzt, daß die reagierenden Stoffe örtlich gleichmäßig verteilt sind und die Temperatur im Reaktionssystem zeitlich und räumlich unverändert bleibt.

Die *makroskopische Kinetik* hat hingegen das Studium des Reaktionsablaufes unter den realen, in der Natur und in der Technik vorkommenden Bedingungen zum Ziel, indem sie auch die physikalischen Vorgänge berücksichtigt, die sich der chemischen Reaktion überlagern. Die wichtigsten dieser physikalischen Vorgänge sind das Diffundieren der Ausgangsstoffe und der Reaktionsprodukte sowie Erzeugung und Transport der Reaktionswärme. Beide Vorgänge werden in hohem Grade durch hydrodynamische Bedingungen — die Strömungsart des Gases oder der Flüssigkeit — und durch die damit verbundene konvektive Übertragung der Wärme und der Materie beeinflußt.

Die eigentliche Aufgabe der makroskopischen Kinetik liegt damit in der Untersuchung der Diffusion, der Wärmeübertragung und der Konvektion beim Ablauf von chemischen Reaktionen.

Das Studium dieser komplizierten Vorgänge ist in dreifachem Sinn von Bedeutung:

Erstens geht es hier um die Erfassung von chemischen Vorgängen unter den realen, uns praktisch interessierenden Bedingungen. So beruhen die für die technischen Anwendungen bedeutungsvollen Theorien der Verbrennungserscheinungen [1,2], der Lösevorgänge [3] und der katalytischen Prozesse [4,5] auf den Grundlagen der makroskopischen Kinetik.

Zweitens stellt das Studium der makroskopischen Kinetik eine wirksame Methode zur Untersuchung der tatsächlichen Kinetik und des echten Mechanismus der chemischen Vorgänge dar, deren unmittelbare Erfassung durch das Auftreten des Wärme- und Stofftransportes erschwert wird.

Diese Methode hat sich unter anderem bei der Untersuchung von stark exothermen Reaktionen bewährt: So konnte zum Beispiel aus dem

Studium der Explosionsvorgänge [*6*] und der Fortpflanzungsgeschwindigkeit der Flammenfront [*7*] auf die chemische Kinetik der Verbrennungs-
reaktionen geschlossen werden; ferner trug die Untersuchung der kritischen Bedingungen der Zünd- und der Löscherscheinungen zur Klärung
der wahren Kinetik einiger heterogener exothermer Reaktionen [*8*] bei.

Schließlich vermag das Studium der makroskopischen Reaktionskinetik
auch über die Vorgänge der Wärme- und Stoffübertragung aufschluß-
reiche Erkenntnisse zu liefern [*3*], [*9*].

Die konvektive Stoffübertragung ist gewöhnlich mit der turbulenten
Bewegung des Gases bzw. der Flüssigkeit verbunden. Untersuchung von
Vorgängen, wie z. B. des Auflösens von Metallen und Salzen in einer turbulent strömenden Flüssigkeit, kann daher einen wertvollen Einblick in
den Strömungsmechanismus vermitteln und ist somit auch für die Hydrodynamik von unmittelbarer Bedeutung. Wir wollen den Teil der makroskopischen Kinetik, dessen Ziel die Klärung der hydrodynamischen Probleme ist, als *chemische Hydrodynamik* bezeichnen.

Die makroskopische Kinetik läßt sich in folgende wesentliche Abschnitte einteilen:

1. *Diffusionskinetik*, die sich mit dem Einfluß der Stoffübertragung
auf den Ablauf von heterogenen chemischen Reaktionen mit vernachlässigbar geringer Wärmetönung befaßt;

2. *Theorie der Verbrennungsvorgänge*, deren Gegenstand die Wärmeübertragung beim Ablauf *homogener exothermer* Reaktionen ist;

3. Wärmeregime der *heterogenen exothermen* Reaktionen, bei denen sowohl die Stoff- als auch die Wärmeübertragung von Bedeutung sind.

*Die makroskopische Kinetik stellt somit eine Synthese zweier wissen-
schaftlicher Disziplinen — der chemischen Kinetik und der Theorie der
Wärme- und Stoffübertragung dar.*

Bevor auf die eigentlichen Probleme der makroskopischen Kinetik
eingegangen wird, werden nachfolgend die Grundbegriffe dieser beiden
Disziplinen, die für das Verständnis des weiteren unumgänglich sind, in
Form einer Einführung zusammenfassend behandelt.

Einiges aus der chemischen Kinetik

Reaktionsgeschwindigkeit

Man unterscheidet homogene und heterogene chemische Reaktionen,
je nachdem, ob sie sich in einem Volumen oder an einer Grenzfläche
zwischen zwei Phasen abspielen.

Unter der Geschwindigkeit einer homogenen Reaktion versteht man
die pro Volumen- und Zeiteinheit umgesetzte Substanzmenge; sie ist daher gleich der zeitlichen Konzentrationsänderung dieser Substanz.

Als Geschwindigkeit einer heterogenen Reaktion wird dagegen jene Stoffmenge definiert, die pro Flächeneinheit innerhalb einer Zeiteinheit umgesetzt wird; sie steht daher mit der Veränderung der Gesamtkonzentration des reagierenden Stoffes nicht mehr in einem direkten Zusammenhang.

In beiden Fällen ist die Reaktionsgeschwindigkeit eine Funktion der herrschenden Temperatur und der Konzentration der reagierenden Stoffe.

Einfache und zusammengesetzte Reaktionen

Alle Reaktionen, ob homogen oder heterogen, lassen sich in einfache und zusammengesetzte Reaktionen einteilen.

Unter den erstgenannten versteht man solche Reaktionen, deren Geschwindigkeit nur von den Konzentrationen der Ausgangsstoffe und nicht von den Konzentrationen der Reaktionsprodukte abhängt.

Als zusammengesetzte Reaktionen werden hingegen solche bezeichnet, deren Geschwindigkeit sowohl von den Konzentrationen der Ausgangsstoffe als auch der Reaktionsprodukte oder häufiger der Zwischenprodukte abhängt.

Da sich im allgemeinen die Konzentration der Zwischenprodukte nur schwer bestimmen läßt und sich außerdem im Verlauf der Reaktion stark verändert, täuscht dies eine scheinbare Abhängigkeit der Geschwindigkeitskonstante von der Zeit vor.

Reaktionsordnung und Aktivierungsenergie

Die Abhängigkeit der Reaktionsgeschwindigkeit von den Konzentrationen der reagierenden Stoffe wird gewöhnlich durch den Potenzansatz

$$v = k \cdot C_A^{n_A} \cdot C_B^{n_B} \ldots \tag{I, 1}$$

dargestellt, worin v die Reaktionsgeschwindigkeit und C_A, C_B, ... die Konzentrationen der Reaktionsstoffe A, B, ... bedeuten.

Der Faktor k wird als Geschwindigkeitskonstante bezeichnet und hängt nur von der Temperatur ab. Der Exponent n gibt die Ordnung der Reaktion bezüglich der betreffenden Substanz an. Manchmal versteht man unter der Reaktionsordnung die Summe aller Exponenten. Bei den Gasreaktionen wird diese summarische Ordnung öfters auf den totalen Gasdruck bezogen.

Der Einfluß der Temperatur auf die Reaktionskonstante wird durch das Gesetz von ARRHENIUS

$$k = z \cdot \exp(-E/RT) \tag{I, 2}$$

wiedergegeben. Es bedeuten dabei T die absolute Temperatur, R die Gaskonstante, E die sogenannte Aktivierungsenergie und z den Häufigkeitsfaktor. Die beiden letzten Größen stellen charakteristische Konstanten der chemischen Reaktion dar, wobei die Aktivierungsenergie den Energiebetrag eines Moleküls angibt, welcher für die Auslösung der Reaktion erforderlich ist.

Im Falle einer einfachen Reaktion stehen in der Formel (I, 1) nur die Konzentrationen der Ausgangsstoffe. Handelt es sich jedoch um eine zusammengesetzte Reaktion, so gehen in diese Formel auch die Konzentrationen der Endprodukte, oder — was in den meisten Fällen zutrifft —, die Konzentrationen der Zwischenprodukte der ablaufenden Reaktion ein.

Autokatalyse und Zwischenprodukte der Reaktion

Nimmt die Reaktionsgeschwindigkeit mit steigender Konzentration eines der sich bildenden Produkte zu, so wird eine solche Reaktion als autokatalytisch und der die Reaktion beschleunigende Stoff als aktiv bezeichnet. Dabei unterscheidet man die Autokatalyse durch Zwischen- und durch Endprodukte.

Die meisten wirklichen chemischen Prozesse sind zusammengesetzter Natur und verlaufen über aktive Zwischenprodukte. Da Reaktionen zwischen den stabilen Molekülen einer hohen Aktivierungsenergie bedürfen, laufen sie mit sehr geringen Geschwindigkeiten ab. Die Reaktionen, welche man in Wirklichkeit beobachtet, gehen gewöhnlich auf Umwegen unter Vermeidung der hohen Energieschwellen vor sich [10], [11], [12].

Im ersten Stadium einer homogenen Reaktion werden gewöhnlich aus den Ausgangsstoffen gewisse aktive Zwischenprodukte gebildet. Die Natur solcher Zwischenprodukte ist zur Zeit noch nicht hinlänglich bekannt und dürfte von Fall zu Fall recht unterschiedlich sein. Häufig sind als solche aktiven Zwischenprodukte Radikale und gar einzelne freie Atome wirksam. In anderen Fällen können es recht komplizierte und verhältnismäßig stabile Verbindungen sein, die aus irgendeinem Grunde eine erhöhte Reaktionsfähigkeit besitzen, wie dies bei manchen organischen Peroxyden der Fall ist.

Während die primäre Bildung der aktiven Zwischenprodukte aus den stabilen Ausgangsmolekülen in Anbetracht der hohen Aktivierungsenergie nur langsam vonstatten geht, läuft die weitere Reaktion zwischen den Ausgangsstoffen und den bereits entstandenen aktiven Zwischenprodukten (besonders bei Radikalen und freien Atomen) dank der geringeren Aktivierungsenergie mit höherer Geschwindigkeit ab.

Für einen verzögerungsfreien Reaktionsverlauf ist eine ausreichende Regenerierung der aktiven Zwischenprodukte erforderlich; es müssen sich, mit anderen Worten, beim Reagieren der Zwischenprodukte mit den Ausgangsstoffen nicht nur die Endprodukte, sondern auch neue Moleküle der aktiven Zwischenprodukte bilden.

Kettenreaktionen

Als Kettenreaktionen werden solche Reaktionen bezeichnet, bei denen eine ausreichende Regenerierung der aktiven Zwischenprodukte stattfindet. Wie SEMENOW [10], HINSHELWOOD und andere gezeigt haben, zählt die Mehrzahl der realen zusammengesetzten homogenen Reaktionen zu den Kettenreaktionen.

Die Kettenreaktionen zeichnen sich dadurch aus, daß ihr Ablauf zwei charakteristische Formen aufweisen kann — die stationäre und die nichtstationäre. Wird die Konzentration des aktiven Produktes mit x bezeichnet, so gehorcht sie folgender kinetischen Gleichung

$$dx/dt = n_0 + f\,x - g\,x \qquad (\mathrm{I,3})$$

wobei n_0 als *Startgeschwindigkeit* der Reaktionsketten, f und g als kinetische Geschwindigkeitskonstanten der *Kettenverzweigung* und des *Kettenabbruchs* bezeichnet werden.

Unter dem *Kettenstart* versteht man den Prozeß der primären Bildung des aktiven Produktes — des Kettenträgers — aus den Ausgangsstoffen. Eine Kettenverzweigung liegt vor, wenn beim Reagieren eines Moleküls des aktiven Produktes mit den Ausgangsstoffen mindestens zwei oder mehrere weitere aktive Moleküle gebildet werden. Von Kettenabbruch spricht man hingegen, wenn das aktive Produkt beim Reagieren verlorengeht.

Außer den genannten Vorgängen existiert noch ein weiterer Reaktionsprozeß, bei dem das aktive Produkt *regeneriert* wird, indem an Stelle eines verbrauchten aktiven Moleküls ein neues aktives Molekül gebildet wird. Da durch diesen Prozeß der *Kettenfortsetzung* die Konzentration des aktiven Produktes unverändert bleibt, hat er auf die kinetische Gl. (I, 3) keinen Einfluß. Die *Umsatzgeschwindigkeit* des eigentlichen chemischen Prozesses, das heißt die Überführung der Ausgangsstoffe in die Endprodukte ist jedoch durch das Produkt aus der Geschwindigkeit der Kettenfortsetzung und der momentanen Konzentration des aktiven Zwischenproduktes gegeben.

Stationärer und nichtstationärer Reaktionsablauf

Die Lösung der Gl. (I, 3) hängt von dem Verhältnis der beiden Konstanten f und g ab. Bei $g > f$ liegt ein stationärer Reaktionsverlauf vor, wobei die Konzentration x des aktiven Produktes im Laufe der Zeit den stationären Wert

$$X = n_0/(g - f) \qquad (\mathrm{I,4})$$

annimmt. Sobald dieser Konzentrationswert des aktiven Produktes erreicht ist, läuft die Reaktion mit einer konstanten Geschwindigkeit

$$v = k\,X \qquad (\mathrm{I,5})$$

weiter, wobei k die Geschwindigkeitskonstante der Kettenfortsetzung
bedeutet.

In Wirklichkeit hängen die Größen n_0, g und f von der Konzentration der Ausgangsstoffe ab, so daß sich ihre Werte beim Reaktionsverlauf langsam verändern. Zugleich ändert sich gemäß (I, 4) auch die
Größe X, so daß es richtiger wäre, sie als quasistationäre Konzentration
des Kettenträgers zu bezeichnen. Die anfängliche Änderung der Größe x,
bevor sie den quasistationären Wert X erreicht hat, vollzieht sich in einer
sehr kurzen Zeit, innerhalb welcher die Konzentrationen der Ausgangsstoffe sich noch nicht merklich verändern.

Bei $f > g$ ergibt sich ein ganz anderes Bild, die Reaktion nimmt einen
instationären Verlauf. Die Lösung der Gleichung lautet nunmehr

$$x = \frac{n_0}{\varphi}\,(e^{\varphi t} - 1) \tag{I, 6}$$

wobei $\varphi = f - g$, und t die Zeit bedeuten.

Für Zeiten, größer als $1/\varphi$, gehorcht die zeitliche Konzentrationsänderung dem Exponentialgesetz und ist proportional der Größe $e^{\varphi t}$.
Die Anfangsperiode, innerhalb welcher sowohl die Konzentration des
aktiven Produktes als auch die Reaktionsgeschwindigkeit äußerst gering sind, nennt man *Induktionsperiode*. Ihre Dauer hat die Größenordnung von $1/\varphi$.

Werden die Reaktionsbedingungen einer stationären Reaktion und somit auch die Größen g und f derart variiert, daß $g = f$ wird, so erfolgt
dabei ein plötzlicher Umschlag des stationären Ablaufes in den instationären. Diese Erscheinung wird als *Entflammung durch Kettenverzweigung* bezeichnet.

Wir haben bislang den einfachsten Fall betrachtet, daß an der Reaktion nur ein einziges aktives Zwischenprodukt beteiligt ist und die reaktionskinetischen Gleichungen linear sind. In Wirklichkeit können diese
Gleichungen bedeutend komplizierterer Art sein; das prinzipielle Bild
des Reaktionsverlaufes bleibt dennoch dabei im wesentlichen unverändert.

Es mögen nun an der Reaktion mehrere aktive Zwischenprodukte beteiligt sein, deren Konzentrationen wir mit x_i bezeichnen. Die zeitliche
Konzentrationsänderung eines jeden dieser Produkte kann durch kinetische Gleichungen allgemeiner Form

$$\frac{dx_i}{dt} = F_i(x; a) \tag{I, 7}$$

beschrieben werden, wobei x die Konzentrationen der Kettenträger,
a die Konzentrationen der Ausgangsstoffe und F_i gewisse Funktionen
bedeuten. Werden die rechten Seiten dieser Gleichungen gleich Null
gesetzt, so erhält man ein simultanes System von algebraischen

Gleichungen

$$F_i(x; a) = 0 \qquad (i = 1, 2, \ldots) \qquad (\text{I, 8})$$

deren Lösungen die quasistationären Konzentrationswerte X der Zwischenprodukte als Funktionen der Konzentrationswerte der Ausgangsstoffe liefern

$$X = f(a) \qquad (\text{I, 9})$$

Sofern das Gleichungssystem (I,8) endliche und reell positive Lösungen besitzt und gewisse Bedingungen [11] erfüllt sind, liegt ein stationärer Reaktionsverlauf vor. Nach einer kurzen Anfangsperiode erreichen die Konzentrationen der Zwischenprodukte angenähert die quasistationären Werte X und verändern sich im weiteren Verlauf nur infolge der allmählichen Änderung der Konzentrationswerte der Ausgangsstoffe. Hat das Gleichungssystem (I, 8) keine endlichen und reell positiven Lösungen, so handelt es sich um einen nichtstationären Reaktionsverlauf. Die Konzentrationen der aktiven Zwischenprodukte, mithin auch die Reaktionsgeschwindigkeiten, nehmen in diesem Falle fortwährend zu. Bei gleichbleibenden Konzentrationen der Ausgangsstoffe würde dieser Vorgang unbegrenzt weitergehen; in Wirklichkeit setzt das eintretende Verarmen des Reaktionssystems an Ausgangsstoffen der weiteren Intensivierung eine Grenze.

Der Übergang vom stationären zum nichtstationären Reaktionsablauf äußert sich mathematisch darin, daß das Gleichungssystem (I, 8) nur noch negative bzw. komplexe Lösungswerte liefert. Dieses ist die allgemeinste Bedingung für die Entflammung durch Kettenverzweigung.

Heterogene Reaktionen

Bei den heterogenen Reaktionen sind gewöhnlich die an die Reaktionsfläche chemisch gebundenen oder wie man sagt, von der Fläche chemisch adsorbierten Moleküle als aktive Zwischenprodukte wirksam. Aus diesem Grunde sind im chemischen Mechanismus der heterogenen Reaktionen gewisse *Adsorptionsvorgänge* von ausschlaggebender Bedeutung.

Die Kinetik der realen heterogenen Reaktionen wird durch die ungleichmäßige Beschaffenheit der Reaktionsfläche wesentlich komplizierter gestaltet. Die Oberfläche eines festen Körpers ist energetisch und reaktionskinetisch niemals völlig homogen. Die einzelnen Bereiche der Oberfläche weisen vielmehr unterschiedliche Werte der Adsorptionswärme und der Aktivierungsenergie auf.

Die Adsorption an einer *homogenen Oberfläche* gehorcht der *Adsorptionsisotherme von* LANGMUIR, wonach die Menge g des adsorbierten Stoffes von dem Partialdruck p dieses Stoffes in der Gasphase gemäß der Beziehung

$$g = g_0 \cdot p/(p + b)$$

gegeben ist. Die Größen g_0 und b sind hierbei gewisse Konstanten.

Ähnlich muß auch die Abhängigkeit der Reaktionsgeschwindigkeit von der Konzentration der Reaktionskomponenten in der Gasphase für eine homogene Oberfläche sein, wenn die sogenannte LANGMUIRsche Kinetik vorliegt.

Für *nichthomogene Oberflächen* wird die adsorbierte Menge gewöhnlich durch die *Freundlich-Isotherme*

$$g = C \cdot p^{1/n}$$

in Zusammenhang zum Partialdruck gebracht. Der Exponent n ist dabei größer als Eins; C ist hier eine Konstante.

Dieser Adsorptionsisotherme entspricht gewöhnlich die Reaktionskinetik *gebrochener* Ordnung.

Auf die theoretische Analyse von zusammengesetzten heterogenen Reaktionen an einer nicht homogenen Oberfläche können wir hier nicht näher eingehen. Dieser Frage ist bereits eine große Anzahl von Arbeiten gewidmet. Die entsprechenden Zitate können unserer Übersicht [13] entnommen werden. Hinsichtlich der theoretischen Deutung der Isotherme von FREUNDLICH sei auf die Arbeit von SELDOWITSCH [14] verwiesen.

Einiges über die Theorie der Stoff- und der Wärmeübertragung

Ähnlichkeit des Diffusions- und des Wärmeübertragungsvorganges

Die Prozesse der Wärme- und der Stoffübertragung sind einander ähnlich, wobei die molekulare Wärmeleitung der molekularen Diffusion und die konvektive Wärmeübertragung der konvektiven Stoffübertragung entsprechen. Lediglich die Wärmestrahlung besitzt in der Stoffübertragung kein Analogon.

Dank dieser Ähnlichkeit ist eine getrennte Behandlung beider Gebiete nicht erforderlich, da sich die theoretischen und experimentellen Ergebnisse, die bei der Untersuchung der Wärmeübergangsvorgänge [15], [16] gewonnen worden sind, unmittelbar auf Stofftransportvorgänge übertragen lassen und umgekehrt.

Wärmeleitung und Diffusion im ruhenden Medium

Die Grundlage der Wärmeübertragung in unbewegter Materie (molekulare Wärmeleitfähigkeit) bildet das *Fouriersche Gesetz*, wonach die Wärmestromdichte proportional dem Temperaturgradienten ist:

$$q = -\lambda \cdot dT/dx \tag{I, 10}$$

Es bedeuten hier q die Wärmestromdichte, d. h. diejenige Wärmemenge, die innerhalb der Zeiteinheit eine Flächeneinheit passiert; dT/dx den Temperaturgradienten, d. h. die Temperaturänderung in Richtung der Normale zu der Fläche, durch die die Wärme hindurchgeht und λ die den Stoff charakterisierende Wärmeleitzahl. Das Minusvorzeichen bringt zum Ausdruck, daß der Wärmestrom dem Temperaturgradienten entgegengesetzt gerichtet ist.

Ein Analogon für die Diffusion ist das *Ficksche Gesetz*, welches die Proportionalität zwischen dem Diffusionsstrom und dem Konzentrationsgradienten

$$q = -D \cdot dC/dx \qquad\qquad (\text{I, } 11)$$

zum Ausdruck bringt, wobei C die Konzentration des diffundierenden Stoffes und q den Diffusionsstrom, d. h. die Stoffmenge, die in der Zeiteinheit durch eine Flächeneinheit hindurchtritt, bedeuten. In Anbetracht der vollkommenen Ähnlichkeit der beiden Vorgänge und der weitgehenden Analogie zwischen dem Wärme- und Diffusionsstrom erlauben wir uns sogar, die beiden Größen mit ein und demselben Buchstaben zu kennzeichnen, was wohl kaum zu irgendwelchen Mißverständnissen führen dürfte. Der Proportionalitätsfaktor D heißt *Diffusionszahl* (Diffusionskonstante) und stellt eine physikalische Konstante dar.

Die Wärmeleitung und die Diffusion können nur in festen Körpern in reiner Form beobachtet werden. In flüssigen und gasförmigen Substanzen werden sie stets durch freie oder erzwungene Konvektion überlagert.

Freie und erzwungene Konvektion

Im Unterschied zur molekularen Wärmeleitung und Diffusion, wo der Wärme- beziehungsweise der Stofftransport durch die einzelnen Moleküle besorgt wird, versteht man unter der Konvektion die Stoff-, damit aber zugleich auch die Wärmeübertragung, die durch die Bewegung der einzelnen Gebiete des Gases oder der Flüssigkeit als Ganzes bewerkstelligt wird. Liegt die Ursache dieser Bewegung in den Temperatur- oder Konzentrationsunterschieden selbst, so spricht man von freier oder natürlicher Konvektion. Rufen dagegen äußere Kräfte die Stoffbewegung hervor, so handelt es sich um die erzwungene Konvektion.

Bei Vorhandensein von Konvektion sind das FOURIERsche und das FICKsche Gesetz durch konvektive Glieder zu ergänzen, die den zusätzlichen Wärme- und Stofftransport erfassen.

Die beiden Gesetze lauten nunmehr

$$q = -D \cdot dC/dx + v_x \cdot C \qquad\qquad (\text{I, } 11\,\text{a})$$

$$q = -\lambda \cdot dT/dx + c\,\varrho \cdot v_x \cdot T \qquad\qquad (\text{I, } 11\,\text{b})$$

wobei v_x die Geschwindigkeitskomponente in x-Richtung, c die spezifische Wärme und ϱ die Dichte der Substanz bedeuten.

Laminares und turbulentes Fließen

Der Charakter der konvektiven Stoff- und Wärmeübertragung hängt von der Strömungsart des Gases oder der Flüssigkeit ab. Je nach den hydrodynamischen Verhältnissen kann diese Strömung laminaren oder turbulenten Charakter besitzen. Als laminare Strömung wird eine geordnete Bewegung bezeichnet, bei der die Geschwindigkeit in jedem Punkte des Raumes zeitlich unverändert bleibt und die Geschwindigkeiten zweier benachbarter Punkte einander parallel gerichtet sind[1]. Die turbulente Strömung ist dagegen eine ungeordnete Bewegung, bei der die Geschwindigkeit in jedem Punkte ständigen regellosen Schwankungen unterworfen ist.

Der Mechanismus der Stoff- und Wärmeübertragung in einer laminaren Strömung ist im wesentlichen derselbe wie bei unbeweglicher Substanz, da der Quertransport durch Diffusion bzw. durch molekulare Wärmeleitung erfolgt; lediglich die äußeren Bedingungen ändern sich in Anbetracht der Strömung.

Bei der turbulenten Strömung liegt hingegen ein gänzlich anderer Stoff- und Wärmeübertragungsmechanismus vor. Hier wird der Transport durch ungeordnete Bewegung kleiner Volumina der gasförmigen oder flüssigen Substanz besorgt.

Transportkoeffizienten

Neben der Ähnlichkeit zwischen der Stoff- und Wärmeübertragung besteht noch eine weitgehende Analogie zwischen diesen beiden Transportmechanismen und der Impulsübertragung innerhalb der strömenden Substanz, die den Strömungswiderstand bedingt. Bei fehlender Turbulenz wird die Intensität dieser drei Prozesse durch die charakteristischen Kennzahlen der molekularen Transportmechanismen gekennzeichnet.

Die Ähnlichkeit dieser drei Prozesse tritt besonders stark in Erscheinung, wenn folgende charakteristische Koeffizienten definiert werden:

Für den Wärmetransport wird die sogenannte *Temperaturleitzahl*

$$a = \lambda/c\,\varrho \tag{I, 12}$$

eingeführt, worin λ die in der Formel (I, 10) enthaltene Wärmeleitzahl, c die spezifische Wärme und ϱ die Dichte der Substanz bedeuten.

Für den Stofftransport ist die in die Beziehung (I, 11) eingehende *Diffusionszahl* D charakteristisch.

Der Impulstransport wird durch die *kinematische Zähigkeit* ν gekennzeichnet, die mit der üblichen dynamischen Viskosität μ der inneren

---

[1] Gemeint ist die einfachste Form der *stationären* laminaren Strömung — die sogenannte Schichtenströmung (Pa).

Reibung gemäß der Beziehung

$$\nu = \mu/\varrho \qquad (\text{I}, 13)$$

zusammenhängt.

Alle drei kinetischen Transportkoeffizienten a, D und ν haben die gleiche Dimension cm²/sec. Bei Gasen sind diese drei Koeffizienten von gleicher Größenordnung, da sie mit der Wärmebewegung der Gasmoleküle in unmittelbarem Zusammenhang stehen. Dagegen kann bei Flüssigkeiten die kinematische Viskosität bedeutend größer sein als die Temperaturleitzahl und insbesondere als die Diffusionszahl.

Nach der kinetischen Gastheorie sind die Transportkoeffizienten für ein ideales Gas von der Größenordnung des Produktes der freien Weglänge $\varLambda$ und des mittleren Geschwindigkeitsquadrates der Moleküle U

$$a \approx D \approx \nu \approx \varLambda \cdot U \qquad (\text{I}, 14)$$

Koeffizient des turbulenten Austausches

Bei turbulenten Strömungen von Gasen und Flüssigkeiten wird die Rolle der drei erläuterten Koeffizienten von dem sogenannten *Koeffizienten des turbulenten Austausches A* übernommen. Die ungeordnete turbulente Bewegung des Gases oder der Flüssigkeit ähnelt der ungeordneten Molekularbewegung. Es handelt sich dabei aber nicht um die einzelnen Moleküle, sondern um die Bewegung von kleinen Substanzbereichen, die für einige Zeit ihre Individualität aufrechterhalten. Solche geringen Volumina wollen wir als Gas- bzw. Flüssigkeitsballen bezeichnen. Eine Vorstellung von dem Charakter der turbulenten Bewegung vermittelt die Abb. 1, welche die Schwankungen der Windgeschwindigkeit darstellt. Die turbulente Bewegung zeichnet sich durch ein charakteristisches Längenmaß, die sogenannte Turbulenzlänge aus.

In der Hydrodynamik werden bekanntlich zwei verschiedene Methoden

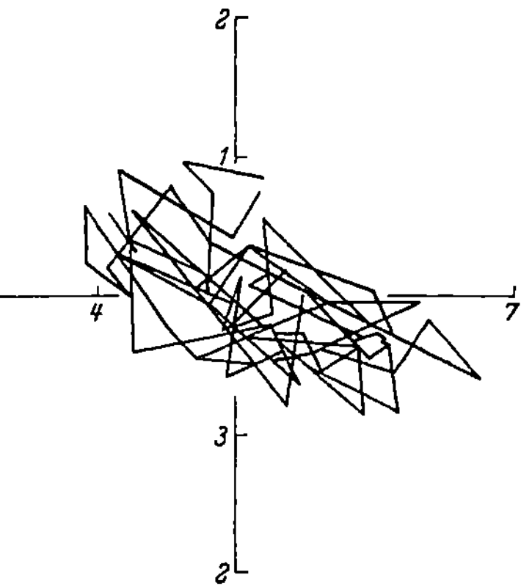

Abb. 1. Schwankungen der Windgeschwindigkeit. Horizontal- und Vertikalkomponenten der Windgeschwindigkeit, gemessen auf dem Flughafen in Akron, Ohio (USA). (Aus „Probleme der Turbulenz", herausgegeben von Welikanow und Schwejkowski, Moskau 1936)

zur Beschreibung der Gas- und Flüssigkeitsbewegung angewandt: Die erste, von Lagrange herrührende Methode betrachtet die Bewegung eines substantiellen Teilchens; die zweite, von Euler eingeführte Methode befaßt sich dagegen mit der zeitlichen und räumlichen Geschwindigkeitsverteilung in der strömenden Substanz.

Dementsprechend gibt es zweierlei Definitionen des *Turbulenzlängenmaßes*: Das Längenmaß nach LAGRANGE stellt diejenige Strecke dar, die ein Gas- oder Flüssigkeitsballen zurücklegt, bevor er seine Individualität verliert. Das Turbulenzlängenmaß nach EULER stellt die mittlere Größe eines derartigen individuellen Ballens dar.

Man kann eine Größe einführen, die in der Turbulenz die Rolle der freien Weglänge übernimmt, und die als *Mischungsweg l* bezeichnet wird. Diese Größe hängt mit dem Längenmaß der Turbulenz zusammen, wobei die Art dieses Zusammenhanges von dem Charakter der Strömung abhängt.

Im einfachsten Falle der *isotropen Turbulenz*, bei der die Schwankungen in allen Richtungen gleich groß sind, fällt der Mischungsweg mit dem LAGRANGE-Längenmaß der Turbulenz zusammen.

Die mittlere *Schwankungsgeschwindigkeit u* der turbulenten Strömung entspricht der mittleren quadratischen Geschwindigkeit der Molekülbewegung.

Analog zu der kinetischen Gastheorie wird der Koeffizient des turbulenten Austausches als Produkt der freien Mischlänge und der Schwankungsgeschwindigkeit

$$A = l\,u \tag{I, 15}$$

definiert.

Wärmeübergangszahl

Die Vorgänge des Stoff- und Wärmetransportes bei der konvektiven Bewegung der Substanz lassen sich nicht immer analytisch behandeln, insbesondere dann nicht, wenn die Strömung turbulent ist. Aus diesem Grunde zieht man zur Berechnung derartiger Vorgänge gewisse empirische Koeffizienten heran.

Für den Wärmeübergang führt man die sogenannte *Wärmeübergangszahl α*, deren Definition durch die Beziehung

$$q = \alpha \cdot \varDelta T \tag{I, 16}$$

gegeben ist, wobei q die Wärmestromdichte und $\varDelta T$ die Temperaturdifferenz bedeuten.

Diese Beziehung wird manchmal als das NEWTONsche Wärmeübertragungsgesetz bezeichnet. In Wirklichkeit handelt es sich dabei nicht um irgendein Naturgesetz, sondern vielmehr um eine Definitionsgleichung für die Wärmeübergangszahl.

Selbstverständlich vermag die Beziehung (I, 16) an sich nicht das Problem des Wärmetransportes zu lösen, sondern verlagert die Fragestellung auf die Bestimmung der dazugehörigen Wärmeübergangszahl, die entweder auf Grund eines Experimentes und empirischer Formeln oder mit Hilfe der Ähnlichkeitstheorie, wie an einer späteren Stelle erläutert, ermittelt wird.

Dessenungeachtet stellt die Verwendung der Wärmeübergangszahl einen sehr bequemen Kunstgriff dar und hat sich in der Praxis fest eingebürgert.

Stoffübergangszahl

Zur Berechnung der Stofftransportphänomene bei der vorliegenden Konvektion benutzt man eine ähnliche Größe, die als *Stoffübergangszahl* β bezeichnet wird. Sie wird durch die Beziehung

$$q = \beta \cdot \Delta C \qquad (\text{I, 17})$$

definiert, worin q die Stoffstromdichte und ΔC die Konzentrationsdifferenz bedeuten. Da der Stoffstrom in Mol/cm² · s, die Konzentration aber in Mol/cm³ ausgedrückt wird, erhält die Stoffübergangszahl die Dimension einer linearen Geschwindigkeit (cm/sec).

Vom Standpunkt der Dimensionsanalysis aus entspricht die Stoffübergangszahl β nicht der Wärmeübergangszahl α, sondern der Temperaturleitzahl a (I, 12).

Das liegt daran, daß es für den Diffusionsvorgang kein Analogon zu der spezifischen Wärme gibt. Die Konzentration ist unmittelbar als Stoffmenge, bezogen auf die Volumeneinheit, definiert, während die Temperatur nicht der Wärmemenge im Einheitsvolumen, sondern erst dem Verhältnis dieser Größe zu der volumenbezogenen Wärmekapazität $c\,\varrho$ gleich ist.

Ähnlichkeitstheorie

Es gelingt sehr selten, die Wärmeübergangszahl α und die Stoffübergangszahl β analytisch zu bestimmen; in den meisten Fällen ist man auf Versuchsdaten angewiesen. Es ist daher von Bedeutung, Methoden zur Verallgemeinerung der experimentellen Ergebnisse zu kennen, die beispielsweise aus den Versuchsdaten der Wärmeübertragung die Berechnung der Stoffübertragung gestatten und umgekehrt. Ferner können anhand solcher Methoden die an kleinen Modellen vorgenommenen Versuche als Grundlage zur Berechnung der Vorgänge in größerem Maßstab benutzt werden. Weiterhin ermöglicht die Verwendung der Ähnlichkeitstheorie, die Versuchsergebnisse, die an einer Substanz gewonnen worden sind, auf das Verhalten einer anderen Substanz zu übertragen.

Derartige Verallgemeinerungen ermöglicht die Ähnlichkeitstheorie, deren Grundlage die Erkenntnis bildet, daß sämtliche physikalischen Gesetzmäßigkeiten des Naturgeschehens grundsätzlich unabhängig von der Wahl des *Maßsystems* sind. Jede physikalische Gesetzmäßigkeit muß sich daher durch gewisse dimensionslose Größen ausdrücken lassen, die gemeinhin als *Kennzahlen* bezeichnet werden. Ist einmal durch eine derartige Auswertung von Versuchsdaten ein physikalischer Vorgang für bestimmte geometrische und physikalische Bedingungen erfaßt, so kann man die gewonnenen Zusammenhänge zur Berechnung von Prozessen benutzen, die zwar unter den gleichen geometrischen und physikalischen Bedingungen, jedoch unter anderen Maßstäben, Geschwindigkeiten und physikalischen Stoffeigenschaften, ablaufen. Ferner kann eine Beziehung zwischen den dimensionslosen Größen, die aus der Analyse der Wärmeübertragung gewonnen worden ist, unmittelbar zur Berechnung der Diffusionsvorgänge herangezogen werden.

Wir interessieren uns speziell für die Bestimmung der Wärme- und der Stoffübergangszahlen α und β. Wie die Ähnlichkeitstheorie zeigt, lassen sich mit diesen Größen zwei verschiedene dimensionslose Kennzahlen bilden. Die eine wird NUSSELT-Zahl, die andere STANTON-Zahl[1] genannt.

Für den *Wärmeübertragungsvorgang* ist die NUSSELT-Zahl gemäß der Beziehung

$$Nu = \alpha\, d/\lambda \qquad (I, 18)$$

definiert, wobei α die Wärmeübergangszahl, d ein charakteristisches Längenmaß und λ die Wärmeleitzahl des Stoffes, in dem die Wärmeübertragung vor sich geht, bedeuten.

Für den *Stoffübertragungsvorgang* lautet die Definition der NUSSELT-Zahl[2]

$$Nu' = \beta\, d/D \qquad (I, 19)$$

mit der Stoffübergangszahl β, einem charakteristischen Längenmaß d und der Diffusionszahl D.

Die NUSSELT-Zahl ist besonders gut für die Berechnung der Transportphänomene in ruhenden Substanzen oder in der laminaren Strömung geeignet. Handelt es sich dabei um reinen Molekulartransport, so nimmt die NUSSELT-Zahl einen konstanten Wert an, der ausschließlich durch die geometrischen Verhältnisse bedingt ist. Im Falle einer stark entwickelten Turbulenz erweist sich die STANTON-Zahl als besser geeignet. Sie charakterisiert das Verhältnis des Quertransportes von Wärme und Stoff zu der linearen Strömungsgeschwindigkeit. Für die *Wärmeübertragung* lautet die STANTON-Zahl

$$St = \alpha/c\,\varrho\,V \qquad (I, 20)$$

wobei V die Strömungsgeschwindigkeit bedeutet.

---

[1] Im russischen Original wird diese Größe als MARGOULIS-Zahl [*17*] bezeichnet (Pa.)

[2] Sofern die korrespondierenden Kennzahlen des Wärme- und des Stofftransportes gleich benannt werden, spricht man von den Kennzahlen 1. und 2. Art, wobei die letzteren durch einen Strich gekennzeichnet werden (Pa.).

Für den Fall der *Stoffübertragung* ist die entsprechende STANTON-Zahl als Verhältnis der Stoffübergangszahl zu der Strömungsgeschwindigkeit definiert:

$$St' = \beta/V \qquad (\mathrm{I}, 21)$$

Wie bereits erwähnt, hat die Stoffübergangszahl die Dimension einer Geschwindigkeit.

Im Grenzfall der sehr stark entwickelten Turbulenz strebt die STAN-TON-Zahl zu einem konstanten Wert. Dieser Grenzfall wird als *reine Turbulenz* bezeichnet und kann in Wirklichkeit nur asymptotisch erreicht werden. Die Schlußfolgerung, daß in diesem Grenzgebiet die STANTON Zahl zu einem konstanten Grenzwert strebt, hängt damit zusammen, daß unter solchen Bedingungen der Ablauf eines Transportvorganges nicht mehr von den molekularen Konstanten abhängt sondern ausschließlich durch die Größen bedingt wird, die das turbulente Fließen charakterisieren.

Die Ähnlichkeitstheorie zeigt, daß für Körper gegebener geometrischer Form, die NUSSELT- und die STANTON-Zahlen gewisse Funktionen anderer dimensionsloser Größen sein müssen, die die physikalischen Eigenschaften der Substanz und den Strömungscharakter zum Ausdruck bringen.

Die physikalischen Eigenschaften der Substanz, in welcher die Wärme- und Stoffübertragung vor sich geht, werden durch die PRANDTL- und SCHMIDT-Zahl charakterisiert. Diese Kennzahlen stellen das Verhältnis der Koeffizienten zweier Molekulartransportphänomene dar.

Für die Wärmeübertragung lautet die PRANDTL-Zahl

$$Pr = \nu/a \qquad (\mathrm{I}, 22)$$

während für die Vorgänge der Stoffübertragung die Definition der SCHMIDT-Zahl durch

$$Sc = Pr' = \nu/D \qquad (\mathrm{I}, 23)$$

gegeben ist. Es bedeuten hierbei ν die kinematische Zähigkeit, a die Temperaturleitzahl und D die Diffusionszahl.

Aus der bereits erwähnten gleichen Größenordnung der molekularen Transportkoeffizienten geht hervor, daß die PRANDTL- und SCHMIDT-Zahlen der gasförmigen Substanzen von der Größenordnung 1 sind. Bei den Flüssigkeiten sind sie dagegen wesentlich größer. Bei den zähen Flüssigkeiten kann die PRANDTL-Zahl die Größenordnung einiger Hundert erreichen. Die SCHMIDT-Zahl ist noch größer und hat bereits bei den wäßrigen Lösungen die Größenordnung von 1000.

Die Strömungsart des Gases oder der Flüssigkeit wird bei *erzwungener Konvektion* durch die REYNOLDS-Zahl

$$Re = V \cdot d/\nu \qquad (\mathrm{I}, 24)$$

charakterisiert, wobei V die Strömungsgeschwindigkeit, d ein charakteristisches Längenmaß und ν die kinematische Zähigkeit sind. Die REYNOLDS-Zahl ist eine rein hydrodynamische Größe; die den Vorgang der Stoff- und Wärmeübertragung charakterisierenden Größen gehen in diese Kennzahl gar nicht ein. Aus diesem Grunde gilt sowohl für die Wärmeübertragung als auch für die Stoffübertragung ein und dieselbe Definition der REYNOLDS-Zahl. Bei kleinen Werten dieser Zahl ist die Bewegung laminar, bei den großen Werten — turbulent.

In der Ähnlichkeitstheorie wird bewiesen, daß bei erzwungener Konvektion die NUSSELT- und die STANTON-Kennzahlen gewisse Funktionen der REYNOLDS- und der PRANDTL- bzw. der SCHMIDT-Kennzahlen sind:

$$Nu = f_1(Re;\ Pr); \qquad Nu' = f_1(Re;\ Sc) \qquad\qquad (\mathrm{I},\ 25)$$

$$St = f_2(Re;\ Pr); \qquad St' = f_2(Re;\ Sc) \qquad\qquad (\mathrm{I},\ 26)$$

wobei der funktionelle Zusammenhang von den physikalischen und geometrischen Bedingungen abhängt.

Diese Funktionen werden durch Analyse der Versuchsdaten über die Wärme- oder Stoffübertragung ermittelt. Ist die Art dieser Funktion einmal bestimmt, so kann sie zur Berechnung der Stoff- und Wärmeübergangszahlen benutzt werden, sofern die Vorgänge unter geometrisch und physikalisch ähnlichen Bedingungen ablaufen.

Werden aus den Beziehungen (I, 25) oder (I, 26) die NUSSELT- bzw. die STANTON-Zahl errechnet, so können in Verbindung mit den Formeln (I, 18) und (I, 19) bzw. (I, 20) und (I, 21) die entsprechenden Wärme- und Stoffübergangszahlen bestimmt werden.

$$\alpha = \frac{Nu \cdot \lambda}{d} = St \cdot c\,\varrho \cdot V$$

$$\beta = \frac{Nu' \cdot D}{d} = St' \cdot V$$

Der durch die Beziehungen (I, 25) und (I. 26) ausgedrückte Zusammenhang zwischen den Kennzahlen ist für die laminare und turbulente Strömung verschieden.

Bei allen Transportvorgängen kann man zwei Grenzgebiete beobachten: Bei verschwindend kleiner REYNOLDS-Zahl liegt der Fall reinen Molekulartransportes vor, welcher in unbeweglichen oder laminar fließenden Substanzen realisiert ist. In diesem Falle gehorchen die Wärme- und Stoffübertragungsvorgänge der Beziehung

$$Nu = \mathrm{const}$$

$$Nu' = \mathrm{const}$$

Der entgegengesetzte Fall liegt bei unbegrenzt wachsender REYNOLDS-Zahl vor, wo die Übertragungsvorgänge rein turbulenten Charakter annehmen und sich daher durch die Beziehung

$$St = \text{const}$$

$$St' = \text{const}$$

auszeichnen. Wie die eingehende Analyse zeigt, ist allerdings das Gebiet der reinen Turbulenz praktisch nicht erreichbar; mit der unbegrenzt zunehmenden REYNOLDS-Zahl nähern sich die Gesetze der Wärme- und Stoffübertragung ihrer Grenzform nur logarithmisch an.

Entsprechend dem asymptotischen Verhalten der Kennzahlen ist im laminaren Gebiet die NUSSELT-Zahl, und im turbulenten Gebiet die STANTON-Zahl für Beschreibung der Vorgänge zweckmäßiger.

Bei den Vorgängen mit *freier Konvektion* tritt an Stelle der REYNOLDS-Zahl die sogenannte GRASHOF-Zahl, deren Definitionsgleichung

$$Gr = \frac{g\,d^3}{\nu^2} \cdot \gamma \cdot \Delta T \qquad\qquad (\text{I},\,27)$$

lautet, wobei g die Erdbeschleunigung, d ein charakteristisches Längenmaß, ν die kinematische Zähigkeit, γ der Koeffizient der Wärmeausdehnung der Substanz und ΔT die die Konvektion verursachende Temperaturdifferenz sind.

Da für Gase $\gamma = 1/T$ ist, nimmt die GRASHOF-Zahl in diesem Falle die Gestalt

$$Gr = \frac{g\,d^3}{\nu^2} \cdot \frac{\Delta T}{T} \qquad\qquad (\text{I},\,27\text{a})$$

an.

Bei freier Konvektion sind die NUSSELT- und STANTON-Kennzahlen gewisse Funktionen der GRASHOF- und der PRANDTL-Zahl bzw. der SCHMIDT-Zahl.

Grenzschicht

Bei der Beschreibung der Stoff- und Wärmeübertragungsvorgänge zwischen den strömenden Flüssigkeiten oder Gasen und der festen Grenzfläche bedient man sich der Anschaulichkeit halber des Begriffes der *Grenzschicht.* Man nimmt an, daß in hinreichender Entfernung von der Oberfläche, in dem sogenannten *Strömungskern*, gleichmäßige Temperatur und Konzentration der Stoffe herrscht und daß sich deren Änderung nur auf eine dünne, an der Grenzfläche unmittelbar anliegende Schicht beschränkt. Bei turbulenten Strömungen ist diese Annahme hinreichend erfüllt.

Die Dicke δ der Grenzschicht ergibt sich aus der zusätzlichen Bedingung, daß es sich in der Grenzschicht um rein molekulare

Transportphänomene handeln möge. Es gelten daher die Beziehungen

$$\alpha = \lambda/\delta_\lambda$$
$$\beta = D/\delta_D$$

(I, 28)

die als Definitionsgleichungen für die Schichtdicke anzusehen sind. In Verbindung mit (I, 18) und (I, 19) führen diese Gleichungen zu den Beziehungen

$$\delta_\lambda = d/Nu; \qquad \delta_D = d/Nu'$$

(I, 28a)

Wie man sieht, stellt diese Schichtdicke im Grunde genommen nur eine Ersatzgröße für die NUSSELT-Zahl dar. Bei den Stoffübergangsvorgängen wird die Grenzschicht mitunter *Diffusionsschicht* genannt.

Die Probleme der Außen- und der Innenströmung

Der Einfluß der REYNOLDS-Zahl auf den Strömungscharakter hängt von den geometrischen Bedingungen ab, unter denen eine Substanz fließt. Man unterscheidet in der Hydrodynamik grundsätzlich zwei Strömungsprobleme der Flüssigkeitsbewegung — das sogenannte *Außenproblem* der Anströmung eines isolierten Körpers, wobei die Strömung als unbegrenzt ausgedehnt vorausgesetzt wird, und das sogenannte *Innenproblem* der Flüssigkeitsbewegung in einem Rohr oder Kanal. Als charakteristisches Längenmaß bei der Aufstellung der Kennzahlen wird bei den Außenproblemen die Größe des angeströmten Körpers und bei den Innenproblemen der Rohr- bzw. Kanaldurchmesser verwendet.

Bei der *Außenströmung* geht der Übergang vom laminaren Strömungscharakter zum turbulenten *stetig*, ohne Sprung vor sich. Die rein laminare sowie die rein turbulente Strömung stellen bei dem Außenströmungsproblem nur die Grenzfälle für sehr kleine und sehr große REYNOLDS-Zahlen dar. Die allmähliche Änderung der REYNOLDS-Zahl ruft eine entsprechende stetige Veränderung sämtlicher, die Strömung charakterisierenden Größen, z. B. der NUSSELT- und der STANTON-Zahl hervor.

Bei der *Innenströmung* erfolgt dagegen der Übergang vom laminaren Charakter zum turbulenten *sprungartig* bei einem kritischen Wert der REYNOLDS-Zahl, welcher im Falle eines runden Rohres zwischen 2100 und 2300 liegt. Diese Erscheinung wird als *hydrodynamischer Umschlag* bezeichnet. Für das Innenproblem ist es typisch, daß es einen ausgedehnten Bereich der rein laminaren, sogenannten POISEUILLEschen Strömung gibt, die sich durch völliges Fehlen der Turbulenz auszeichnet. Diese Strömungsart ist auch die einzig mögliche bei den unterkritischen Werten der REYNOLDS-Zahl. Bei dem laminar-turbulenten Umschlag der Innenströmung ändern sich sämtliche, die Strömung charakterisierenden Größen, unter anderem auch die Kennzahlen von NUSSELT und von STANTON ebenfalls schlagartig.

Die Geschwindigkeitsverteilung in einem kreisrunden Rohrquerschnitt gehorcht bei der laminaren Strömung dem parabol'schen Gesetz von POISEUILLE und ist durch die Beziehung

$$v = v_0 \cdot (1 - r^2/R^2)$$

gegeben. Die Geschwindigkeit der turbulenten Strömung hat im Strömungskern einen nahezu konstanten Wert und nimmt erst in unmittelbarer Nähe der Rohrwand in der sogenannten Grenzschicht rapide ab.

Widerstandszahl und die Analogie von Reynolds

Bei jeder Berührung des Gas- oder Flüssigkeitsstromes mit festen Körpern üben die letzteren auf die strömende Substanz einen gewissen Widerstand aus. Die auf die Flächeneinheit der Körperoberfläche bezogene tangential gerichtete Kraft wird als *Schubspannung* τ bezeichnet.

Das Verhältnis der Widerstandskraft zu dem Staudruck $\varrho \cdot \dfrac{v^2}{2}$ der Strömung wird als *Widerstandszahl* bezeichnet.

Die Widerstandszahl eines angeströmten Körpers wird gewöhnlich als

$$C = \frac{F}{S \cdot \varrho\, V^2/2}$$

mit dem Gesamtwiderstand F und dem größten senkrecht zur Strömung stehenden Querschnitt S des Körpers definiert.

Bei dem Innenströmungsproblem versteht man unter der Widerstandszahl das Verhältnis des auf die Rohrlänge bezogenen Druckabfalls zu dem Staudruck. Es sind dabei zwei verschiedene Definitionen gebräuchlich:

In der deutschen Literatur wird der Druckabfall auf einer Strecke genommen, die dem Rohrdurchmesser gleich ist. Die Definition dieser Widerstandszahl lautet:

$$\zeta = \frac{\Delta p}{L/d} \cdot \frac{\varrho\, V^2}{2} = \frac{\Delta p}{\varrho\, V^2/2} \cdot d/L \tag{I, 29}$$

Dagegen benutzt man in der amerikanischen Literatur eine Größe, die gleich dem Verhältnis der auf die Rohrwand wirkenden Schubspannung τ_0 zu dem Staudruck ist:

$$f = \frac{\tau_0}{\varrho\, V^2/2} \tag{I, 30}$$

Da der Druck auf den Rohrquerschnitt, die Schubspannung aber auf die Mantelfläche des Rohres wirken, besteht zwischen den beiden Größen die Beziehung

$$\Delta p \cdot S = \tau_0 \cdot \Pi \cdot L \tag{I, 31}$$

wobei S den Rohrquerschnitt, Π den Kreisumfang des Rohrmantels und L die Rohrlänge, auf die sich der Druckabfall bezieht, bedeuten. Wird daraus die Schubspannung in (I, 30) eingesetzt, so folgt

$$f = \frac{\Delta p}{\varrho\, V^2/2} \cdot \frac{S}{\Pi \cdot L} \tag{I, 32}$$

Der Vergleich mit der Formel (I, 29) zeigt, daß hier die Widerstandszahl auf die Länge

$$r' = S/\Pi \qquad\qquad (I, 33)$$

bezogen ist. Diese durch das Verhältnis des Querschnittes zum Mantelumfang gegebene Größe wird als *hydraulischer Radius* bezeichnet.

Im Falle eines kreisrunden Rohres beträgt der hydraulische Radius

$$r' = d/4 \qquad\qquad (I, 34)$$

Zwischen den beiden Definitionen der Widerstandszahl besteht somit im Falle des kreisrunden Rohres die Beziehung

$$f = \zeta/4 \qquad\qquad (I, 35)$$

Der Strömungswiderstand setzt sich im allgemeinen aus dem Reibungs- und dem Formwiderstand zusammen. Der letztere wird mitunter als Druckwiderstand bezeichnet und hängt mit der Ablösung der Strömung von dem Körper und der Bildung einer Wirbelzone hinter diesem Körper zusammen. Dieser Effekt ist in der Abb. 2 sichtbar, welche die Strömung hinter einem quer angeströmten Zylinder (nach LOHRISCH) darstellt.

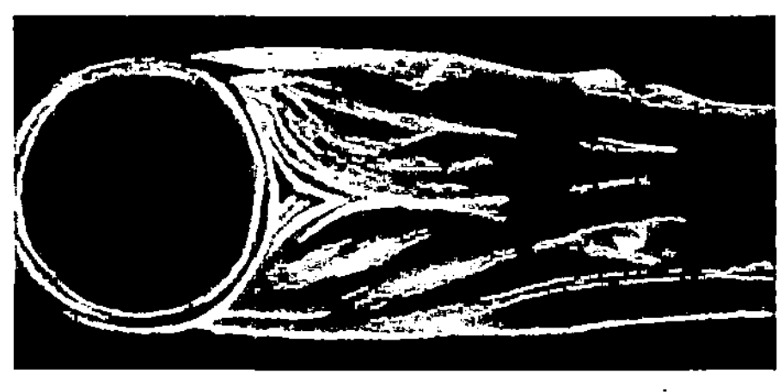

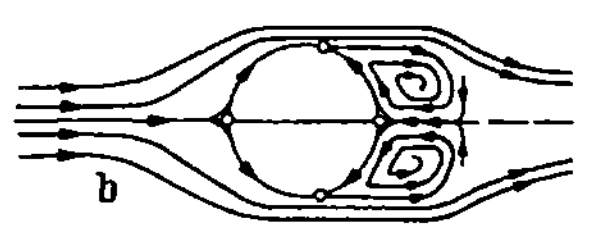

Abb. 2. Querausströmung eines Zylinders. (Nach LOHRISCH)

Eine Änderung des Ablösungsvorganges infolge der einsetzenden Turbulenz in der Grenzschicht kann unter gewissen Bedingungen den Strömungswiderstand erheblich beeinflussen. In der Abb. 3 ist die Widerstandszahl C beim Anströmen einer Kugel als Funktion der REYNOLDS-Zahl dargestellt. Bei Re etwa gleich $3 \cdot 10^5$ tritt eine rapide Verringerung der Widerstandszahl ein.

Die Ablösungserscheinungen sind nur bei dem Außenströmungsproblem von Bedeutung, insbesondere wenn es sich um das Anströmen von Körpern handelt, deren Form im aerodynamischen Sinne ungünstig ausgebildet ist. Für ein gerades Rohr mit glatten Wänden spielt nur der zweite Widerstandsanteil — der Reibungswiderstand — eine Rolle.

Da der Mechanismus der inneren Reibung auf dem Impulstransport beruht, der zu den Transportphänomenen der Stoff- und Wärmeübertragung analog ist, kann die zwischen den beiden letzten Vorgängen bestehende Ähnlichkeit auch auf den Reibungswiderstand erweitert werden. Diese Ähnlichkeit zwischen der Wärmeübertragung (folglich auch der Stoffübertragung) und dem Reibungswiderstand wurde zuerst von REYNOLDS erkannt und erhielt den Namen *Reynoldssche Analogie.* Sofern der Strömungswiderstand nur durch die innere Reibung bedingt ist, besteht zwischen der Widerstandszahl und der STANTON-Zahl die einfache Beziehung

$$St = \zeta/8 = f/2 \qquad (\text{I}, 36)$$

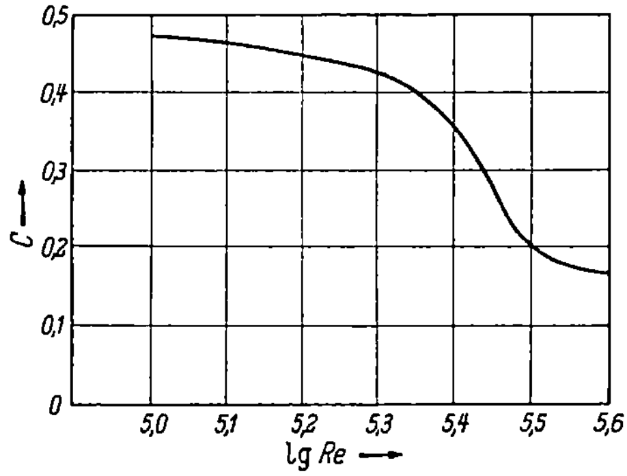

Abb. 3. Abhängigkeit der Widerstandszahl einer angeströmten Kugel von der REYNOLDS-Zahl

Beziehungen zwischen den Kennzahlen

Die Abhängigkeit der NUSSELT- und STANTON-Kennzahlen von der REYNOLDS-Zahl und der PRANDTL- bzw. der SCHMIDT-Zahl wird für einen Strömungsvorgang unter bestimmten geometrischen Bedingungen gewöhnlich durch die Auswertung von Versuchsdaten ermittelt. In den einfachsten Fällen, bei fehlender Turbulenz, ist auch eine analytische Herleitung dieser Beziehung möglich.

Beim *Innenströmungsproblem* entsprechen der laminaren und turbulenten Strömung zwei gänzlich verschiedene Beziehungen. Während bei laminarer Strömung die NUSSELT-Zahl nur schwach von der REYNOLDS-Zahl abhängt, ist sie bei turbulenter Strömung proportional einer Potenz von *Re,* wobei der Exponent die Größenordnung 1 hat.

Für den praktisch wichtigeren und häufiger auftretenden Fall der turbulenten Strömung wird diese Abhängigkeit der NUSSELT-Zahl von der REYNOLDS-Zahl nur durch empirische, an Hand der Versuchsdaten aufgestellte Formeln erfaßt. Es ist von verschiedenen Forschern eine Reihe von derartigen, voneinander nur unwesentlich unterschiedlichen Formeln vorgeschlagen worden.

Die bekannteste von diesen Beziehungen ist die Formel von KRAUSSOLD

$$Nu = 0,024 \cdot Re^{0,8} \cdot Pr^{0,35} \qquad (\text{I}, 37)$$

Bei der laminaren Strömung des Innenproblems hängt die Stoff- und Wärmeübertragung wesentlich von der Länge des Rohres ab. Am Rohreintritt befindet sich die sogenannte Anlaufstrecke, innerhalb der sich zunächst das Geschwindigkeitsprofil und anschließend die Profile der Temperatur- und der Konzentrationsverteilung ausbilden. Die stationären Strömungsverhältnisse werden erst in einer hinreichenden Entfernung vom Rohranfang erreicht und ändern sich im weiteren Strömungsverlauf nicht mehr. Das Geschwindigkeitsprofil entspricht dabei dem bekannten parabolischen Gesetz von POISEUILLE.

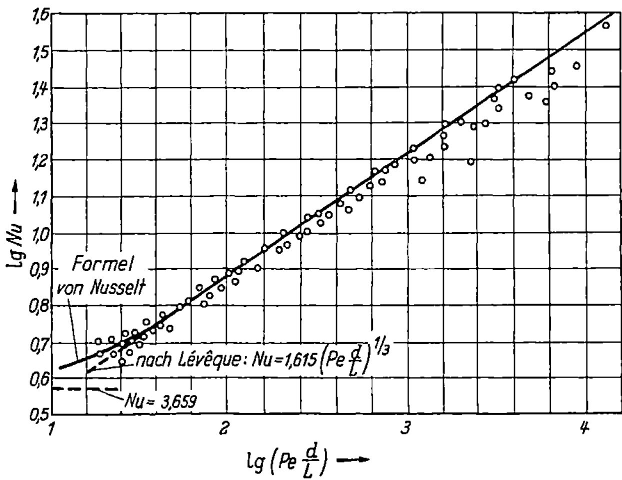

Abb. 4. Abhängigkeit der gemittelten Nu-Zahl von $Pe \cdot d/L$ bei laminarer Rohrströmung. (Nach RUBINSTEIN [*19*]). Die ausgezogene Kurve entspricht der exakten Lösung von NUSSELT; sie deckt sich im oberen Teil praktisch mit der gestrichelten Geraden, die die Formel von LÉVÊQUE wiedergibt. Die waagerechte gestrichelte Gerade gibt den Grenzwert von Nu für ein unendlich langes Rohr an. Meßpunkte nach RUBINSTEIN

Beim Erreichen dieser stationären Strömung, d. h. bei größerer Rohrlänge, nähert sich die NUSSELT-Zahl einem konstanten Wert von

$$Nu_0 = 3{,}659 \qquad\qquad (\mathrm{I}, 38)$$

welcher von NUSSELT analytisch errechnet wurde.

Bei den hydrodynamisch nicht stabilisierten Strömungen ist die Aufgabe nicht eindeutig, da der Wärmeübergang von dem Geschwindigkeitsprofil am Rohreinlauf abhängt.

Der Fall einer laminaren Strömung, die zwar hydrodynamisch bereits stabilisiert ist, aber noch nicht den stationären Zustand hinsichtlich des Wärme- und Stoffüberganges erreicht hat, wurde von LÉVÊQUE [*18*] analytisch untersucht. Er fand dabei die Beziehung

$$Nu = 1{,}615 \cdot \sqrt[3]{Re \cdot Pr \cdot d/L} \qquad\qquad (\mathrm{I}, 39)$$

worin d den Rohrdurchmesser und L die Rohrlänge bedeuten. Der nach dieser Formel errechnete Wert liefert den über die Rohrlänge *gemittelten* Betrag der NUSSELT-Zahl. Für den *lokalen* Wert der Nu-Zahl im Abstand

z vom Rohranfang gilt eine ähnliche Beziehung, jedoch mit dem Zahlen-
faktor 1,077.

Das in der Formel von Lévêque enthaltene Produkt $Re \cdot Pr$ stellt eine
neue dimensionslose Kennzahl dar, die man als Péclet-Zahl bezeichnet:

$$Pe = Re \cdot Pr = V \cdot d/a \qquad (I, 40)$$

Aus dem Gesagten geht hervor, daß die Nusselt-Zahl in laminarer
Strömung bei kleineren Rohrlängen proportional der dritten Wurzel aus

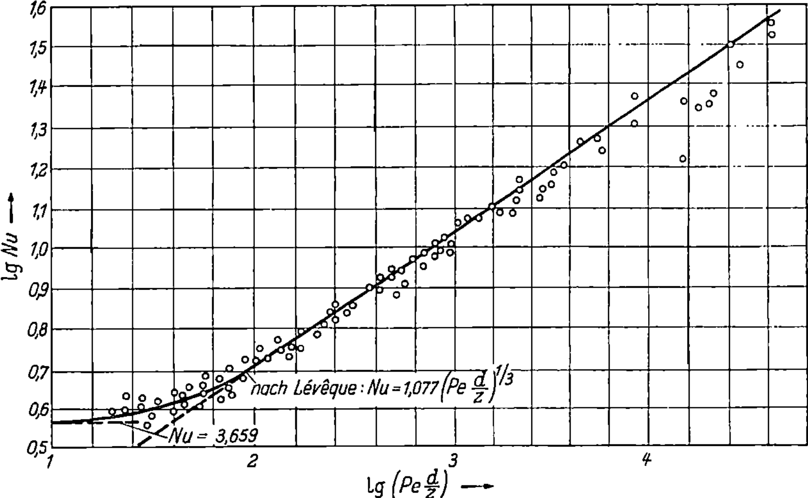

Abb. 5. Abhängigkeit der lokalen Nu-Zahl von $Pe \cdot d/z$ bei laminarer Rohrströmung.
(Nach Rubinstein) (Erläuterungen wie in Abb. 4)

der Reynolds-Zahl, und bei größeren Längen unabhängig von ihr ist.
Die Formel von Lévêque (I, 39) und die Beziehung (I, 38) für die ausgebildete Strömung stellen Grenzgesetze dar, die für sehr große bzw. sehr
kleine Werte von $Pe \cdot d/L$ gelten. Man kann praktisch mit hinreichender
Genauigkeit für die Werte $Pe \cdot d/L > 50$ die Formel von Lévêque und
für $Pe \cdot d/L < 1$ die Beziehung (I, 38) verwenden.

Im Zwischengebiet ist man entweder auf empirische Formeln oder
auf eine, allerdings für die praktische Berechnung unbequeme, Reihenentwicklung von Nusselt angewiesen.

Die Abhängigkeit des mittleren und des lokalen Wertes der Nusselt-
Zahl von $Pe \cdot d/L$ bzw. $Pe \cdot d/z$ ist in den Abb. 4 und 5, die der Arbeit
von J. M. Rubinstein [19] entnommen sind, graphisch dargestellt. Die
geneigte Gerade entspricht darin der Formel von Lévêque und der ausgezogene Kurvenabschnitt der Lösung von Nusselt. Die gestrichelte
waagerechte Gerade gibt den Grenzwert der Nusselt-Zahl für die völlig

ausgebildete Strömung an. Mit den Kreisen sind die Meßergebnisse von
RUBINSTEIN gekennzeichnet.

Während bei dem Innenströmungsproblem die Abhängigkeit zwischen
den Kennzahlen durch allgemeine Formeln erfaßt werden kann, hängt
sie bei dem Problem der Außenströmung stark von der Form des umströmten Körpers und der Strömungsart, beispielsweise vom Turbulenzgrad ab. Im großen und ganzen ist dabei die NUSSELT-Zahl etwa proportional der Quadratwurzel aus der REYNOLDS-Zahl, und dieser Zusammenhang bleibt in einem großen Bereich von Re hinreichend erfüllt.
Ein schroffer Übergang zwischen der laminaren und turbulenten Strömung tritt beim Problem der Außenströmung nicht auf.

Man kann daher für das *Außenströmungsproblem* eine Beziehung
der Form

$$Nu = k \cdot Re^m \cdot Pr^n \tag{I, 41}$$

ansetzen, wobei der Exponent m von 0,4 bis 0,67 und der Exponent
n von 0,3 bis 0,4 variieren. Die beiden Exponenten sowie der Faktor
k hängen von der geometrischen Gestalt des angeströmten Körpers und
vom Turbulenzgrad der Strömung ab. Die am meisten benutzten Werte
der Exponenten in (I, 41) sind:

$$m = 1/2; \qquad n = 1/3. \tag{I, 42}$$

Diese Werte wurden von POHLHAUSEN [20] für den Fall einer längs angeströmten Platte analytisch errechnet.

Für einen anderen einfachen Fall — die Anströmung einer Kugel
durch ein Gas (das heißt unter der Voraussetzung, daß die PRANDTL-Zahl
von der Größenordnung 1 ist) — führen die Versuchsergebnisse von
WYRUBOW [21] zu der Beziehung

$$Nu = 0,54 \sqrt{Re} \tag{I, 43}$$

die für $Re > 200$ gültig ist.

Für sehr kleine Werte der REYNOLDS-Zahl strebt die NUSSELT-Zahl
im Falle der angeströmten Kugel zu dem Grenzwert

$$Nu_0 = 2 \tag{I, 44}$$

was man analytisch leicht herleiten kann. In dem Zwischengebiet unterhalb $Re = 200$ gilt die Formel von SOKOLSKI [22]

$$Nu = 2(1 + 0,08 \cdot Re^{2/3}) \tag{I, 45}$$

Der allgemeine Verlauf der NUSSELT-Zahl in Abhängigkeit von der
REYNOLDS-Zahl für die Gasströmung um eine Kugel ist nach den Meß-

ergebnissen von SOKOLSKI in der Abb. 6 dargestellt. Die gestrichelte Gerade entspricht dabei der Beziehung (I, 43) von WYRUBOW.

Bei der Anströmung von dünnen Drähten lieferte das Experiment für kleine REYNOLDS-Zahlen einen Grenzwert $Nu_0 = 0,45$ welcher der analytischen Berechnung nicht entsprach[1].

Wir haben den Zusammenhang zwischen den Kennzahlen, wie es in der Literatur üblich ist, entsprechend der allgemeinen Form (I, 25) diskutiert. Der Übergang zu der allgemeinen Darstellung in der Form (I, 26) ist leicht vorzunehmen, wenn man die Beziehung zwischen den Kennzahlen

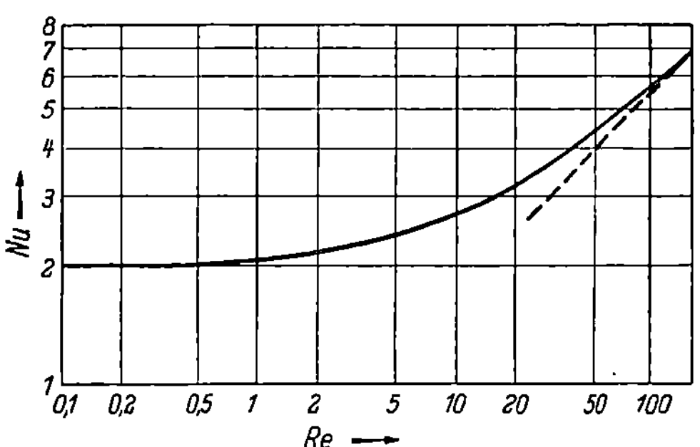

Abb. 6. Abhängigkeit der Nu-Zahl von Re-Zahl beim Anströmen einer Kugel. (Nach WYRUBOW und SOKOLSKI) Die ausgezogene Kurve entspricht der Beziehung (I, 45) nach SOKOLSKI; die gestrichelte Gerade gibt die Formel (I, 43) von WYRUBOW wieder

$$St = Nu/Re \cdot Pr = Nu/Pe \qquad (I, 47)$$

heranzieht und die NUSSELT-Zahl durch die STANTON-Zahl ersetzt. Die Abhängigkeit der Widerstandszahl von der REYNOLDS-Zahl ist in

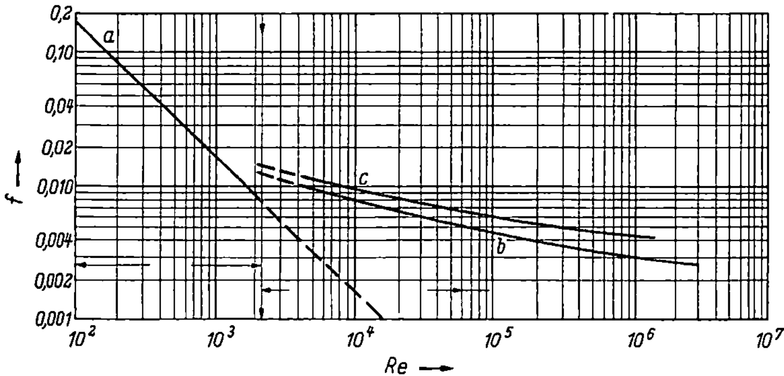

Abb. 7. Einfluß der Re-Zahl auf den Strömungswiderstand bei der Rohrströmung. Der senkrechte Strich entspricht dem kritischen Wert von Re und trennt das laminare Gebiet von dem turbulenten. Die Gerade a entspricht der HAGEN-POISSEUILLEschen Gleichung; die beiden Kurven geben den Widerstand der turbulenten Strömung in einem Rohr mit glatter Wand (b) und mit rauher Wand (c) wieder. (Aus dem Buch MCADAMS: Heat Transfer)

---

[1] PETERSON, A. C., A. I. MADDEN und E. L. PIRET konnten das theoretisch zu erwartende Grenzverhalten

$$Nu \cdot ln\,(d_2/d_1) = \frac{\alpha\,d_1}{\lambda} \cdot ln\,(d_2/d_1) = 2$$

experimentell bestätigen. Es bedeuten: d_1, d_2 den Durchmesser des untersuchten Drahtes und des ihn koaxial umgebenden Rohres. (Ind. Eng. Chem. 46, 2039, 1954).

Anbetracht der REYNOLDS-Analogie (I, 36) etwa die gleiche wie die der
STANTON-Zahl.

Großer Beliebtheit erfreut sich für die turbulente Strömung bei dem
Problem der Innenströmung die Formel von BLASIUS

$$\zeta = \frac{0,3164}{\sqrt[4]{Re}} \qquad (I, 48)$$

Während nach dieser Formel die Widerstandszahl umgekehrt proportional der 0,25-Potenz von Re ist, folgt aus den Formeln (I, 37) und
(I, 47) die Potenz von 0,2.

Die Abhängigkeit der Widerstandszahl von Re für Rohre mit unter-
schiedlichem Rauhigkeitsgrad ist in Abb. 7 graphisch dargestellt.

Längsanströmung einer Platte

Den einfachsten Fall des Außenströmungsproblems stellt die Längsanströmung einer Platte, wobei die Strömung als unbegrenzt ausgedehnt,
vorausgesetzt wird. Bei der Untersuchung dieser Strömung muß man
unterscheiden zwischen den lokalen und den gemittelten Werten der uns
interessierenden Kennzahlen Re, Nu, St und der Widerstandszahl.

Unter dem lokalen Wert verstehen wir den Wert einer der genannten
Größen in der Entfernung x vom Rand der Platte. Dieser Abstand geht
dann als das charakteristische Längenmaß in Definitionsgleichungen der
Kennzahlen ein.

Der lokale Wert der REYNOLDS-Zahl wird als $V \cdot x/\nu$ definiert und
wächst somit proportional der Entfernung vom Plattenrand. Der lokale
Wert der NUSSELT-Zahl ist nach (I, 41) proportional der Quadratwurzel
aus der REYNOLDS-Zahl und nimmt demnach proportional der Quadratwurzel der Entfernung zu. Die Lokalwerte der STANTON-Zahl und der
Widerstandszahl sind mit Rücksicht auf (I, 47) und (I, 36) umgekehrt
proportional der Quadratwurzel aus Re und somit auch aus x. Ähnliches
gilt auch für die lokalen Werte der Wärme- und Stoffübergangszahlen.

Diese Gesetzmäßigkeiten sind für die Anfangsbereiche beim Anströmen eines beliebigen Körpers gültig und können insbesondere für die
Erfassung der Vorgänge an den Rohrwänden in unmittelbarer Nähe des
Einlaufquerschnittes herangezogen werden. Sie gehen in die das Innenströmungsproblem charakterisierenden Gesetzmäßigkeiten erst bei hinreichend großer Entfernung vom Rohranfang über, wenn die Strömung
hydrodynamisch bereits stabilisiert ist.

Konvektion im Schüttgut

Die Strömung durch eine aus einzelnen Teilen (Körnern) bestehende
Schicht (beispielsweise Kohleschicht auf dem Rost) nimmt eine Zwischenstellung zwischen dem Außen- und dem Innenströmungsproblem

ein. Diese durchströmte Schicht kann mit gleichem Recht einerseits als eine Mannigfaltigkeit von umströmten Körpern (Außenproblem) und andererseits als eine Mannigfaltigkeit von durchströmten Kanälen (Innenproblem) betrachtet werden. Es ist daher verständlich, daß die Stoff- und Wärmeübergangsgesetze zwischen der festen Schüttsubstanz und der strömenden Flüssigkeit ebenfalls eine Zwischenstellung zu den entsprechenden Gesetzmäßigkeiten des Außen- und des Innenproblems einnehmen.

Wie auch in anderen Fällen kann hier der Zusammenhang zwischen den Kennzahlen durch die empirische Formel vom Typ (I, 41) dargestellt werden, wobei der Exponent m zwischen den Werten 0,5 und 0,8 liegt, die dem Außen- und Innenproblem entsprechen.

In der letzten, besonders sorgfältig ausgeführten Arbeit von BERNSTEIN, die im Laboratorium von KNORRE [22] durchgeführt worden ist, wurde für die Durchströmung einer, aus einzelnen Kugeln bestehenden Schicht mit der Luft die Beziehung

$$Nu = A \cdot Re^m \qquad (I, 49)$$

mit $m = 0,6$ gefunden. Zur Bestimmung der REYNOLDS-Zahl diente dabei die auf den Gesamtquerschnitt (und nicht auf den freien Querschnitt) der durchströmten Schicht bezogene Strömungsgeschwindigkeit; als charakteristisches Längenmaß d in der NUSSELT- und der REYNOLDS-Zahl diente der Durchmesser der Kugeln.

Der Faktor A in der Formel (I, 49) hängt von der Porosität der Schicht ab, wobei unter der Porosität das Verhältnis des durchströmten Volumens zu dem Gesamtvolumen der Schicht verstanden wird. Die Abhängigkeit des Faktors A von der Porosität der Schicht ist nach BERNSTEIN in Abb. 8 graphisch dargestellt. Wie

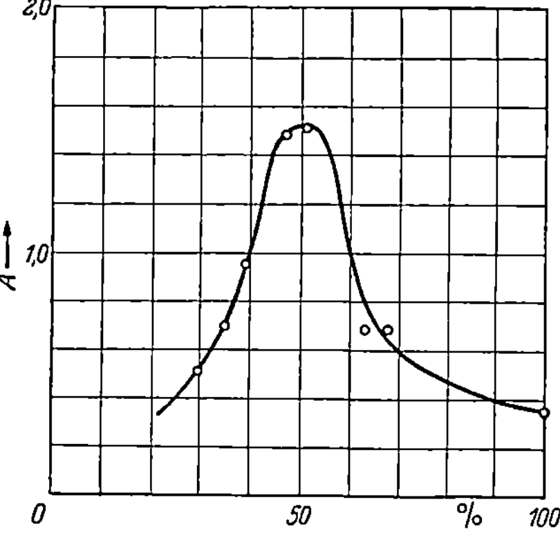

Abb. 8. Einfluß der Porosität einer Schicht auf den Koeffizienten A in der Formel (I, 49) von BERNSTEIN

ersichtlich, zeigt dieser Faktor ein ausgesprochenes Maximum. Dieses hängt damit zusammen, daß mit der zunehmenden Porosität zwar die Austauschfläche wächst, zugleich jedoch die wahre Strömungsgeschwindigkeit bei konstantem Durchsatz abnimmt.

Differentialgleichungen der Wärmeleitung und der Diffusion

In den vorhergehenden Abschnitten haben wir eine zusammenfassende Darstellung der wesentlichen Ergebnisse der Theorie der Wärme- und

der Stoffübertragung in den unbeweglichen und strömenden Substanzen
gegeben. Diese einfache Darstellung mag wohl für die Lösung einer Reihe
von Aufgaben der makroskopischen Kinetik ausreichend sein. Wir werden jedoch an einigen Stellen auch auf die Differentialgleichungen zurück-
greifen müssen, die die Wärme- und Stoffübertragung beschreiben. Es
ist daher angebracht, hierüber einen kurzen Überblick zu geben.

Die *Differentialgleichung der Diffusion* in unbeweglicher Substanz
lautet

$$\partial C/\partial t = \mathrm{div}(D \cdot \mathrm{grad}\, C) + q' \qquad (\mathrm{I}, 50)$$

wobei C die Konzentration, D die Diffusionskonstante (Diffusionszahl)
und q' die auf Volumen- und Zeiteinheit bezogene Quellendichte der
Substanz — als Folge der chemischen Reaktion — bedeuten. Die Symbole
div und grad sind die Abkürzungen für die Differentialoperatoren der
Divergenz und des Gradienten der Vektoranalyse. Sofern die Diffusionszahl D konstant und q' gleich Null ist, geht die Gl. (I, 50) in

$$\partial C/\partial t = D \cdot \Delta C \qquad (\mathrm{I}, 50\,\mathrm{a})$$

über, worin $\Delta = \mathrm{div}\,\mathrm{grad}$ der LAPLACE-Operator ist.

Die *Differentialgleichung der Wärmeleitung* lautet im unbeweglichen
Medium:

$$c\,\varrho \cdot \partial T/\partial t = \mathrm{div}(\lambda \cdot \mathrm{grad}\, T) + q' \qquad (\mathrm{I}, 51)$$

worin T die Temperatur, c die spezifische Wärme, ϱ die Stoffdichte,
λ die Wärmeleitzahl und q' die Dichte der Wärmequellen, auf Volumen-
und Zeiteinheiten bezogen, bedeuten.

Ist die Wärmeleitzahl λ eine Konstante, so nimmt die Gl. (I, 51) die
Gestalt

$$\partial T/\partial t = a \cdot \Delta T + q'/c\varrho \qquad (\mathrm{I}, 51\,\mathrm{a})$$

an.

Beim stationären Ablauf sind die Terme $\partial C/\partial t$ und $\partial T/\partial t$ gleich Null
zu setzen.

Bei der Behandlung der konvektiven Vorgänge erhalten die Gln. (I, 50)
und (I, 51) die konvektiven Glieder $v \cdot \mathrm{grad}\, C$ und $v \cdot \mathrm{grad}\, T$ (v bedeutet
hier die Strömungsgeschwindigkeit) und sind nunmehr zusammen mit
den Gleichungen der Hydrodynamik zu lösen.

Analyse der Differentialgleichungen mit Hilfe der Ähnlichkeitstheorie

Die Ähnlichkeitstheorie gestattet es, die Form der allgemeinen Lösung
zu ermitteln, ohne die mitunter sehr schwierige Integrierung der Differentialgleichungen durchführen zu müssen. Es wird untersucht, welche
dimensionslosen Kennzahlen den betreffenden physikalischen Vorgang
zu beschreiben gestatten, wobei allerdings die spezielle Form des Zusammenhanges zunächst noch offenbleibt.

Zu diesem Zwecke werden die Gleichungen mit Hilfe von gewissen, für den physikalischen Vorgang charakteristischen Bestimmungsmaßen zu den Beziehungen umgeformt, die ausschließlich dimensionslose Größen, Veränderliche und Parameter, enthalten. Auch die Lösungen dieser Gleichungen stellen demnach dimensionslose Größen dar. Die Erfassung des physikalischen Vorganges wird somit auf die Auffindung einer Beziehung zwischen diesen dimensionslosen Größen zurückgeführt[1].

Wir wollen diese Methode auf die im vorhergehenden Abschnitt angegebenen Differentialgleichungen anwenden. Als ein natürliches Längenmaß wählen wir eine Größe d, die irgendein charakteristisches geometrisches Maß des Strömungsvorganges bedeuten soll und führen eine entsprechende dimensionslose Ortskoordinate

$$\xi = x/d$$

ein.

Als ein charakteristisches Maß für Temperatur und Konzentration führen wir die Temperaturdifferenz ΔT und die Konzentrationsdifferenz ΔC ein, die den gesamten Vorgang in charakteristischer Weise auszeichnen. Es werden dann die dimensionslose Temperatur durch den Ausdruck

$$\vartheta = (T - T_0)/\Delta T$$

und die dimensionslose Konzentration durch

$$\zeta = (C - C_0)/\Delta C$$

definiert, wobei T_0 und C_0 irgendwelche, im Rahmen des Vorganges auftretenden Bezugswerte bedeuten.

Als drittes Maß wird eine gewisse charakteristische Zeit τ eingeführt und eine entsprechende dimensionslose Zeitvariable als

$$t' = t/\tau$$

definiert. Werden die neuen dimensionslosen Größen in die Gln. (I, 50 a) und (I, 51 a) eingeführt, so erhält man

$$\frac{\partial \vartheta}{\partial t'} = \frac{a\,\tau}{d^2} \cdot \frac{\partial^2 \vartheta}{\partial \xi^2} \,; \qquad \frac{\partial \zeta}{\partial t'} = \frac{D\,\tau}{d^2} \cdot \frac{\partial^2 \zeta}{\partial \xi^2}$$

---

[1] Der eigentliche Sinn dieses Vorgehens liegt nicht nur darin, daß die gewonnenen dimensionslosen Größen völlig unabhängig von dem Maßsystem und den Maßeinheiten sind, sondern daß durch die Zusammenfassung einzelner physikalischer Größen zu den dimensionslosen Aggregaten die Anzahl der Argumente und der Parameter, die den physikalischen Vorgang beschreiben, verringert wird. Die diesen Sachverhalt betreffenden Grundlagen werden durch das sogenannte Π-Theorem geliefert (s. beispielsweise P. W. Bridgman: Theorie der physikalischen Dimensionen, Leipzig u. Berlin, 1932 (übersetzt von H. Holl) und J. Wallot: Größengleichungen, Einheiten und Dimensionen, Leipzig 1957) (Pa.)

Jede dieser Gleichungen enthält einen dimensionslosen Parameter

$$a\tau/d^2 \quad \text{bzw.} \quad D\tau/d^2$$

Offensichtlich erhält man die Lösungen der beiden Differentialgleichungen in der Form

$$\vartheta = f(\xi; t'; a\tau/d^2) \tag{I, 52}$$

$$\zeta = f(\xi; t'; D\tau/d^2) \tag{I, 53}$$

Die dimensionslosen Temperatur- und Konzentrationsgrößen erscheinen somit als Funktionen der dimensionslosen Orts- und Zeitkoordinaten und hängen außerdem von je einem ebenfalls dimensionslosen Parameter ab.

Wird nicht nach der lokalen Beschreibung der physikalischen Vorgänge, sondern nach deren *gesamten* Kennzeichnung gefragt, so kann die Antwort keine Orts- und Zeitkoordinaten mehr enthalten, und sie läuft in diesem Falle auf die Bestimmung einer Funktionalbeziehung zwischen den dimensionslosen Parametern hinaus. Da die vorliegenden Gleichungen nur je einen derartigen Parameter enthalten, reduzieren sich die Aussagen über die entsprechenden stationären Vorgänge auf

$$a\tau/d^2 = \text{const}; \quad D\tau/d^2 = \text{const}$$

Hieraus ergibt sich als sehr nützliche praktische Folgerung, daß die charakteristische Zeit τ der Wärme- und Stoffübertragung in unbeweglichen Substanzen proportional der zweiten Potenz der linearen Abmessung des Körpers ist.

Falls der physikalische Vorgang keinen Anhaltspunkt für die Festlegung der charakteristischen Zeit bietet, wird diese aus den übrigen, den Vorgang charakterisierenden Parametern gebildet. Für die Wärmeübertragung wird $\tau = d^2/a$ und für die Stoffübertragung $\tau = d^2/D$ angesetzt. Dies sind die einzigen Kombinationen, deren Dimension gleich der der Zeit ist.

Die dimensionslos gemachte Zeit nimmt dann die Form $t' = at/d^2$ bzw. $t' = Dt/d^2$ an, und die Lösungen gehen in diesem Fall in

$$\vartheta = f(\xi; at/d^2) \tag{I, 54}$$

$$\zeta = f(\xi; Dt/d^2) \tag{I, 55}$$

über.

Man erhält diese Beziehungen aus den Gln. (I, 52) und (I, 53), wenn dort die charakteristische Zeit τ und die dimensionslose Zeit t' entsprechend den aufgestellten Ausdrücken eingesetzt werden.

In ähnlicher Weise lassen sich auch das FOURIERsche und das FICKsche Gesetz auf dimensionslose Form bringen. Mit den bereits eingeführten dimensionslosen Größen ϑ, ζ und ξ gehen die Gln. (I, 10) und (I, 11) in

$$\frac{q}{\Delta T} \cdot \frac{d}{\lambda} = - \frac{d\vartheta}{d\xi}$$

und

$$\frac{q}{\Delta C} \cdot \frac{d}{D} = - \frac{d\zeta}{d\xi}$$

über.

Die linke Seite der beiden Gleichungen stellt die uns bereits bekannte NUSSELTsche Kennzahl dar.

Werden die Gesetze von FOURIER und FICK durch die konvektiven Glieder erweitert, so entsteht bei ihrer Umformung neben der NUSSELT-Zahl noch die Kennzahl von PÉCLET, während in den Gleichungen der Hydrodynamik bei entsprechender Umformung die REYNOLDS-Kennzahl gebildet wird. Durch Kombination dieser Kennzahlen lassen sich alle übrigen, bereits erläuterten Kenngrößen herleiten[1].

Schrifttum

[1] ZEL'DOVIČ: Teorija gorenija i detonacii gasov (Theorie der Gasverbrennung und der Gasdetonation), AN. SSSR, M., 1944.
[2] FRANK-KAMENECKIJ: Usp. chim. Bd. 7 (1938) S. 1277.
[3] BUBEN, FRANK-KAMENECKIJ: Ž. fiz. chim. Bd. 20 (1946) 225.
[4] DAMKÖHLER in EUCKEN-JACOBS Chemie-Ingenieur Bd. III (1937) S. 1, 448.
[5] FRANK-KAMENECKIJ, KRENCEL, ZVEREV: Chim. prom. Bd. 1 (1946) S. 31.
[6] FRANK-KAMENECKIJ: Ž. fiz. chim. Bd. 13 (1939) S. 738.
[7] ZEL'DOVIČ, SEMENOV: Ž. eksp.-teor. fiz. Bd. 10 (1940) S. 1116.
[8] KLIBANOVA, FRANK-KAMENECKIJ: Acta physicochim. URSS Bd. 18 (1943) S. 387.
[9] LEVIČ: Ž. fiz. chim. Bd. 18 (1944) S. 335.
[10] SEMENOV: Cepnye reakcii (Kettenreaktionen), ONTI, 1934.
[11] FRANK-KAMENECKIJ: Ž. fiz. chim. Bd. 14 (1940) S. 695.
[12] FRANK-KAMENECKIJ: Usp. chim. Bd. 10 (1941) S. 373.
[13] FRANK-KAMENECKIJ: Usp. chim. Bd. 10 (1941) S. 554.
[14] ZEL'DOVIČ: Acta physicochim. URSS Bd. 1 (1934) S. 449.
[15] GUCHMAN: Fizičeskije osnovy teploperedači (Physik. Grundlagen der Wärme-übertragung), ONTI, 1934.

---

[1] Bei der Erforschung von physikalischen Vorgängen, für die keine theoretischen Beziehungen zur Verfügungen stehen, werden aus den diesen Vorgang bestimmenden physikalischen Größen dimensionslose Aggregate gebildet, deren Zahl $n = m - k$ ist; (m die Zahl der physikalischen Größen; k die Zahl der Grundgrößen – Länge, Zeit, Masse, Temperatur usw. – des verwendeten Meßsystems).

Aus der so gewonnenen Mannigfaltigkeit der dimensionslosen Größen werden gegebenenfalls die eigentlichen *Einflußgrößen* ermittelt, die den Ablauf des physikalischen Vorganges im wesentlichen bestimmen. Diese Entscheidung bildet den Schwerpunkt der Untersuchungsmethodik und setzt detaillierte Kenntnisse über den physikalischen Vorgang sowie Einfühlungsvermögen für das Problem voraus (Pa.).

[16] Kirpičev, Micheev, Ejgenson: Teploperedača (Wärmeübertragung). ONTI, 1940.
[17] Margoulis, W.: Chaleur et Ind. Bd. 134, 135 (1931) S. 269, 352.
[18] Lévêque: Ann. Mines (12) Bd. 13 (1928) S. 201, 305, 381.
[19] Rubinstejn: Staja v sborn. „Issled. processov regulirovanija, teploperedači i obratn. ochlaždenija", Sborn. rabot labor. parovych turbin (Prozesse der Regulierung, der Wärmeübertragung und der invers. Kühlung), WTI SM, 1938.
[20] Pohlhausen: Z. angew. Math. Mech. Bd. 1 (1921) S. 115.
[21] Vyrubov: Ž. techn. fiz. Bd. 9 (1939) S. 1923.
[22] Knorre: Issled. processov gorenija natur. topliva (Verbrennungsprozesse bei natürlichen Brennstoffen), Sborn. rabot labor. fiz. ognetechn. CKTI, Energoizdat, M. (um 1947).

Kapitel II

Diffusionskinetik

Die Geschwindigkeit der in der Natur und in der Technik ablaufenden realen, heterogenen Reaktionen hängt einerseits von der wahren Kinetik des chemischen Umsatzes an den Grenzflächen und andererseits von der Intensität des Stofftransportes ab, welcher die Reaktionskomponenten durch molekulare Diffusion oder durch konvektive, insbesondere turbulente Stoffübertragung an die Reaktionsflächen heranbringt. Die Untersuchung derartiger Vorgänge bildet den Gegenstand der Diffusionskinetik.

Zur Behandlung dieser Frage gibt es grundsätzlich drei verschiedene Möglichkeiten. Der erste Weg ist durch die exakte analytische Lösung der Differentialgleichung der Diffusion gegeben. Die entsprechenden Randbedingungen sind dabei durch die Reaktionskinetik an den Grenzflächen bestimmt und liegen im allgemeinen in der Form .

$$-D \cdot \operatorname{grad} C = k \cdot C^n$$

vor, wobei die Reaktionskinetik entsprechend der Beziehung (I, 1) vorausgesetzt wird.

Diese Methode wurde nur bei einigen speziellen Problemen von Paneth und Herzfeld [1], Damköhler [2], Predwoditelew [3], Lewitsch [4] und Semenow [31] angewandt. Alle Autoren beschränken sich auf die Reaktion erster Ordnung. Die auf bestimmte geometrisch-physikalische Bedingungen zugeschnittenen Speziallösungen lassen leider in Anbetracht ihrer Kompliziertheit keine Verallgemeinerungen grundsätzlicher Art für beliebige geometrische Formen und Strömungsarten zu.

Die zweite Methode verzichtet auf eine analytische Behandlung und beschränkt sich auf die Verwendung der Ähnlichkeitstheorie. Dieses betrifft sowohl die Betrachtung der Transportvorgänge als auch die Untersuchung des eigentlichen chemischen Prozesses. Die Ansätze zu dieser Methode sind bereits in einigen Arbeiten von WULIS [*9*] enthalten und wurden in der letzten Zeit von DJAKONOW [*36*] systematisch ausgebaut.

In unseren eigenen Arbeiten [*5*] haben wir den dritten Weg eingeschlagen, den wir *Methode der quasi-stationären Vorgänge oder der gleichmäßig erreichbaren Reaktionsflächen* genannt haben. Diese Näherungsmethode ermöglicht nicht nur eine wesentlich vereinfachte Behandlung der Probleme, sondern zeigt auch die physikalisch wichtigen Grenzfälle der Diffusionskinetik auf.

Gleichmäßig zugängliche Reaktionsflächen

Diese angenäherte, jedoch völlig allgemein gehaltene Methode geht von der Annahme aus, daß die Bedingungen, unter denen der Diffusionstransport vor sich geht, in erster Näherung von dem Ablauf der chemischen Reaktion an der Grenzfläche unabhängig sind.

Sie läßt sich anwenden, wenn alle Bereiche der Reaktionsfläche hinsichtlich des Diffusionsvorganges einander gleichwertig (gleichmäßig zugänglich) sind.

Mit dieser Methode kann man den analytischen Weg einschlagen, wobei an Stelle der erwähnten komplizierten die einfache Randbedingung ($C = 0$) tritt. Auch bei der Bearbeitung von Versuchsdaten über Wärme- und Stoffübertragung kann diese Methode unter der Hinzunahme der Ähnlichkeitstheorie mit Erfolg angewandt werden.

Es seien die Konzentration des reagierenden Stoffes an der Grenzfläche mit C' und seine Konzentration im Volumen mit C bezeichnet. Als Volumenkonzentration wird bei einem Außenproblem die Konzentration in unendlich großer Entfernung von der Reaktionsfläche verstanden, während bei einem Innenströmungsproblem sie durch die mittlere Volumenkonzentration definiert wird.

Die Reaktionsgeschwindigkeit an der Grenzfläche hängt von der Konzentration C' ab und ist durch die wahre chemische Kinetik bedingt. Wir setzen voraus, daß die Abhängigkeit dieser wahren Reaktionsgeschwindigkeit von der Konzentration C' durch eine beliebige, jedoch bekannte Funktion $f(C')$ gegeben ist.

Bei stationärem bzw. quasi-stationärem Reaktionsverlauf ist die Reaktionsgeschwindigkeit gleich der Menge des Reaktionsstoffes, die durch die molekulare oder turbulente Diffusion an die Reaktionsfläche herangebracht wird. Diese ist nach der Beziehung (I, 17) durch den Ausdruck

$$q = \beta(C - C')$$

(II, 1)

gegeben, worin β die Stoffübergangszahl ist.

Durch das Gleichsetzen der im Verlaufe der Reaktion an der Grenzfläche umgesetzten und der im gleichen Zeitabschnitt zu der Grenzfläche transportierten Stoffmenge erhält man eine Beziehung

$$\beta(C-C') = f(C') \qquad\qquad (\mathrm{II,\,2})$$

die für jede spezielle Art der f-Funktion nach C' aufgelöst werden kann.
Wird der so ermittelte C'-Wert in (II, 1) oder in $f\,(C')$ eingesetzt, so erhält man die tatsächliche summarische Geschwindigkeit des Reaktionsablaufes.

Der Wert der Stoffübergangszahl β wird entweder analytisch oder
durch die Auswertung der Versuchsdaten über Stoff- und Wärmeübertragung ermittelt, wobei von der Ähnlichkeitsbeziehung

$$\beta = Nu' \cdot \frac{D}{d} = St' \cdot V \qquad\qquad (\mathrm{II,\,3})$$

Gebrauch gemacht wird.

Reaktionen erster Ordnung

Wir betrachten den einfachsten Fall einer Reaktion erster Ordnung
[5], [6], [7]. Es ist dann

$$f(C') = k \cdot C' \qquad\qquad (\mathrm{II,\,2a})$$

und die Gl. (II, 2) artet in

$$\beta(C - C') = k\,C'$$

aus, deren Lösung

$$C' = \frac{\beta}{k+\beta} \cdot C \qquad\qquad (\mathrm{II,\,4})$$

ist. Die quasi-stationäre Reaktionsgeschwindigkeit beträgt dabei

$$q = \frac{k \cdot \beta}{k+\beta} \cdot C \qquad\qquad (\mathrm{II,\,5})$$

Wie ersichtlich, gehorcht in diesem Falle auch der makroskopische
Reaktionsverlauf der ersten Ordnung

$$q = k^* \cdot C \qquad\qquad (\mathrm{II,\,6})$$

mit der effektiven Geschwindigkeitskonstante

$$k^* = \frac{k \cdot \beta}{k+\beta} \qquad\qquad (\mathrm{II,\,7})$$

Die letzte Beziehung wird besonders anschaulich, wenn anstatt der beiden
Geschwindigkeitskonstanten und der Stoffübergangszahl ihre Kehrwerte
betrachtet werden. Es folgt dann aus (II, 7) der einfache Zusammenhang

$$\frac{1}{k^*} = \frac{1}{k} + \frac{1}{\beta} \qquad\qquad (\mathrm{II,\,7a})$$

Man kann diese Kehrwerte als *Widerstandsgrößen* auffassen [6], [7].
In diesem einfachen Falle der Reaktion erster Ordnung ist der gesamte

Reaktionswiderstand gleich der Summe des *kinetischen* und des *Diffusionswiderstandes*.

Das reaktionskinetische Gebiet und das Diffusionsgebiet

Die Formel (II, 7) nimmt besonders einfache Gestalt an, wenn eine der beiden Konstanten k, β bedeutend größer ist als die andere: Bei $k \gg \beta$ folgt $k^* \sim \beta$. Nach (II, 4) besteht dabei folgende Relation:

$$C' \simeq \frac{\beta}{k} \cdot C \ll C$$

Die effektive Geschwindigkeit des Reaktionsablaufes ist in diesem Falle ausschließlich durch die Geschwindigkeit der Stoffübertragung bedingt. Ist dagegen $k \ll \beta$, so ist $k^* \simeq k$ und $C' \approx C$. In diesem Fall hängt der gesamte Reaktionsablauf nur von der wahren chemischen Kinetik ab und wird durch den Diffusionsvorgang praktisch nicht beeinflußt.

Auch bei den Reaktionen *höherer Ordnung* lassen sich die erläuterten Grenzfälle angeben: Ist der Diffusionswiderstand wesentlich kleiner als der chemische Widerstand

$$\beta\, C \gg f(C) \tag{II, 8}$$

so stimmt die makroskopische Reaktionsgeschwindigkeit mit der wahren Geschwindigkeit der Reaktionskinetik nahezu überein und ist somit gleich $f(C)$. Die Konzentration des reagierenden Stoffes an der Grenzfläche ist hierbei praktisch gleich der Volumenkonzentration

$$C' \sim C$$

In diesem Falle hängt die makroskopische Reaktionsgeschwindigkeit von den äußeren Bedingungen in derselben Weise ab, wie die wahre Reaktionskinetik. Die Temperaturabhängigkeit folgt dabei dem Gesetz von ARRHENIUS, während der Einfluß der Zusammensetzung auf die Reaktionsgeschwindigkeit ein recht komplizierter sein kann. Überdies kann die Reaktionsgeschwindigkeit offensichtlich nicht von der Strömungsgeschwindigkeit abhängen und muß der Größe der Reaktionsfläche streng proportional sein. Dieses charakteristische Grenzgebiet, welches uns die unmittelbare Bestimmung der reaktionskinetischen Gesetzmäßigkeiten ermöglicht, bezeichnen wir [5] als *reaktionskinetisches Gebiet*.

Das zweite Grenzgebiet, das wir *Diffusionsgebiet* nennen [5], zeichnet sich durch die Beziehung

$$\beta\, C \ll f(C) \tag{II, 8a}$$

aus. Hier ist der Diffusionswiderstand wesentlich größer als der kinetische Widerstand und für die makroskopische Reaktionsgeschwindigkeit allein maßgebend. Die Stoffkonzentration an der Grenzfläche ist dabei wesentlich geringer als die Volumenkonzentration:

$$C' \ll C$$

Da im Diffusionsgebiet die makroskopische Reaktionsgeschwindigkeit ausschließlich durch den Stofftransport bedingt wird und mit der wahren Reaktionskinetik so gut wie nichts mehr zu tun hat, gilt für sie die Beziehung

$$q \sim \beta \cdot C = \frac{Nu' \cdot D}{d} \cdot C \qquad \qquad (\text{II}, 9)$$

Die Reaktionsgeschwindigkeit ist im Diffusionsgebiet stets proportional der Volumenkonzentration C (bei der Gasströmung wird der Gesamtdruck als konstant vorausgesetzt), so daß alle Reaktionen hinsichtlich C erster Ordnung sind.

Auch der Einfluß des Gesamtdruckes auf den Reaktionsverlauf im Gasraum kann unschwer abgeschätzt werden:

Im ruhenden Mittel ist Nu' eine konstante, nur von der Geometrie des Reaktionsraumes abhängige Größe. Bei gleichbleibender Zusammensetzung ist die Konzentration C direkt und die Diffusionskonstante D umgekehrt proportional dem Gesamtdruck, so daß ihr Produkt von dem Gesamtdruck unabhängig ist. Die Reaktionsgeschwindigkeit wird somit durch den Druck nicht beeinflußt.

Im strömenden Gas ist Nu' eine Funktion von $Re = V \cdot d/\nu = W \cdot d/\mu$, wobei W die Massengeschwindigkeit $(g/cm^2 \cdot s)$ und μ die dynamische Zähigkeit bedeuten. Die letztere hängt bei idealen Gasen von dem Druck nicht ab.

Wird nun bei der Druckänderung dafür gesorgt, daß W konstant bleibt, so bleibt Re mithin auch Nu' dabei ebenfalls unverändert. Die Reaktionsgeschwindigkeit ist daher auch im strömenden Gas (bei $W =$ const) druckunabhängig (Reaktion nullter Ordnung).

Die Reaktionsgeschwindigkeit hängt im Diffusionsgebiet — entsprechend dem Temperaturverhalten der Diffusionskonstante — nur sehr schwach von Temperatur ab.

Hingegen wird die Reaktionsgeschwindigkeit durch die Geschwindigkeit der Gasströmung — entsprechend der Änderung der Nusselt-Zahl — beeinflußt; nach (I, 41) und (I, 37) ist die Reaktionsgeschwindigkeit bei dem Außenströmungsproblem proportional der 0,4- bis 0,5ten Potenz und bei turbulenter Rohrströmung — proportional der 0,8ten Potenz der Strömungsgeschwindigkeit.

Offensichtlich hängt die Geschwindigkeit des Reaktionsablaufes im Diffusionsgebiet gar nicht von den speziellen Merkmalen der wahren Reaktionskinetik ab. Die Geschwindigkeiten völlig unterschiedlicher Reaktionen weichen im Diffusionsgebiet nur insofern voneinander ab, als die maßgeblichen Diffusionszahlen der Reaktionsstoffe unterschiedlich sind. (Bei den Gleichgewichtsreaktionen kommen noch die etwaigen Unterschiede in den Gleichgewichtsbedingungen hinzu).

Mit dem Diffusionsgebiet haben wir immer dann zu tun, wenn sich die Bedingungen für eine günstige Entwicklung der chemischen Kinetik mit unzureichenden Voraussetzungen für die Stoffübertragung paaren, so beispielsweise bei hohen Temperaturen und Drucken und geringen Geschwindigkeiten der Gasströmung. Dagegen liegt im allgemeinen bei tiefen Temperaturen, geringen Drucken und intensiver Gasströmung das kinetische Reaktionsgebiet vor. Man benutzt diese Tatsache zum Studium der wahren chemischen Kinetik der heterogenen Reaktionen.

In dem Reaktionsgebiet, das zwischen dem kinetischen und dem Diffusionsgebiet liegt, wird der Reaktionsablauf durch die Gl. (II, 2) beschrieben. Für die Reaktion erster Ordnung gilt hier speziell die Formel (II, 5).

Einige Beispiele des Reaktionsablaufes im Diffusionsgebiet

Im Diffusionsgebiet ist die Konzentration des Reaktionsstoffes an der Reaktionsgrenzfläche bedeutend niedriger als seine Volumenkonzentration:

$$C' \ll C$$

Aus (II, 1) ergibt sich unmittelbar, daß die Reaktionsgeschwindigkeit in diesem Gebiete praktisch durch den Ausdruck

$$q = \beta \cdot C$$

gegeben ist, so daß die Stoffübergangszahl β die Rolle der Geschwindigkeitskonstante übernimmt.

Wie bereits hervorgehoben, vermag der makroskopische Ablauf einer Reaktion im Diffusionsgebiet nichts über die eigentliche Reaktionskinetik und ihren chemischen Mechanismus auszusagen. Umgekehrt ermöglicht das Studium des Reaktionsverlaufes einen Einblick in Diffusionsvorgänge, insbesondere beim konvektiven Stoffübergang.

Es gibt eine Reihe von Methoden, mit denen man feststellen kann, ob sich eine chemische Reaktion im Diffusionsgebiete abspielt. Die zuverlässigste Methode ist — die Durchführung der Reaktion unter definierten geometrischen und hydrodynamischen Bedingungen, die eine hinreichend exakte Berechnung der absoluten Diffusionsgeschwindigkeit gestatten. Verläuft die chemische Reaktion im Diffusionsgebiete, so muß ihre Geschwindigkeit gleich der errechneten Diffusionsgeschwindigkeit sein. Ist sie dagegen wesentlich kleiner als die letztere, so handelt es sich um das kinetische Gebiet. Unter keinen Umständen kann die Reaktionsgeschwindigkeit den Wert der Diffusionsgeschwindigkeit überschreiten.

In den meisten Fällen beobachtet man die chemischen Prozesse unter den hydrodynamischen und geometrischen Bedingungen, die einer rechnerischen Erfassung nicht zugänglich sind, wie beispielsweise in verschiedenen Rührapparaten oder beim Durchblasen eines Gases durch eine poröse Schicht. In solchen Fällen wird die Entscheidung, ob der chemische Prozeß in dem kinetischen oder in dem Diffusionsgebiete verläuft, aus der Abhängigkeit des Reaktionsablaufes von verschiedenen Parametern getroffen. Hängt die Reaktionsgeschwindigkeit von der Strömungsgeschwindigkeit ab, so ist dies ein Zeichen dafür, daß es sich um das Diffusionsgebiet handelt; eine starke, dem Gesetz von ARRHENIUS entsprechende Temperaturabhängigkeit der Reaktionsgeschwindigkeit in der gasförmigen Substanz deutet dagegen auf das kinetische Gebiet hin.

Besonders eindeutige Ergebnisse erhält man beim Studium der Reaktionsvorgänge bei der Innenströmung, wenn beispielsweise die flüssige oder gasförmige Substanz durch ein Rohr hindurchgeleitet wird, an dessen Wand die chemische Umsetzung stattfindet. Läuft die Reaktion im Diffusionsgebiet ab, so wird man bei dem Umschlag der laminaren Strömung in die turbulente einen entsprechenden Sprung auch in dem Reaktionsablauf feststellen: Während im laminaren Gebiet die Reaktionsgeschwindigkeit nur sehr schwach von der Strömungsgeschwindigkeit abhängt, sind diese beiden Größen im turbulenten Gebiet einander etwa proportional. Dementsprechend ist die Konzentration der Reaktionsprodukte am Rohraustritt beim laminaren Fließen angenähert umgekehrt proportional zur Strömungsgeschwindigkeit, während sie beim turbulenten Fließen von der Strömungsgeschwindigkeit nahezu unabhängig ist.

Der chemische Reaktionsverlauf im Diffusionsgebiet ist besonders ausführlich an Verbrennung der Kohle und dem Auflösen der Salze in Wasser sowie der Metalle in Säuren studiert worden.

Verbrennung der Kohle

Die Verbrennung der Kohle verläuft bei Temperaturen oberhalb 1100 bis 1300° C, wie dies von mehreren Autoren [12], [13] gezeigt worden ist, im Diffusionsgebiet. In den Abb. 9 und 10 sind die Versuchsergebnisse von ZUCHANOWA dargestellt, die sie bei der Kohleverbrennung unter den Bedingungen der inneren Strömung gewonnen hatte. In den beiden Darstellungen ist der Umschlag des laminaren Vorganges in den turbulenten stark ausgeprägt.

PREDWODITELEW und ZUCHANOWA [3] haben ferner den laminaren Verbrennungsvorgang sowohl im kinetischen Gebiet als auch im Zwischengebiet bei den Temperaturen unterhalb von 1100° C untersucht.

Wie der Verfasser zeigte [14], lassen sich diese Versuchsergebnisse sehr gut durch die Formel (II, 5) beschreiben. Die dieser letzten Arbeit entnommene Abb. 11 bringt die Abhängigkeit der effektiven Geschwindigkeitskonstante k^* von der reziproken Temperatur. Die ausgezogene Kurve entspricht der Formel (II, 7), während die Versuchsdaten von PREDWODITELEW und ZUCHANOWA mit Kreisen dargestellt sind. Die Untersuchung der Kohleverbrennung in der turbulenten Strömung stößt zwar auf einige experimentelle Schwierigkeiten, es besteht jedoch kein Zweifel, daß auch hier —, sobald es gelingt, einwandfreie Versuchsdaten zu

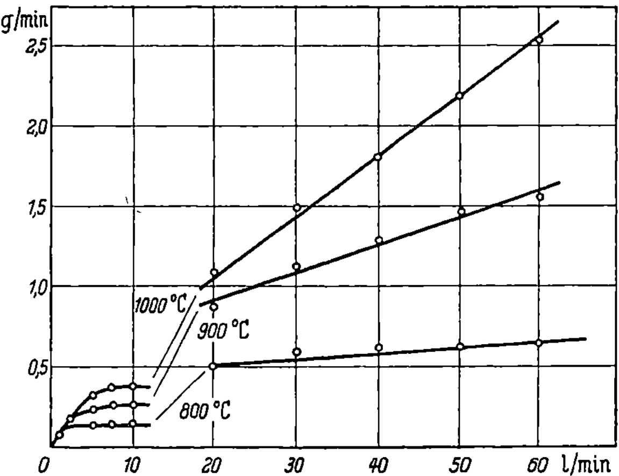

Abb. 9. Verbrennungsgeschwindigkeit in einem Kohlekanal. (Nach Zuchanowa). Abszisse = Intensität des Durchblasens in l/min; Ordinate = Verbrennungsgeschwindigkeit der Kohle in g/min. Der linke Bereich entspricht der laminaren, der rechte Bereich — der turbulenten Strömung

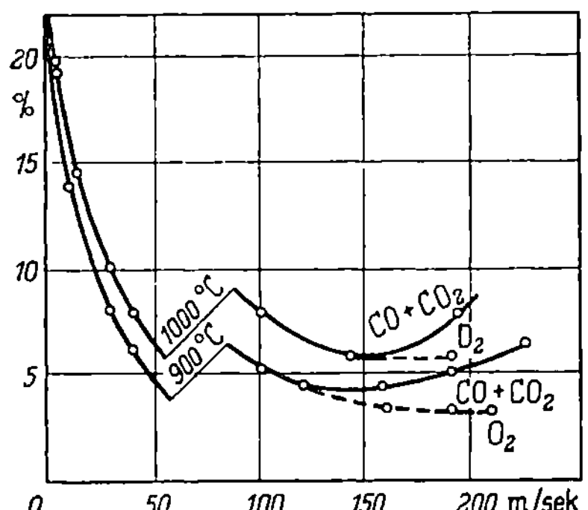

Abb. 10. Zusammensetzung der Abgase bei der Verbrennung im Kohlekanal. (Nach Zuchanowa) Abszisse = Strömungsgeschwindigkeit der Gase in m/sec; Ordinate = %-Gehalt der Verbrennungsprodukte. Die Messungen sind bei 900° und 1000° C durchgeführt worden

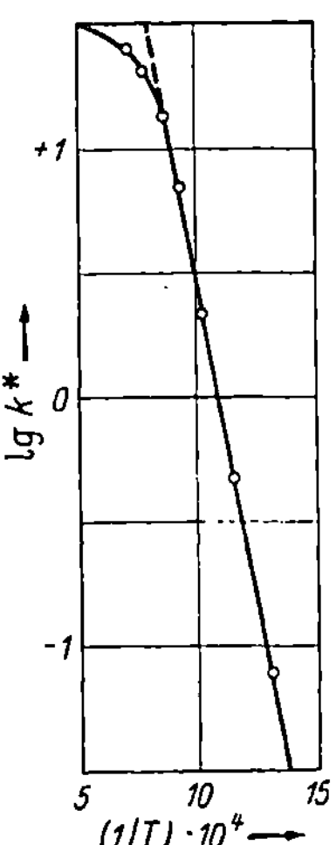

Abb. 11. Auswertung der Versuchsdaten über die Kohleverbrennung von Predwoditelew und Zuchanowa. k^* = effektive Geschwindigkeitskonstante, T = absolute Temperatur. Die eingezeichnete Kurve entspricht der Beziehung (II, 7); mit Kreisen sind die Versuchsdaten dargestellt. Im geradlinigen Bereich verläuft die Verbrennung im reaktionskinetischen Gebiet

gewinnen —, die Formel (II, 7) vollauf bestätigt wird.

Die Reaktion von Kohlendioxyd mit Kohle in einem Kohlekanal bei der laminaren Gasströmung wurde von Wulis und Witman [33] untersucht. Sie haben sowohl das kinetische als auch das Zwischengebiet erfaßt und zur Auswertung der Versuchsdaten die analytischen Lösungen von PANETH und HERZFELD [*1*] herangezogen.

WULIS [*34*] stellte sämtliche in der Literatur vorhandenen Daten über die Reaktionskinetik der Kohleverbrennung zusammen, die über die wahre chemische Kinetik des Verbrennungsvorganges Auskunft geben. Die Ergebnisse dieser Übersicht sind in der Tab. 1 zusammengefaßt.

Zur Beschreibung der Reaktionskinetik benutzt WULIS die Formel von ARRHENIUS (I, 2) und gibt in der Tabelle die Werte der Aktivierungsenergie E und des Häufigkeitsfaktors z für die Reaktionen des Kohlenstoffes mit Sauerstoff und mit Kohlendioxyd an.

Die Werte der kinetischen Parameter sind für verschiedene Kohlensorten unterschiedlich. WULIS zeigt jedoch, daß für sämtliche Kohlensorten die Aktivierungsenergie der Kohlendioxydreaktion 2,2 mal größer ist als die Aktivierungsenergie der Sauerstoffreaktion.

Ferner fand WULIS, daß der Logarithmus des z-Faktors in einem linearen Zusammenhang mit der Aktivierungsenergie steht und daß sich sämtliche Geschwindigkeitskonstanten durch die empirische Beziehung

$$k = k_0 \cdot \exp\left\{ \frac{E}{R} \cdot (1/T^* - 1/T) \right\}$$

darstellen lassen, wobei k_0 für beide Reaktionen denselben Wert von 31,6 cm/sec, während T^* für die Sauerstoffreaktion den Wert von 1240° K und für die Kohlensäurereaktion — 1840° K betragen. Die einzige individuelle Charakteristik jeder einzelnen Kohlensorte bildet die Aktivierungsenergie E. Es genügt dabei, ihren Wert nur bei einer einzigen Reaktion experimentell zu bestimmen.

Bei der Bearbeitung der Versuchsdaten nahm WULIS an, daß die wahre chemische Kinetik dem Reaktionsverlauf erster Ordnung entspricht. Diese Annahme ist jedoch weder theoretisch noch experimentell begründet. Außerdem wurde bei der Auswertung der Versuchsdaten der eventuelle Einfluß der Porosität der Kohle auf den Reaktionsablauf außer Acht gelassen. Die entsprechenden Methoden, die die Berücksichtigung dieses Umstandes ermöglichen, werden von uns in einem späteren Abschnitt noch ausführlich erläutert.

Die Kinetik und der chemische Mechanismus der Reaktion zwischen der Kohle und Kohlendioxyd wurde von uns [*35*] in rein kinetischem Reaktionsgebiete eingehend untersucht. Es hat sich dabei gezeigt, daß diese Umsetzung nach einer Reaktionsordnung kleiner als 1 verläuft.

Eine direkte Untersuchung der Reaktionskinetik der Verbrennung des Kohlenstoffes im Sauerstoff wird durch die hohe Erwärmung der Reaktionsfläche sehr erschwert.

Für derartige stark exotherme Reaktionen haben wir vorgeschlagen, die kritischen *Zünd-* und *Löscherscheinungen* an der Reaktionsfläche zur Bestimmung der wahren Reaktionskinetik heranzuziehen (Kap. IX).

Tabelle 1. *Reaktionskinetik der Kohleverbrennung nach* WULIS

Kohlesorten	Reaktion $C + O_2$			Reaktion $C + CO_2$			Verhältnis $\dfrac{E_{C+CO_2}}{E_{C+O_2}}$
	E kcal/Mol	z cm/sec	Autoren	E kcal/Mol	z cm/sec	Autoren	
Elektrodenkohle	17,5	$5 \cdot 10^4$	WULIS (Kanal)	40,0	$3 \cdot 10^6$	WULIS (Kanal)	2,28
,,	20,3	$1 \cdot 10^3$	CHITRIN (Teilchen)	—	—	—	—
,,	22,0	$2 \cdot 10^5$	SMITH und GOODMUNESEN (Teilchen)	—	—	—	—
Graphit	—	—	—	44,0	$4 \cdot 10^6$	MAYERS (Platte)	—
Elektrodenkohle	—	—	—	44,25	$6,9 \cdot 10^6$	ZUCHANOWA (Kanal)	—
,,	—	—	—	51,2	$7,9 \cdot 10^7$	SAWINOW (Teilchen)	—
Graphit	—	—	—	52,0	$2,5 \cdot 10^8$	MAYERS (Platte)	—
Elektrodenkohle	25,5	$1,1 \cdot 10^6$	ZUCHANOWA (Kanal)	52,0	$1,6 \cdot 10^9$	WULIS (Kanal)	2,23
,,	26,5	$2,5 \cdot 10^6$	WULIS (Kanal)	59,0	$1,6 \cdot 10^9$	—	2,22
,,	29,6	$3,5 \cdot 10^6$	NIKOLAJEW (Teilchen)	—	—	—	—
Koks	31,5	$1,6 \cdot 10^7$	GOLOWINA (Teilchen)	—	—	—	—
,,	33,0	$1,8 \cdot 10^7$	NIKOLAJEW (Teilchen)	—	—	—	—
Elektrodenkohle	35,5	$2,2 \cdot 10^7$	TU u. a. (Teilchen)	74,0	$3,16 \cdot 10^{10}$	DUBINSKI (Teilchen)	2,09
,,	35,5	$5,6 \cdot 10^7$	GOLOWINA (Teilchen)	—	—	—	—
,,	37,0	$4 \cdot 10^7$	BLINOW u. GOLOWINA (Teilchen)	—	—	—	—

In der Arbeit von KLIBANOWA und Verfasser [*32*] wurde die Entflammung von Kohlenfäden in Sauerstoff- und Luftstrom untersucht und zur Bestimmung der kinetischen Gesetzmäßigkeiten der Reaktion zwischen dem Kohlenstoff und dem Sauerstoff verwendet. Das wesentlichste Ergebnis dieser Untersuchung war die Schlußfolgerung, daß diese Reaktion nicht, wie es gewöhnlich in der Literatur angenommen wird, nach der ersten Ordnung, sondern nach einer gebrochenen Ordnung zwischen $^1/_3$ und $^1/_2$ verläuft.

Auch eine genaue Analyse der in der Literatur vorhandenen Daten über die Sauerstoffkonzentration in unmittelbarer Nähe eines brennenden Kohleteilchens führt zu derselben Schlußfolgerung.

Reaktionen gebrochener Ordnung

Wir betrachten eine Reaktion, deren Geschwindigkeit durch den Ausdruck

$$f(C) = k \cdot C^m$$

mit $m < 1$ gegeben sei. In diesem Fall geht die Bedingung (II, 2) in

$$k \cdot C'^m = \beta(C - C') \qquad (\text{II, 10})$$

über; werden hier zwei dimensionslose Größen

$$\left.\begin{aligned} \zeta &= C'/C \\ \mu &= \frac{k}{\beta \cdot C^{1-m}} \end{aligned}\right\} \qquad (\text{II, 11})$$

eingeführt, so lautet diese Beziehung in dimensionsloser Form:

$$\zeta^m = (1 - \zeta)/\mu \qquad (\text{II, 12})$$

die als Abhängigkeit der dimensionslosen Konzentration ζ von dem Parameter μ

$$\zeta = f(\mu, m)$$

aufgefaßt werden kann und in Abb. 12 nach ζ graphisch gelöst wird. Über der Abszisse ζ sind zwei Kurvenscharen aufgetragen: die Geraden entsprechen der rechten Seite der Gl. (II, 12) und sind für eine Reihe von μ-Werten eingezeichnet. Die zweite Kurvenschar entspricht der linken Seite der Gleichung für einige Werte des Exponenten m. Die Lösung der Gl. (II, 12) für ein Wertepaar (μ, m) wird durch den Schnittpunkt zweier entsprechender Kurven gegeben.

Die makroskopische Reaktionsgeschwindigkeit beträgt

$$q = k \cdot C'^m = k \cdot C^m \cdot \zeta^m \qquad (\text{II, 13})$$

In einer hochinteressanten Arbeit haben PARKER und HOTTEL [*11*] die Sauerstoffkonzentration C' an der Oberfläche eines brennenden Kohleteilchens bei verschiedenen Temperaturen und Strömungsgeschwindigkeiten durch die Entnahme von Mikroproben bestimmt. Sie erfaßten dabei den Übergangsbereich zwischen dem kinetischen und dem Diffusionsgebiet. Wir haben [32] ihre Versuchsergebnisse im Sinne der Beziehung

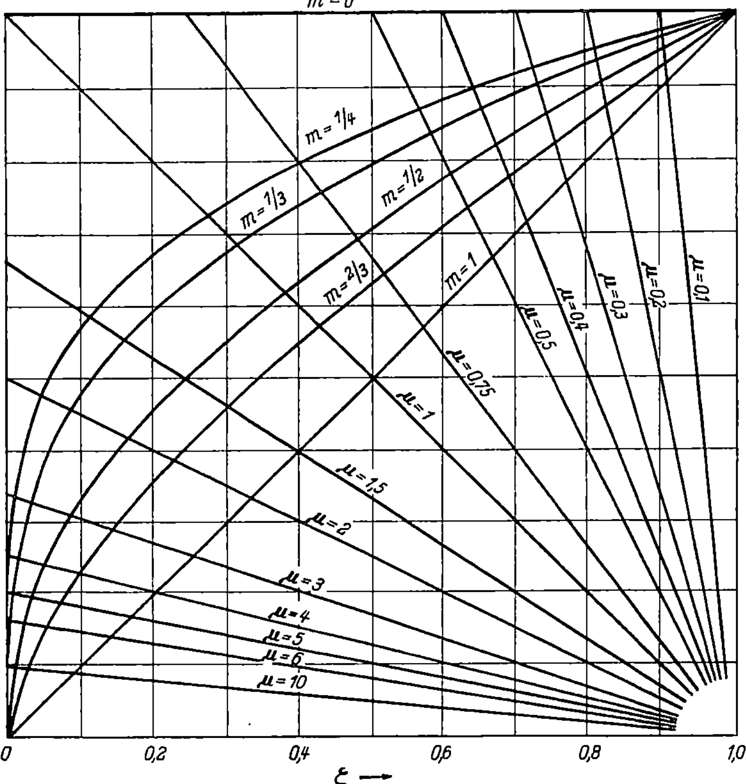

Abb. 12. Zur Diffusionskinetik der Reaktionen gebrochener Ordnung. Graphische Lösung der Gl. (II, 12). Abszisse = das Konzentrationsverhältnis $\zeta \equiv C'/C$; die Geradenschar entspricht der Beziehung $y_1 = \dfrac{1-\zeta}{\mu}$; die Kurvenschar entspricht der Beziehung $y_2 = \zeta^m$. Für zwei vorgegebene Werte von μ und m gibt die Abszisse des betreffenden Schnittpunktes den dazugehörigen ζ-Wert an. (Zum Beispiel für $\mu = 0,4$; $m = 2/3$ ist $\mu = 0,688$)

(II, 12) ausgewertet und erhielten auf diese Weise das zusätzliche Material zur Beurteilung der tatsächlichen Reaktionsordnung des Verbrennungsprozesses.

Das Ergebnis dieser Auswertung ist in Abb. 13 dargestellt. Als Abszisse ist hier $\lg\mu$ und als Ordinate die dazugehörigen Werte ζ für vier verschiedene Werte der Reaktionsordnung m aufgetragen. Die Kurve für $m = 1$ entspricht der Formel (II, 4). Die Kreise geben die ausgewerteten Meßergebnisse von PARKER und HOTTEL wieder.

Diese Umformung wurde folgendermaßen vorgenommen: Die dimensionslose Konzentration ζ ergab sich unmittelbar aus dem Verhältnis der von den beiden Autoren an der Teilchenoberfläche gemessenen Konzentration C' zu der Volumenkonzentration C.

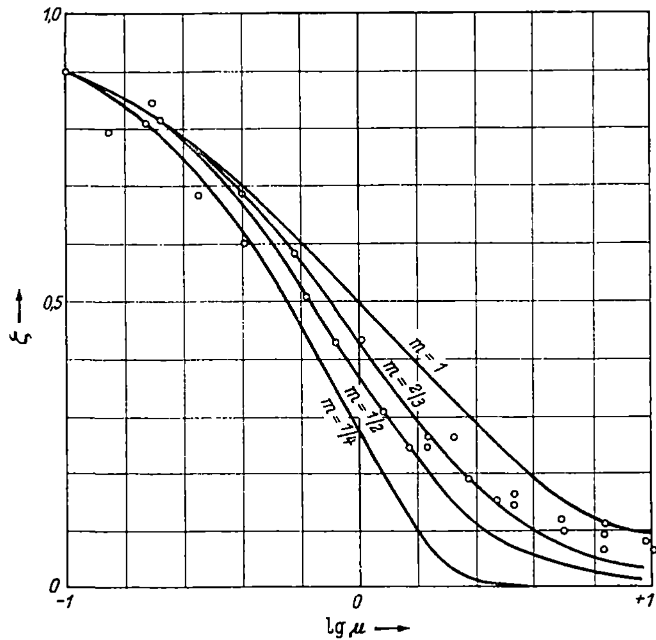

Abb. 13. Auswertung der Versuchsdaten von PARKER u. HOTTEL. Die ausgezogenen Kurven geben die theoretische Abhängigkeit der dimensionslosen Sauerstoff-Konzentration ζ (d. h. das Verhältnis der Konzentration an der Oberfläche der Kohle zu der Konzentration im Volumen) von dem Parameter μ [Beziehung (II, 11)] für Reaktionen verschiedener Ordnung m an. Die eingezeichneten Kreise entsprechen den Versuchsdaten von PARKER u. HOTTEL nach unserer Auswertung.

Zur Errechnung der in der Definitionsgleichung für μ (II, 11) enthaltenen Konstanten k und β wurden die Formeln[1]

$$k = k_0 \cdot \exp\{(T - T_0) \cdot E/R\,T_0^2\}$$
$$\beta = \beta_0 \cdot (w/w_0)^a \qquad\qquad (\mathrm{II}, 14)$$

herangezogen. Es bedeuten darin: w die Geschwindigkeit der Gasströmung, k_0 und β_0 die Parameterwerte bei willkürlich gewählter Temperatur T_0 und Geschwindigkeit w_0. Wird der diesen Bedingungen entsprechende Wert des μ-Parameters mit μ_0 bezeichnet, so folgt aus (II, 11) die Beziehung

$$\lg(\mu/\mu_0) = \frac{T - T_0}{T_0} \cdot \frac{E}{R\,T_0} \cdot \lg e - a \cdot \lg(w/w_0) \qquad (\mathrm{II}, 15)$$

---

[1] Die Beziehung für k folgt für $T - T_0 \ll T$ aus dem Gesetz von ARRHENIUS (I,2) (Pa.).

Nach PARKER und HOTTEL beträgt $a = 0,37$. Der Wert von E kann aus dem Zusammenhang zwischen w und T bei konstantem C' (folglich auch bei konstantem μ) abgeschätzt werden. Es folgt aus (II, 15)

$$E = \frac{a \cdot R\,T_0}{\lg e} \cdot \lg(w_1/w_0) \cdot \frac{T_0}{T_1 - T_0} \qquad (\text{II, 16})$$

Setzt man in diesen Ausdruck die entsprechenden Daten von PARKER und HOTTEL ein, so folgt daraus für E ein Wert von 41,1 kcal/Mol. Die Verfasser haben selber auf einem völlig anderen Wege einen Wert von $E = 44$ kcal/Mol erhalten.

Wir wählen $T_0 = 1000$ K und $w = 21,0$ cm/s; unter diesen Bedingungen ist nach PARKER und HOTTEL $\zeta = 0,9$. Der Vergleich mit den theoretischen Kurven (Abb. 13) führt zu $\lg \mu_0 \approx -1$. Mit diesem Wert für μ_0 wurden die μ-Werte nach der Formel (II, 15) für alle Versuchsdaten der beiden Verfasser errechnet. Dem abgeschätzten Wert der Aktivierungsenergie entspricht bei der Temperaturänderung um 100° eine Änderung von $\lg \mu$ um 0,62.

Die nach diesem Verfahren ausgewerteten Daten von PARKER und HOTTEL sind in Abb. 13 dargestellt. Die Verfasser selber sowie auch die anderen Autoren nahmen an, daß die wahre Reaktionskinetik in Abhängigkeit von der Sauerstoffkonzentration dem Reaktionsablauf erster Ordnung gehorcht und daß daher der Zusammenhang zwischen der Konzentration an der Oberfläche und der Volumenkonzentration der Beziehung (II, 4) genügen muß. Sie unternahmen jedoch keinen Versuch, die Verträglichkeit dieser Annahme mit ihren experimentellen Daten zu prüfen. In Wirklichkeit liegen alle Meßpunkte, wie dies das Bild zeigt, unterhalb der Kurve $m = 1$. Mit Ausnahme von größten μ-Werten, wo C' sehr klein ist und die Genauigkeit der Bestimmung von ζ daher gering ist, liegen die ausgewerteten Punkte zwischen den Kurven $m = {}^1/_2$ und $m = {}^2/_3$. Man kommt hier also zu der gleichen Reaktionsordnung wie auch bei der Auswertung unserer eigenen Entflammungsversuche. Die Versuche von PARKER und HOTTEL bestätigen somit ihrerseits, daß die tatsächliche Ordnung der Reaktion zwischen dem Kohlenstoff und dem Sauerstoff wesentlich kleiner als 1 ist.

Die theoretischen Kurven der Abb. 13 lassen eine interessante Eigenschaft der Reaktionen gebrochener Ordnung erkennen: Je niedriger die Ordnung ist, um so früher und rapider vollzieht sich der Übergang des Reaktionsablaufes in das Diffusionsgebiet. Während für $m = 1$ das Übergangsgebiet sich bis zu sehr großen μ-Werten erstreckt, erhält man für $m < 1$ asymptotische Kurven, die sich recht schnell an die Abszisse anschmiegen. Das bedeutet, daß bereits bei verhältnismäßig geringen μ-Werten die Konzentration an der Oberfläche praktisch den Wert Null erreicht und die Reaktion daher nach dem Diffusionsgesetz verläuft.

Bekanntlich läßt sich die Reaktion des Kohlenstoffes mit dem Sauerstoff mit Leichtigkeit in dem reinen Diffusionsgebiet beobachten, ohne daß dabei irgendwelche durch die Reaktionskinetik bedingten Störungen an der Oberfläche auftreten. Dieser Umstand findet seine Erklärung eben darin, daß die tatsächliche Reaktionsordnung kleiner als 1 ist.

Kinetik des Lösevorganges

Seit den klassischen Arbeiten von NERNST und BRUNNER wurde in vielen Fällen gezeigt, daß das Auflösen von Salzen und Metallen in Wasser bzw. wäßrigen Lösungen durch Diffusionsvorgänge bestimmt wird. In den meisten Fällen handelt es sich um reversible Prozesse. An der Grenzfläche des Festkörpers stellt sich im Diffusionsgebiet die Sättigungskonzentration ein, wobei die Geschwindigkeit des Lösevorganges proportional der Differenz zwischen der Sättigungs- und der Volumenkonzentration ist; als Proportionalitätsfaktor tritt im Diffusionsgebiet die Stoffübergangszahl in Erscheinung.

In den meisten Fällen wurde die Kinetik derartiger Prozesse beobachtet, indem die Flüssigkeit mit Hilfe eines Rührers bewegt wurde, was selbstverständlich keine hydrodynamisch eindeutigen Strömungsbedingungen gewährleistete. Die Mischwirkung eines Rührers hängt weitgehend von seiner Konstruktion ab. Aus diesem Grund sind die Versuchsergebnisse einiger Autoren für die Bestimmung der absoluten Reaktionsgeschwindigkeiten unbrauchbar, wenngleich die Tatsache, daß die Geschwindigkeit des Lösevorganges meistens von der Drehzahl des Rührers abhängt, mit Recht als ein Beweis dafür angesehen wird, daß der Vorgang im Diffusionsgebiete verläuft. Diese Abhängigkeit wird mit der zunehmenden Drehzahl des Rührers im allgemeinen schwächer. Man kann daraus jedoch keineswegs den Schluß ziehen, wie es mitunter geschieht, daß der Lösevorgang in das kinetische Reaktionsgebiet übergeht. Solche Erscheinungen können auch im reinen Diffusionsgebiet auftreten und sind, wie wir es gezeigt haben [17] darauf zurückzuführen, daß bei den höheren Drehzahlen die Rührwirkung des Rührers infolge des „Gleiteffektes" herabgesetzt wird.

Zur Berechnung der absoluten Geschwindigkeiten des Lösevorganges ist die Kenntnis der hydrodynamischen Charakteristik des Rührwerkes unter den vorgegebenen geometrischen und hydrodynamischen Bedingungen erforderlich. Diese Charakteristik wird durch das Auflösen einer Testsubstanz ermittelt, von der man weiß, daß der Lösevorgang im Diffusionsgebiet verläuft.

NOYES und später KING [15] mit seinen Mitarbeitern haben die Kinetik des Auflösens unter einigermaßen definierten Bedingungen eines in der Flüssigkeit um seine Achse rotierenden und aus dem zu lösenden Stoff hergestellten Zylinders studiert. Wie auch bei der Verwendung eines Rührers war die Strömung um den rotierenden Zylinder stark turbulent. Bei höheren Werten der Rotationsgeschwindigkeit hat KING die Proportionalität zwischen der Geschwindigkeit des Lösevorganges und der Drehzahl beobachtet. Dieser Befund bedeutet, daß die STANTON-Zahl konstant und unabhängig von Re ist, was für einen Diffusionsvorgang im Bereiche der reinen Turbulenz charakteristisch ist. Andererseits zeigte der Einfluß der Diffusionskonstante und der Viskosität der Lösung auf die Geschwindigkeit des Lösevorganges, daß die STANTON-Zahl noch eine verhältnismäßig starke Abhängigkeit von der SCHMIDT-Zahl aufweist.

Wird die Viskosität der Lösung durch die Änderung der Temperatur oder mit Hilfe von entsprechenden Zusätzen (Rohrzucker, Kolloide) erhöht, so ändert sich zugleich auch die Diffusionskonstante, die der Viskosität umgekehrt proportional ist. Die SCHMIDT-Zahl nimmt dabei mit der zweiten Potenz der Viskosität zu. LEWITSCH [4] hat wohl als erster darauf hingewiesen, daß das Studium des Lösevorganges in hochviskosen Flüssigkeiten zur Untersuchung der konvektiven Diffusion bei großen Sc-Werten und der konvektiven Wärmeübertragung bei großen Pr-Zahlen herangezogen werden kann. Diese Methode wird im Kapitel V noch ausführlich behandelt. Von besonderem Interesse sind die Untersuchungen der Löseprozesse unter den hydrodynamisch besser definierten Bedingungen der inneren Strömung. Erste Versuche dieser Art wurden von UCHIDA und NAKYAMA [16] ausgeführt, die das Auflösen eines Kupferrohres in ammoniakalischen Kupferlösungen studierten. Leider wird die Auswertung der gewonnenen Ergebnisse dadurch erschwert, daß es sich um die Überlagerung zweier Reaktionen handelt, von denen die erste durch Diffusion des Sauerstoffes und die zweite — durch Diffusion der zweiwertigen Cu-Ione reguliert wird. Da die Trennung dieser beiden Reaktionen nicht mit hinreichender Genauigkeit vorgenommen werden kann, ist eine Berechnung der absoluten Diffusionsgeschwindigkeit aus den Versuchsdaten von UCHIDA und NAKYAMA nicht durchführbar.

AJDAROW, BUBEN und der Verfasser [17] haben das Auflösen des Kupferrohrers in Salpetersäure bei der Rohrströmung untersucht. Durch Zusatz von katalytisch wirkendem Nitrit und von Wasserstoffsuperoxyd, welches die Gasbildung verhindert, gelang es den Prozeß in reinem Diffusionsgebiet zu führen. Die gewonnenen Ergebnisse sind in Abb. 14 dargestellt, wo die aus den Versuchsergebnissen errechneten Werte der NUSSELT-Zahl als eine Funktion der PÉCLET-Zahl aufgetragen sind. Der senkrechte Strich trennt das links liegende laminare Gebiet von dem turbulenten Gebiet. Die ausgezogene Kurve im laminaren Gebiet entspricht der Formel von LÉVÊQUE (I, 39)[1]. Wie man sieht, hängt im laminaren

---

[1] In der Formel sind entsprechend dem Diffusionsproblem anstatt Nu und Pr die korrespondierenden Kennzahlen Nu' und Sc einzusetzen (Pa.).

Gebiet die Lösegeschwindigkeit (NUSSELT-Zahl) nur schwach von der Strömungsgeschwindigkeit (PÉCLET-Zahl) ab; der Zusammenhang entspricht ungefähr dem der Formel von LÉVÊQUE, jedoch sind die Werte der NUSSELT-Zahl bedeutend größer, als nach dieser Formel zu erwarten wäre. Im turbulenten Gebiet ist die Geschwindigkeit des Auflösens proportional der Strömungsgeschwindigkeit und entspricht somit der Konstanz der STANTON-Zahl zweiter Art. Sämtliche Versuche über die diffusions-hydrodynamische Kinetik des Lösevorganges können mit Hilfe der

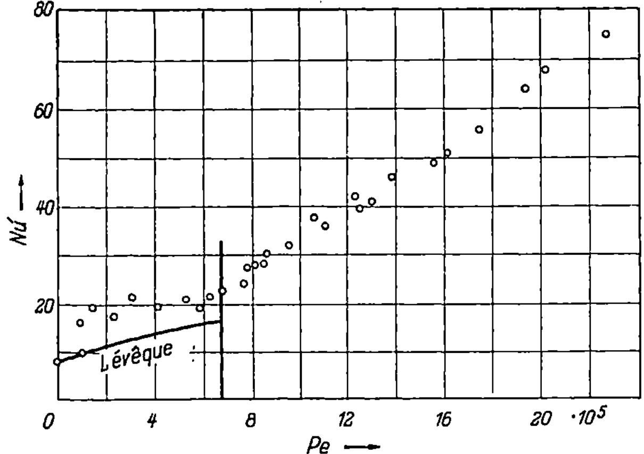

Abb. 14. Auflösung eines Kupferrohres in Salpetersäure. (Nach AJDAROW, BUBEN u. FRANK-KAMENETZKI). Der senkrechte Strich trennt den laminaren Bereich von dem turbulenten. Die ausgezogene Kurve entspricht der Beziehung (1, 39) von LÉVÊQUE

STANTON-Zahl, die das Verhältnis der Stoffübergangszahl zu der charakteristischen linearen Geschwindigkeit darstellt, gekennzeichnet werden. Als solche charakteristische Geschwindigkeit wird bei dem Innenströmungsproblem die Durchflußgeschwindigkeit und bei der Verwendung eines Rührers bzw. im Falle eines in der Flüssigkeit rotierenden Körpers — die lineare Geschwindigkeit verstanden.

In der Tab. 2 sind die Versuchsdaten über die Kinetik des Lösevorganges sowie die dazugehörigen Werte der STANTON-Zahl zweiter Art zusammengestellt. Die Annahme, daß an der Oberfläche eines umströmten Körpers eine laminare Grenzschicht endlicher Dicke gebildet wird, hat zur Folge, daß die SCHMIDT-Zahl unter sonst unverändert bleibenden Bedingungen der STANTON-Zahl umgekehrt proportional sein muß. Aus diesem Grunde ist in der letzten Spalte der Tab. 2 das Produkt $St' \cdot Sc$ angegeben. Die theoretisch zu erwartende Konstanz der Werte ist in etwa erfüllt. Eine eingehende hydrodynamische Interpretation der Versuchsergebnisse über die Diffusionskinetik des Lösevorganges ist im Kap. V durchgeführt.

Tabelle 2. *Kinetik des Auflösevorganges*

Lösevorgang	Stanton-Zahl	D cm²/min	Schmidt-Zahl	$St' \cdot Sc$
1. Cu in FeCl₃ .... (BUBEN, KOSTJUNIN, FRANK-KAMENETZKI)	$3,33 \cdot 10^{-5}$	$0,42 \cdot 10^{-3}$	2000	$6,66 \cdot 10^{-2}$
2. Cu in FeCl₃ + CaCl₂... (BUBEN, KOSTJUNIN, FRANK-KAMENETZKI)	$6,0 \cdot 10^{-7}$	$0,08 \cdot 10^{-3}$	40000	$2,4 \cdot 10^{-2}$
3. Fe in FeCl₃ .... (ABRAMSON, KING)	$3,13 \cdot 10^{-5}$	$0,215 \cdot 10^{-3}$	2500	$8,3 \cdot 10^{-2}$
4. Fe in HClO₄ .... (ABRAMSON, KING)	$11,1 \cdot 10^{-5}$	$3,60 \cdot 10^{-3}$	149	$1,65 \cdot 10^{-2}$
5. Zn in CH₃COOH ..... (KING, SCHACK)	$5,5 \cdot 10^{-5}$	$0,76 \cdot 10^{-3}$	706	$3,9 \cdot 10^{-2}$
6. Gips in H₂O .... (BUBEN, WALOWA, FRANK-KAMENETZKI)	$5,16 \cdot 10^{-5}$	$0,78 \cdot 10^{-3}$	788	$3,5 \cdot 10^{-2}$
7. Cu in HNO₃ .... (AJDAROW, BUBEN, FRANK-KAMENETZKI)	$3,3 \cdot 10^{-5}$	$1,53 \cdot 10^{-3}$	400	$1,3 \cdot 10^{-2}$

Mittelwert: $4,0 \cdot 10^{-2}$

Versuche 1, 2 und 7: Rohrströmung; Versuche 3, 4 und 5: Rotation des Körpers in der Flüssigkeit; Versuch 6: Verwendung des Rührers.

Die Versuchsdaten sind entnommen: 3, 4 = ABRAMSON u. KING: J. Amer. chem. Soc. Bd. 61 (1939) S. 2290); 5 = KING u. SCHACK: J. Amer. chem. Soc. Bd. 57 (1935) S. 1212; 1, 2, 6, 7 = aus unserem Laboratorium, s. BUBEN u. FRANK-KAMENETZKI [17].

Heterogener Abbruch der Kettenreaktion

In der Reaktionskinetik spielen eine große Rolle Prozesse des heterogenen Kettenabbruchs, die durch den Verbrauch des aktiven Produktes an der Reaktionsfläche ausgelöst werden.

Gewöhnlich spielt sich dieser Vorgang an den Wänden des Reaktionsgefäßes ab. In der letzten Arbeit von SEMENOW [31] sind auch die Fälle untersucht worden, bei denen der Kettenabbruch an einem in das Glasgefäß eingeführten Metallstab oder an einem schwebenden Metallkügelchen (Staubteilchen) stattfindet. Das letzte Versuchsmodell wurde zur Deutung der Wirkungsweise von metallischen Antidetonatoren herangezogen, die den Oxydationsprozeß des Brennstoffgemisches in den Verbrennungsmotoren beeinflussen. Die experimentelle Prüfung der Schlußfolgerungen von SEMENOW wurde von NALBANDJAN und SCHUBINA [37] durchgeführt.

In den Arbeiten über die Theorie des Kettenabbruchs wird öfters eine unbefriedigende und verwirrende Terminologie verwendet; so sagt man in den Fällen, wo der Kettenabbruch durch Diffusion der aktiven Keime zu der Oberfläche bedingt ist, daß „die Unterbrechung bei jedem Auftreffen eines einzelnen Keimes stattfinde". In Wirklichkeit ist die Häufigkeit dieser Stöße für die Reaktionsgeschwindigkeit ohne Belang; wichtig ist hier lediglich die Tatsache, daß die Reaktion im Diffusionsgebiet verläuft.

Der umgekehrte Grenzfall wird gewöhnlich in der Literatur etwa mit den Worten charakterisiert, daß die Wahrscheinlichkeit des Kettenabbruches sehr gering sei, wobei nicht näher gesagt wird, im Vergleich zu welcher Größe diese Wahrscheinlichkeit als klein anzusehen ist. In Wirklichkeit wird dieser Fall eben dadurch charakterisiert, daß die Reaktion im kinetischen Gebiet verläuft.

Nur in der letzten Arbeit von SEMENOW [*31*] ist ein richtiges Kriterium angegeben, welches die Feststellung ermöglicht, ob der Kettenabbruch im kinetischen oder im Diffusionsgebiet verläuft. SEMENOW drückt allerdings dieses Kriterium nicht durch die makroskopischen Kennzahlen der Diffusion und der Reaktionskinetik, sondern durch die gaskinetischen Größen aus.

Nach unseren Bezeichnungen verläuft der Prozeß im kinetischen Gebiet, falls die Beziehung

$$k \ll \beta$$

zutrifft. Für Diffusion im ruhenden Mittel gilt

$$\beta \approx D/d$$

worin d den Durchmesser des Reaktionsgefäßes bedeutet.

Nach der kinetischen Gastheorie bestehen zwischen der freien Weglänge λ, der mittleren quadratischen Geschwindigkeit U der Molekularbewegung und der Wahrscheinlichkeit ε des Kettenabbruches, d. h. dem Verhältnis der Geschwindigkeit des Kettenbruches zu der Zahl der Stöße folgende Relationen:

$$D \approx \lambda \cdot U; \qquad k \approx \varepsilon \cdot U$$

Da die freie Weglänge umgekehrt proportional dem Druck ist, setzt ferner SEMENOW

$$\lambda = \lambda_0/p$$

und erhält für den Reaktionsverlauf im kinetischen Gebiet das Kriterium

$$\varepsilon \cdot p \cdot d < \lambda_0$$

Die Tatsache, daß die betrachteten Prozesse an der Wand des Reaktionsgefäßes stattfinden und die in dem Gefäß eingeschlossene Gasmasse unbeweglich bleibt, prägt diesen Vorgängen gewisse Merkmale auf, die über das Studium des Kettenabbruches hinaus auch im Hinblick auf weitere Anwendungsmöglichkeiten von grundsätzlichem Interesse sind. Die Diffusionsgeschwindigkeit derartiger Reaktionen wird durch die Konzentrationsverteilung der reagierenden Substanz (des aktiven

Produktes) im Reaktionsraum bedingt, die ihrerseits von den Randbedingungen, d. h. von der tatsächlichen Reaktionskinetik an der Gefäßwand abhängt.

Reaktionen an den Wänden eines geschlossenen Gefäßes

Wir wollen nunmehr die Diffusionskinetik einer Reaktion betrachten,
die an den Wänden eines Reaktionsgefäßes verläuft. Sofern im Gasgemisch keine Konvektion auftritt, kann dieser Prozeß durch die Integration der Diffusionsgleichung analytisch erfaßt werden. Dieser Fall
der Diffusionskinetik wurde von mehreren Autoren als Grundlage der
Theorie des Kettenabbruches ausgebaut.

Wir wollen zeigen, daß unsere Betrachtungsmethode das Problem
wesentlich vereinfacht und die Lösung anschaulich macht. Wir führen,
unserer Methode folgend, die Stoffübergangszahl β ein, die als Verhältnis
des Diffusionsstromes zu der mittleren Konzentrationsdifferenz definiert
wird. Wir nehmen in erster Näherung an, daß sie nicht von der Reaktionsgeschwindigkeit abhängt und sowohl beim stationären, als auch
beim instationären Reaktionsablauf ein und denselben Wert hat. Diese
Annahme gilt nur annähernd, da die Konzentrationsverteilung in dem
Gas von den Randbedingungen abhängt; ihre Brauchbarkeit wird später
an der exakten analytischen Lösung von SEMENOW geprüft. Beim
Reaktionsbeginn liegt in unmittelbarer Nähe der Gefäßwand ein sehr
steiler Konzentrationsgradient vor und es findet ein intensiver Diffusionsvorgang statt. Im weiteren Verlauf der Reaktion stellt sich ein stetiger Konzentrationsabfall ein, so daß der Diffusionsprozeß verlangsamt
wird. Die Stoffübergangszahl β ist somit bei dem instationären Reaktionsverlauf zeitlicher Veränderung unterworfen. Nach einer gewissen
Zeit geht die Reaktion in das sogenannte quasi-stationäre Stadium über,
welches sich durch einen konstanten β-Wert auszeichnet.

Der instationäre Diffusionsprozeß im ruhenden Mittel wird durch die
Differentialgleichung (I, 50a) beschrieben. Ihre Lösung kann nach der
bekannten FOURIER-Methode aus einer Summe der partiellen Integrale
zusammengesetzt werden, von denen ein jedes das Produkt zweier jeweils
nur von der Zeit bzw. vom Ort abhängigen Funktionen $T(t)$ und $X(x)$
darstellt (unter x werden alle drei Ortskoordinaten verstanden). .

Wir setzen die Konzentrationsdifferenz

$$\varphi = C - C'$$

(C Volumenkonzentration, C' Konzentration an der Gefäßwand) als
Summe der Produkte

$$\varphi_i = T_i(t) \cdot X_i(x) \qquad\qquad (\text{II}, 17)$$

an. Durch das Einsetzen des Ausdruckes (II, 17) in die Gl. (I, 50a) erhält man

$$\frac{1}{T_i} \cdot \frac{\partial T_i}{\partial t} = \frac{D}{X_i} \cdot \Delta X_i \qquad\qquad (\text{II}, 18)$$

da die linke Seite der Gleichung nur von t und die rechte Seite — nur von x abhängen, müssen sie einen konstanten Wert haben, den man mit $-k_i^2$ bezeichnet. Die Größe k_i ist ein Eigenwert der Gleichung.

Die Funktionen T und X genügen den gewöhnlichen Differentialgleichungen

$$dT_i/dt = -k_i^2 \cdot T_i \qquad\qquad (\text{II}, 19)$$

$$D \cdot \Delta X_i = -k_i^2 \cdot X_i \qquad\qquad (\text{II}, 20)$$

Die Lösung der Gl. (II, 19) lautet

$$T_i = A_i \cdot \exp(-k_i^2\, t)$$

Die Lösungen der Differentialgleichung (II, 20), die den Randbedingungen genügen, nennt man Eigenfunktionen des zu lösenden Problems; sie definieren die Mannigfaltigkeit der Eigenwerte k_i, so daß das allgemeine Integral der Gl. (I, 50a) in der Form

$$\varphi = \sum_i A_i \cdot X_i(x) \cdot \exp(-k_i^2\, t) \qquad\qquad (\text{II}, 21)$$

dargestellt werden kann.

Ist nach dem Beginn des Reaktionsablaufes hinreichende Zeit verstrichen, so kann man die höheren Terme, die mit den zunehmenden Eigenwerten sehr schnell gegen Null konvergieren, vernachlässigen und angenähert

$$\varphi \simeq A_1 \cdot X_1(x) \cdot \exp(-k_1^2\, t) \qquad\qquad (\text{II}, 22)$$

schreiben, worin k_1 und X_1 der erste Eigenwert und die dazugehörige Eigenfunktion des Diffusionsproblems sind.

Das Reaktionsstadium, welches durch die letzte Beziehung annähernd beschrieben wird, heißt *quasi-stationär* und zeichnet sich dadurch aus, daß die Konzentrationsverteilung im Reaktionsraum sich selber ähnlich bleibt und überall mit der Zeit exponentiell abnimmt.

Sowohl für irgendeinen Punkt des Reaktionsraumes als auch für den Durchschnittswert über den Gesamtraum besteht nach (II, 22) beim quasi-stationären Verlauf die Proportionalität

$$\varphi \sim \exp(-k_1^2\, t) \qquad\qquad (\text{II}, 23)$$

Wird gemäß der Beziehung

$$\tau = 1/k_1^2 \qquad\qquad (\text{II}, 24)$$

eine charakteristische Zeitkonstante des Diffusionsvorganges eingeführt, so geht die Relation (II, 23) in

$$\varphi \sim \exp(-t/\tau) \qquad\qquad (\text{II}, 25)$$

über, woraus nach dem Differenzieren die sowohl für jeden Punkt als auch für den Mittelwert gültige Beziehung

$$\partial\varphi/\partial t = -\varphi/\tau \qquad\qquad (\text{II}, 26)$$

folgt.

Andererseits besteht zwischen der zeitlichen Veränderung der Durchschnittskonzentration und dem Gesamtdiffusionsstrom der Reaktionskomponente die Beziehung der Mengenbilanz

$$\omega \cdot \partial \bar{\varphi}/\partial t = -q \cdot S \tag{II, 27}$$

worin ω das Volumen des Reaktionsgefäßes, S den Flächeninhalt seiner Wände, q die Diffusionsstromdichte und $\bar{\varphi}$ den über den Reaktionsraum gemittelten Wert von φ bedeuten. Wir führen die Stoffübergangszahl entsprechend der Beziehung

$$\beta = q/\bar{\varphi} \tag{II, 28}$$

ein. Aus (II, 26), (II, 27) und (II, 28) erhält man

$$\bar{\varphi}/\tau = q \cdot S/\omega \tag{II, 29}$$

$$\beta = \omega/S\,\tau \tag{II, 30}$$

Wie wir bereits im Kap. I gezeigt haben, muß die charakteristische Zeit τ aus Dimensionsgründen proportional der Größe d^2/D sein, wobei d ein charakteristisches Maß des Gefäßes und D die Diffusionskonstante bedeuten. Zu demselben Ergebnis führt auch eine nähere Betrachtung der Gl. (II, 20): wird dort x durch eine dimensionslose Koordinate gemäß der Beziehung

$$\xi = k_i\, x / \sqrt{D}$$

ersetzt, so nimmt diese Gleichung eine Form an, die keine Parameter mehr enthält. Die X_i-Funktionen hängen demnach nur von ξ ab und die Grenzbedingungen nehmen nunmehr die Form

$$k_i\, d / \sqrt{D} = \mu_i \tag{II, 31}$$

an; es bedeuten dabei: μ_i die dimensionslosen Eigenwerte und d das charakteristische Maß des Reaktionsgefäßes.

Aus (II, 31) und (II, 24) erhält man für die charakteristische Zeitkonstante des Diffusionsvorganges den Ausdruck

$$\tau = d^2/\mu_1^2\, D \tag{II, 32}$$

der mit den oben angestellten Dimensionsbetrachtungen im Einklang steht.

Für die Stoffübergangszahl β erhält man den Ausdruck

$$\beta = \frac{D}{d^2} \cdot \mu_1^2 \cdot \frac{\omega}{S} \tag{II, 33}$$

Im Diffusionsgebiet ist die effektive Konstante der Reaktionsgeschwindigkeit unmittelbar gleich der eben errechneten β-Zahl, während sie im kinetischen Gebiet durch die wahre Reaktionskinetik an der Wand bedingt wird. Im Übergangsgebiet kann die von uns vorgeschlagene quasistationäre Näherungsmethode benutzt werden.

Nimmt man an, daß die Stoffübertragungszahl beim Übergang vom Diffusionsgebiet zu dem Zwischengebiet unverändert bleibt, so können die Konzentration an der Wand und die Geschwindigkeit des Reaktionsverlaufes mit Hilfe der Beziehung (II, 2) errechnet werden. Speziell für eine Reaktion erster Ordnung gelten die uns bereits bekannten Beziehungen (II, 7) und (II, 7 a).

Eine analytische Behandlung des Reaktionsverlaufes erster Ordnung an den Wänden geschlossener Gefäße wurde im Hinblick auf die Theorie der Desaktivierung der Kettenträger von KASSEL und STORCH, LEWIS und ELBE durchgeführt. Am ausführlichsten wird diese Frage in der letzten Arbeit von SEMENOW [31] behandelt.

Die Integration der Gl. (II, 20) für das Diffusionsgebiet ist verhältnismäßig einfach. Je nachdem, ob es sich um ein ebenes, ein zylindrisches oder ein sphärisches Gefäß handelt, treten trigonometrische Funktionen, BESSEL-Funktionen oder Funktionen $\sin x/x$ als entsprechende Eigenfunktionen in Erscheinung.

In der Tab. 3 sind die wesentlichen Ergebnisse der Berechnung für diese drei Gefäßformen zusammengestellt.

Tabelle 3. *Diffusionskinetik an den Wänden geschlossener Gefäße*

	μ_1	τ	β	ω/S
Ebenes Gefäß	π	$d^2/\pi^2\,D$	$\dfrac{\pi^2}{2}\cdot D/d$	$d/2$
Zylindrisches Gefäß	$2\,\mu_0$	$d^2/4\mu_0^2\,D$	$\mu_0^2\cdot D/d$	$d/4$
Sphärisches Gefäß	$2\,\pi$	$d^2/4\pi^2\,D$	$\dfrac{2}{3}\cdot\pi^2\cdot D/d$	$d/6$

wobei $\mu_0 = 2{,}4048$ die erste Wurzel der BESSEL-Funktion nullter Ordnung bedeutet.

Für einen Zylinder der Länge L und mit dem Durchmesser d beträgt die quasi-stationäre charakteristische Diffusionszeit

$$1/\tau = (\pi^2/L^2 + 4\mu_0^2/d^2)\cdot D$$

Im Übergangsgebiet kann in erster Näherung unsere Methode der gleichmäßig zugänglichen Flächen angewandt werden, indem man von der Beziehung (II, 7)

$$k^* = \frac{k\cdot\beta}{k+\beta}$$

ausgeht und für β die Werte der Tab. 3 einsetzt.

Eine genaue Lösung des Problems ist von SEMENOW [31] gegeben. Er führt zwei Hilfsgrößen μ und u_1 ein, deren Definition in unseren Bezeichnungen lautet:

$$\mu = \frac{k\,d}{2D} \tag{II, 34}$$

$$u_1^2 = \frac{1}{4}\cdot\frac{d^2}{D}\cdot\frac{S}{\omega}\cdot k^* \tag{II, 35}$$

Die Größe u_1 stellt die erste positive Wurzel einer Gleichung dar, die für das ebene Gefäß die Form

$$\operatorname{ctg} u = u/\mu \qquad\qquad (\text{II}, 36)$$

für das Zylindergefäß die Form

$$J_0(u)/J_1(u) = u/\mu \qquad\qquad (\text{II}, 37)$$

und für das sphärische Gefäß die Form

$$1 - u \cdot \operatorname{ctg} u = \mu \qquad\qquad (\text{II}, 38)$$

hat (mit J_0 und J_1 sind die BESSEL-Funktionen nullter und erster Ordnung bezeichnet).

Die Lösungen beider letzten Gleichungen gibt SEMENOW graphisch in Form $u_1^2 = f(\mu)$ an. Zur Prüfung unserer Näherungsmethode an den Ergebnissen von SEMENOW werteten wir seine Daten in unserem Sinne aus.

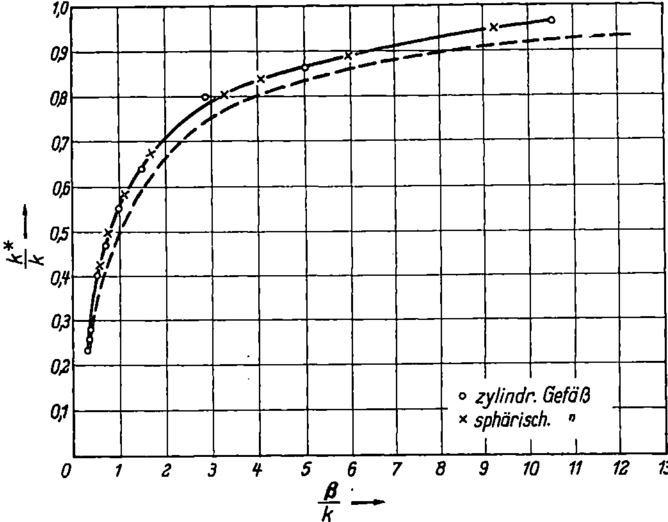

Abb. 15. Diffusionskinetik an Wänden eines geschlossenen Reaktionsgefäßes. Abszisse = Verhältnis der Stoffübergangszahl zu der wahren Reaktionskonstanten; Ordinate = Verhältnis der effektiven zu der wahren Reaktionskonstanten. Die gestrichelte Kurve entspricht der Näherungsformel (II, 7) und setzt somit die gleichmäßige Erreichbarkeit der Reaktionsfläche voraus. Die eingetragenen Zeichen liefern die exakt durchgerechneten Werte von SEMENOW für zylindrische und sphärische Gefäße. Die ausgezogene Kurve ist durch die errechneten Punkte gezogen und entspricht somit exakt dem Sachverhalt

In Abb. 15 gibt die gestrichelte Kurve den Funktionsverlauf zwischen k^*/k und β/k entsprechend der Beziehung (II, 7) an. Mit den Kreuzen sind die von SEMENOW errechneten Werte für Zylindergefäße mit variablem Verhältnis d/D und mit den Kreisen — entsprechende Daten für sphärische Gefäße dargestellt. Es ist bemerkenswert, daß sich alle errechneten Werte durch eine gemeinsame Kurve approximieren lassen. Wie man sieht, liefert unsere Methode recht brauchbare Ergebnisse.

Diffusionskinetik polymolekularer Reaktionen

Wir haben bislang den einfachsten Fall betrachtet, daß die Reaktionsgeschwindigkeit nur von der Konzentration eines einzigen reagierenden Stoffes abhängt. Dabei wurden sowohl das Diffusions- als auch Übergangsgebiet behandelt.

Wir wollen nunmehr den komplizierteren Fall einer polymolekularen Reaktion untersuchen, wobei wir uns allerdings nur auf das reine Diffusionsgebiet beschränken werden.

Reaktionsverlauf bei mehreren diffundierenden Stoffen

Es seien A_1, A_2 ... chemische Symbole der *Ausgangssubstanzen* und $\nu_1, \nu_2, \ldots$ die stöchiometrischen Verhältnisse, mit denen sie sich an einer Reaktion

$$\nu_1 A_1 + \nu_2 A_2 + \cdots$$

beteiligen.

Der quasi-stationäre Reaktionsverlauf setzt voraus, daß der Diffusionstransport der Ausgangssubstanzen den stöchiometrischen Verhältnissen entspricht, so daß die Diffusionsströme der einzelnen Stoffe der Bedingung

$$\frac{q_1}{\nu_1} = \frac{q_2}{\nu_2} = \cdots \tag{II, 39}$$

genügen.

Es ist leicht einzusehen, daß bei Einhaltung dieser Bedingung die Konzentrationen der Ausgangsstoffe an der Reaktionsfläche im allgemeinen nicht gleichzeitig verschwindend klein werden können, ganz gleich, wie intensiv die Reaktionskinetik an der Oberfläche auch ist.

Nimmt man nämlich an, daß sämtliche Konzentrationen C_i' an der Oberfläche verschwindend klein geworden sind, so gelten für Diffusionsströme die Beziehungen

$$q_i = \beta_i C_i \tag{II, 40}$$

und die Bedingung (II, 39) nimmt die Form

$$\frac{\beta_1 C_1}{\nu_1} = \frac{\beta_2 C_2}{\nu_2} = \cdots \tag{II, 41}$$

an. Daraus geht zunächst hervor, daß das gleichzeitige Verschwinden aller C_i' nur bei einer bestimmten, der Beziehung (II, 41) entsprechenden Zusammensetzung des Gemisches möglich ist. Sind etwa dabei alle Stoffübergangszahlen einander gleich, so hat ein derartiges Gemisch die stöchiometrische Zusammensetzung.

Die Bedingung (II, 41) kann mit Rücksicht auf die Beziehung (II, 3)

$$\beta = \frac{Nu' \cdot D}{d}$$

weiter umgeformt werden: Da im *ruhenden* Mittel die NUSSELT-Zahl nur von der geometrischen Beschaffenheit des Reaktionsgefäßes abhängt, hat sie für alle Reaktionskomponenten gleichen Betrag, so daß die einzelnen Stoffübergangszahlen den entsprechenden Diffusionszahlen proportional sind und die Bedingung (II, 41) die Form

$$\frac{D_1\,C_1}{\nu_1} = \frac{D_2\,C_2}{\nu_2} = \cdots \qquad\qquad \text{(II, 41 a)}$$

erhält.

Findet im Reaktionsraume auch *Konvektion* statt, so sind die NUSSELT-Zahlen einzelner Stoffe nicht mehr einander gleich, da sie in diesem Fall auch von den SCHMIDT-Zahlen abhängen, in welche die Diffusionszahlen einzelner Stoffe eingehen. Entsprechend der Formel (I, 41) gilt für die NUSSELT-Zahl die Beziehung

$$Nu' = k \cdot Re^m \cdot Sc^n$$

Während sich die REYNOLDS-Zahl $Re = V \cdot d/v$ nicht auf die einzelnen Komponenten, sondern auf das ganze Gemisch bezieht, ist die SCHMIDT-Zahl umgekehrt proportional der Diffusionszahl einzelner Gemischkomponenten $Sc_i = \nu_i/D_i$.

Es folgt somit aus (II, 41) in Verbindung mit (II, 3) und (I, 41) die Beziehung

$$\frac{D_1^{1-n} \cdot C_1}{\nu_1} = \frac{D_2^{1-n} \cdot C_2}{\nu_3} = \cdots \qquad\qquad \text{(II, 41 b)}$$

Wir bezeichnen die Bedingung (II, 41), die die Proportionalität der Stoffströme einzelner Reaktionskomponenten zu ihren stöchiometrischen Koeffizienten zum Ausdruck bringt, als *Bedingung der Diffusionsstöchiometrie.*

Nur bei den Gemischen, die dieser Bedingung genügen, können Konzentrationen aller Reaktionsteilnehmer an der Oberfläche gleichzeitig verschwindend klein werden. Die Zusammensetzung des diffusionsstöchiometrischen Gemisches hängt davon ab, ob die Reaktion im ruhenden oder bewegten Mittel abläuft. Im ersten Falle gilt die Bedingung (II, 41 a) im zweiten Falle die Bedingung (II, 41 b). Wie bereits erwähnt, stimmt die Bedingung der Diffusionsstöchiometrie nur dann mit der gewöhnlichen stöchiometrischen Bedingung überein, wenn die Diffusionszahlen sämtlicher Reaktanden einander gleich sind.

Liegt ein Gemisch vor, welches der diffusionsstöchiometrischen Bedingung nicht genügt, so gibt es stets einen bestimmten Reaktionsstoff, dessen Diffusionsgeschwindigkeit den Reaktionsablauf bestimmt. Würden nämlich die Diffusionsströme der reagierenden Stoffe der Äquivalenzbedingung (II, 39) nicht genügen und irgendeine Substanz einen größeren Diffusionsstrom aufweisen, als es die Äquivalenzbedingung erfordert, so würde sich diese Substanz, ganz gleich wie groß die Reaktions-

geschwindigkeit auch ist, unweigerlich an der Oberfläche anreichern;
ihre Konzentration C_i' würde dann so lange anwachsen bis der Diffusionsstrom auf den erforderlichen Wert

$$q_i = \beta_i(C_i - C_i')$$

herabgesunken wäre.

Das bedeutet, daß im allgemeinen nur eine einzige Komponente, die
den kleinsten Wert
$$\left(\frac{\beta\,C}{\nu}\right)_{\min}$$

aufweist, eine verschwindend kleine Konzentration an der Oberfläche hat
und daher den Ablauf der ganzen Reaktion limitiert. Die makroskopische
Reaktionsgeschwindigkeit ist ausschließlich durch den Diffusionsstrom
dieser *limitierenden Komponente* bedingt.

Konzentrationen C_i' aller übrigen Reaktionskomponenten sind an der
Oberfläche wesentlich größer und mit entsprechenden Konzentrationen
C_i im Raum vergleichbar. Die Diffusionsströme dieser Komponenten
hängen von der Volumenkonzentration C_i nicht ab und richten sich nach
dem Diffusionsstrom der limitierenden Substanz; sie genügen der Bedingung
$$\frac{\beta_i}{\nu_i}(C_i - C_i') = \left(\frac{\beta}{\nu}\,C\right)_{\min} \tag{II, 42}$$

die sich aus der Äquivalenzbedingung (II, 39) ergibt.

Die Versuche von PLETENEW [*24*] und KING [*15*] mit seinen Mitarbeitern über die Kinetik des Auflösens von Metallen in Säuren unter dem

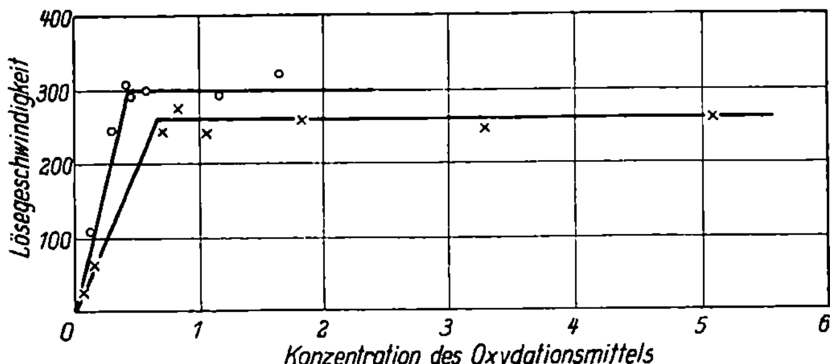

Abb. 16. Einfluß der limitierenden Reaktionskomponente auf die Lösegeschwindigkeit der Metalle
in Säuren (nach PLETENEW). Bei geringer Konzentration des Oxydationsmittels wird die Lösegeschwindigkeit durch das Oxydationsmittel limitiert und ist seinem Gehalt proportional. Die Säurekonzentration hat dabei auf den Vorgang keinen Einfluß. Mit zunehmendem Gehalt an Oxydationsmitteln übernimmt die Säure die limitierende Funktion, so daß der weitere Anstieg an Oxydations-
mittelgehalt die Lösegeschwindigkeit nicht mehr beeinflußt. Die letztere ist hier proportional der
Säurekonzentration

Einfluß von Oxydationsmitteln bestätigen die hier dargelegten Überlegungen. In der Abb. 16 ist die Lösegeschwindigkeit in Abhängigkeit
von der Konzentration des Oxydationsmittels (Depolarisator) dargestellt.
Solange die Konzentration des Depolarisators gering ist, ist die Löse-

geschwindigkeit ihr proportional und hängt von der Konzentration der Säure nicht ab.

Dieser Zusammenhang bleibt jedoch nur bis zu einer bestimmten Grenze bestehen, die der Diffusionsstöchiometrie entspricht. Nach dem Überschreiten dieser Grenze hat die weitere Konzentrationserhöhung des Oxydationsmittels keinen Einfluß mehr auf die Lösegeschwindigkeit. Dagegen tritt hier ein linearer Zusammenhang mit der Konzentration der Säure in Erscheinung. Offensichtlich wird der Prozeß im 1. Abschnitt durch die Diffusion des Depolarisators und im 2. Abschnitt durch die Diffusion der Säure limitiert. Ähnliche Verhältnisse sind auch beim Hydrieren ungesättigter Verbindungen in flüssiger Phase beobachtet worden: die Hydriergeschwindigkeit ist proportional dem Wasserstoffdruck und wird durch die Konzentration der zu hydrierenden Substanz nicht beeinflußt.

Wie bereits hervorgehoben, wird eine Reaktion, an der mehrere Komponenten teilnehmen, die an *eine* stöchiometrische Gleichung gebunden sind, stets durch Diffusion eines Reaktionsteilnehmers mit dem kleinsten Wert $(\beta \cdot C/\nu)_{min}$ limitiert.

Dieses trifft jedoch nicht mehr zu, wenn an der Oberfläche mehrere *voneinander unabhängige* Reaktionen ablaufen, deren Geschwindigkeiten durch Diffusion unterschiedlicher Substanzen bestimmt werden.

So handelt es sich beim Auflösen von Kupfer in ammoniakalischen Kupferlösungen, die von J. YAMASAKI sowie UCHIDA und NAKAYAMA [*16*] untersucht wurden, anscheinend um die Überlagerung zweier Parallelvorgänge — der Auflösung von Kupfer unter dem Einfluß von Sauerstoff

$$Cu + \tfrac{1}{2} O_2 + H_2O = Cu^{\cdot\cdot} + 2OH'$$

deren Geschwindigkeit durch Sauerstoffdiffusion bedingt wird, und die Kupferauflösung unter dem Einfluß von zweiwertigen Kupferionen

$$Cu + Cu^{\cdot\cdot} = 2Cu^{\cdot}$$

mit dem anschließenden Oxydieren des $Cu^{\cdot}$-Ions im Reaktionsvolumen.

Falls der zweite Prozeß im Diffusionsgebiete verläuft, wird er durch die Diffusion von $Cu^{\cdot\cdot}$ limitiert. Für die Geschwindigkeit der Auflösung von Kupfer sind somit Diffusionsgeschwindigkeiten sowohl von Sauerstoff als auch von Kupferionen maßgeblich. Dies wäre nicht möglich, wenn diese beiden Stoffe vermittels einer stöchiometrischen Gleichung miteinander verbunden wären.

Gleichgewichtsreaktionen

Die Geschwindigkeit der im Diffusionsgebiet verlaufenden Gleichgewichtsreaktionen hängt nicht von ihrer wahren Kinetik, sondern von dem thermodynamischen Gleichgewicht ab. Wir betrachten den einfachsten Fall einer Gleichgewichtsreaktion, bei der ein Molekül des Ausgangsstoffes zu einem Molekül des Reaktionsproduktes führt

$$A \rightleftharpoons B$$

Die Konzentrationen beider Stoffe im Volumen und an der Oberfläche seien mit C_A und C_B bzw. C'_A und C'_B bezeichnet.

Sofern die beiden Reaktionen im Diffusionsgebiet verlaufen, stellt sich an der Oberfläche ein Gleichgewicht ein, welches durch das Massenwirkungsgesetz

$$\frac{C'_B}{C'_A} = K \tag{II, 43}$$

mit der Gleichgewichtskonstanten K bestimmt wird. Andererseits muß der Diffusionsstrom des Ausgangsstoffes zu der Oberfläche im Falle des quasi-stationären Reaktionsablaufes gleich dem entgegengesetzt gerichteten Diffusionsstrom des Reaktionsproduktes sein. Werden die Stoffübergangszahlen beider Substanzen mit β_A und β_B bezeichnet, so gilt daher die Beziehung

$$\beta_A \cdot (C_A - C'_A) = \beta_B \cdot (C'_B - C_B) \tag{II, 44}$$

Die beiden Bedingungen (II, 43) und (II, 44) stellen zwei Gleichungen zur Bestimmung der unbekannten Konzentrationen C'_A und C'_B dar. Es folgt daraus

$$C'_A = \frac{\beta_A \cdot C_A + \beta_B \cdot C_B}{\beta_A + \beta_B \cdot K} \; ; \qquad C'_B = \frac{\beta_A \cdot C_A + \beta_B \cdot C_B}{\beta_A/K + \beta_B}$$

Die Reaktionsgeschwindigkeit ist gleich der Diffusionsgeschwindigkeit und beträgt

$$q = \beta_A \cdot (C_A - C'_A) = \beta_B \cdot (C'_B - C_B) = \frac{\beta_A}{K + \beta_A/\beta_B} \cdot (K \cdot C_A - C_B) \tag{II, 45}$$

Durch das Einführen der sogenannten maximalen Reaktionsarbeit

$$\mathfrak{A} = R\,T \cdot \ln K - R\,T \cdot \ln \frac{C_B}{C_A} = R\,T \cdot \ln \frac{K \cdot C_A}{C_B} \tag{II, 46}$$

mit der Gaskonstanten R und der absoluten Temperatur T, kann der Ausdruck für die Reaktionsgeschwindigkeit auf eine elegante Form gebracht werden. Die Größe $\mathfrak{A}$ ist bekanntlich gleich der Abnahme der freien Energie des Systems beim Reaktionsverlauf und ist bei einer tatsächlich stattfindenden Reaktion positiv definit.

Mit Hilfe von (II, 46) läßt sich der Ausdruck (II, 45) auf die Form

$$q = \frac{\beta_A \cdot C_A \cdot [1 - \exp(-\mathfrak{A}/R\,T)]}{1 + \dfrac{\beta_A \cdot C_A}{\beta_B \cdot C_B} \cdot \exp(-\mathfrak{A}/R\,T)} \tag{II, 47}$$

bringen.

Bei größerer Entfernung vom Gleichgewicht gelten die Beziehungen

$$\mathfrak{A} \gg R\,T; \qquad \exp(-\mathfrak{A}/R\,T) \ll 1$$

und die Formel (II, 47) geht dann in

$$q \sim \beta_A \cdot C_A \qquad\qquad\qquad (\text{II, 48})$$

über.

Die Reaktionsgeschwindigkeit ist hier im wesentlichen durch die Diffusion des Ausgangsstoffes bestimmt.

In der Gleichgewichtsnähe gilt dagegen die Beziehung

$$\mathfrak{A} \ll R\,T$$

Man kann daher die Funktion $\exp(-\mathfrak{A}/R\,T)$ in eine Reihe zerlegen und sich auf den linearen Term beschränken

$$\exp(-\mathfrak{A}/R\,T) \sim 1 - \mathfrak{A}/R\,T$$

so daß die Beziehung (II, 47) zu der Formel

$$q \simeq \frac{\beta_A \cdot C_A \cdot \beta_B \cdot C_B}{\beta_A \cdot C_A + \beta_B \cdot C_B} \cdot \frac{\mathfrak{A}}{R\,T} \qquad\qquad (\text{II, 49})$$

führt.

In der Nähe des Gleichgewichtes ist somit die Reaktionsgeschwindigkeit proportional der Änderung der freien Energie des Systems. Es ist möglich, daß die in einigen Fällen beobachtete Proportionalität zwischen der Reaktionsgeschwindigkeit und der Änderung der freien Energie, wie beispielsweise bei der Kinetik des photographischen Entwickelns [25] eben auf diese Weise gedeutet werden kann.

Wenn es sich um einen gleichzeitigen Ablauf von mehreren Gleichgewichtsreaktionen handelt, die durch gemeinsame Komponenten miteinander gekoppelt sind und die in beiden Richtungen im Diffusionsgebiet verlaufen, so stellt sich an der Oberfläche ein vollständiges Gleichgewicht ein. Das Verhältnis der entstehenden Reaktionsprodukte hängt in diesem Falle nicht von den Geschwindigkeiten einzelner Reaktionen ab, sondern wird ausschließlich durch die Aufrechterhaltung des Gleichgewichtes bestimmt.

Parallel- und Folgereaktionen

Bei manchen Prozessen entsteht aus ein und demselben Ausgangsstoff eine Reihe von verschiedenen Produkten. Dabei können die Reaktionen entweder parallel nebeneinander oder zeitlich hintereinander verlaufen.

Als ein Beispiel kann die Kohleverbrennung dienen. Bei der Reaktion des Kohlenstoffes mit dem Sauerstoff können 2 verschiedene Produkte — Kohlensäure und Kohlenoxyd entstehen. Man nahm gewöhnlich an, daß es sich dabei um eine Folgereaktion gemäß dem Schema

$$C + O_2 = CO_2$$

$$CO_2 + C \ = 2\,CO$$

handelt. In jüngster Zeit wurde von TSCHUCHANOW und GRODSOWSKI [26] eine entgegengesetzte Meinung vertreten, wonach die Entstehung dieser beiden Produkte als zwei Parallelreaktionen

$$C + O_2 \ = CO_2$$

$$C + \tfrac{1}{2} O_2 = CO$$

anzusehen ist. Wir haben an einer anderen Stelle darauf hingewiesen [27], daß das experimentelle Material für eine derartige Schlußfolgerung noch nicht ausreicht.

Der Reaktionsumsatz im Diffusionsgebiete hängt wesentlich davon ab, ob es sich um Parallel- oder Folgereaktionen handelt.

Bei den Parallelreaktionen ist die Reaktionsausbeute proportional den Geschwindigkeiten der einzelnen Reaktionen, wobei dieser Zusammenhang sowohl im kinetischen als auch im Diffusionsgebiet bestehen bleibt. Das ist der einzige Fall, wo die wahre Kinetik an der Oberfläche auch im Diffusionsgebiet den Reaktionsverlauf bestimmt. Man kann daher die Versuchsdaten, die im *Diffusionsgebiet* gewonnen sind, dazu benutzen, um über die *wahre Reaktionskinetik* gewisse Informationen zu erhalten.

Gänzlich anders ist der Sachverhalt bei den Folgereaktionen: Wir betrachten zwei Reaktionen, bei denen der Ausgangsstoff A in das Zwischenprodukt B und dieses seinerseits in das Endprodukt C übergeführt werden

$$A \to B$$

$$B \to C$$

Wir setzen voraus, daß beide Reaktionen monomolekular und erster Ordnung sind und bezeichnen die entsprechenden kinetischen Konstanten mit k_1 und k_2. Die Stoffkonzentrationen von A, B und C im Volumen werden mit C_A, C_B, C_C, die entsprechenden Konzentrationen an der Oberfläche mit C_A', C_B', C_C' bezeichnet. Die Stoffübertragungszahlen der drei Substanzen bezeichnen wir mit β_1, β_2 und β_3. Entsprechend seien die Diffusionsströme mit q_A, q_B und q_C angegeben.

Für den quasi-stationären Reaktionsablauf gelten die Bedingungen

$$\left.\begin{aligned}
q_A &= \beta_1(C_A - C_A') = k_1\,C_A' \\
q_B &= \beta_2(C_B' - C_B) = k_1\,C_A' - k_2\,C_B' \\
q_C &= \beta_3(C_C' - C_C) = k_2\,C_B'
\end{aligned}\right\} \quad (\text{II},50)$$

Daraus lassen sich die Stoffkonzentrationen an der Oberfläche bestimmen: für C_A' und C_B' erhält man

$$C'_A = \frac{\beta_1 \cdot C_A}{k_1 + \beta_1} \tag{II, 51}$$

$$C'_B = \frac{k_1 \cdot \beta_1 \cdot C_A + (k_1 \cdot \beta_2 + \beta_1 \cdot \beta_2) \cdot C_B}{(k_1 + \beta_1)(k_2 + \beta_2)} \tag{II, 52}$$

Wir betrachten den einfachsten und zugleich den interessantesten Fall, daß die Volumenkonzentration des Stoffes B gleich Null ist. Die Formel (II, 52) geht dann in ·

$$C'_B = \frac{k_1 \cdot \beta_1 \cdot C_A}{(k_1 + \beta_1)(k_2 + \beta_2)} \tag{II, 53}$$

über.

Für die Ausbeute der Produkte B und C erhält man

$$q_B = \frac{k_1 \cdot \beta_1 \cdot \beta_2 \cdot C_A}{(k_1 + \beta_1)(k_2 + \beta_2)}$$

$$q_C = \frac{k_1 \cdot k_2 \cdot \beta_1 \cdot C_A}{(k_1 + \beta_1)(k_2 + \beta_2)}$$

Daraus folgt das Ausbeuteverhältnis beider Reaktionen

$$\frac{q_B}{q_C} = \frac{\beta_2}{k_2} \tag{II, 54}$$

Falls die zweite Reaktion im kinetischen Gebiet verläuft, ist $\beta_2 \gg k_2$ und die Reaktionsausbeute ist praktisch auf das Produkt B beschränkt. Liegt dagegen die zweite Reaktion im Diffusionsgebiet $\beta_2 \ll k_2$, so tritt nur der Stoff C als einziges Reaktionsprodukt in Erscheinung, obwohl zu seiner Entstehung die fortwährende Bildung des Zwischenproduktes B erforderlich ist.

Dieses Ergebnis ist durchaus einleuchtend. Das fortwährend entstehende Produkt B kann sich von der Oberfläche nur mit einer Geschwindigkeit entfernen, die durch seine Diffusion bestimmt wird. Liegt nun die zweite Reaktion im Diffusionsgebiet, d. h. ist ihre wahre Kinetik bedeutend intensiver als der Diffusionsvorgang, so wird der Stoff B praktisch vollständig in das Endprodukt C umgesetzt, bevor er von der Oberfläche wegdiffundieren kann.

Ein interessantes Beispiel bietet die *Kohleverbrennung*: Bei höheren Temperaturen nimmt die Intensität der Reaktion $CO_2 + C$ wesentlich zu und der CO-Gehalt steigt im Abgas an. Daß es dabei nicht gelingt, Kohlenoxyd als einziges Reaktionsprodukt zu gewinnen, liegt an der sekundären Oxydation des Kohlenoxydes zu Kohlendioxyd.

Die vorhandene Möglichkeit, erhebliche CO-Mengen auch bei sehr geringem CO_2-Gehalt in der Oxydationszone zu erhalten, kann jedoch, wie erläutert, nicht als Beweis dafür angesehen werden, daß das Kohlenoxyd ein primäres Reaktionsprodukt sei.

Eine derartige Behauptung wäre nur dann stichhaltig, wenn es festständе, daß die Reaktion $CO_2 + C$ nicht im Diffusionsgebiet verläuft. Die hierzu erforderlichen Versuchsdaten über den Reaktionsverlauf bei Vorhandensein von Sauerstoff sind jedoch noch nicht bekannt.

Ein weiteres interessantes und praktisch wichtiges Beispiel für die Bildung zweier Produkte aus ein und demselben Ausgangsstoff stellt die katalytische Gewinnung der *Salpetersäure* aus *Ammoniak* dar. Hier kann Ammoniak neben dem Stickoxyd auch elementaren Stickstoff erzeugen, wobei die zweite Reaktion unerwünscht ist (Defixation des Stickstoffes). Die Erhöhung der Reaktionstemperatur sowie die Verkürzung der Kontaktdauer begünstigen die Bildung von NO; zugleich wird die Entstehung des elementaren Stickstoffes zurückgedrängt.

In diesem Falle kann es sich nicht um eine Folgereaktion handeln, da sonst mit der Temperaturerhöhung eine Beschleunigung der zweiten Reaktion und folglich eine intensivere Bildung des Endproduktes N_2 zu erwarten wäre. Es ist durch unmittelbare Versuche gezeigt worden, daß die Defixation des Stickstoffes beim Oxydieren von Ammoniak in einem Temperaturbereich vor sich geht, in dem eine katalytische Zersetzung von NO noch gar nicht stattfindet. Andererseits wäre die Vermutung, daß es sich dabei um eine Parallelreaktion handelt nicht mit dem Einfluß der Kontaktdauer in Einklang zu bringen.

Anscheinend spielen hier eine wesentliche Rolle gewisse, beim Oxydieren des Ammoniaks entstehende unbeständige Zwischenprodukte. Die Bildung des elementaren Stickstoffes dürfte auf eine Reaktion des Stickstoffoxydes mit diesen Zwischenprodukten zurückzuführen sein.

Autokatalytische Reaktionen

Im Falle der autokatalytischen Reaktionen kann die Erhöhung der Diffusionsgeschwindigkeit zum intensiven Transport des Katalysators von der Oberfläche und somit zur *Verminderung* der Reaktionsgeschwindigkeit führen. Wir betrachten den einfachsten Fall einer autokatalytischen Reaktion erster Ordnung bezüglich des entstehenden Produktes: Seine Konzentration im Volumen und an der Oberfläche seien mit C und C' bezeichnet. Wir beschränken uns auf den Fall, daß der Vorrat an Ausgangssubstanz wesentlich größer ist als die gebildete Menge des Reaktionsproduktes, so daß die Konzentrationen der Ausgangsstoffe als konstant angesehen werden können. Die Reaktionsgeschwindigkeit hängt somit nur von der Konzentration des entstehenden Produktes ab und es gilt die Beziehung

$$f(C') = k \cdot C' \qquad\qquad (\text{II}, 55)$$

die zwar äußerlich mit (II, 2a) übereinstimmt, sich jedoch von dieser durch den physikalischen Sinn der Größe $f(C')$ unterscheidet. Während die letztere in der Beziehung (II, 2a) die Geschwindigkeit des Stoffverbrauches bedeutete, gibt sie hier die Bildungsgeschwindigkeit an.

Beim quasi-stationären Verlauf erhalten wir die Gleichung

$$\beta \cdot (C' - C) = k\,C' \qquad\qquad\qquad (\text{II}, 56)$$

die sich von (II, 2) nur durch das Vorzeichen unterscheidet. Daraus folgt für C' der Ausdruck

$$C' = \frac{\beta}{\beta - k} \cdot C \qquad\qquad\qquad (\text{II}, 57)$$

Ist die Diffusionsgeschwindigkeit groß ($\beta > k$), so verläuft der Prozeß quasi-stationär, und die Konzentration an der Oberfläche nähert sich bei ($\beta \gg k$) dem Wert der Volumenkonzentration.

Dagegen ist der stationäre Reaktionsverlauf bei geringer Diffusionsgeschwindigkeit ($\beta < k$) im Rahmen unserer Näherungsbetrachtung nicht mehr möglich. Die Konzentration an der Oberfläche wird bei beliebig kleinem Anfangswert so lange anwachsen, bis der Ausgangsstoff völlig verbraucht ist. Unter diesen Umständen ist die bei der Herleitung der Beziehung (II, 57) gemachte Voraussetzung, daß der Reaktionsverlauf von der Konzentration des Ausgangsstoffes unabhängig sei, nicht mehr erfüllt. Bei $\beta = k$ erfolgt der Übergang vom stationären Reaktionsablauf zum instationären, der völlig analog zu den kritischen Bedingungen der Entflammung ist, die in der Theorie der Kettenreaktionen behandelt wird.

Man wird somit unter Umständen bei schwacher Diffusion infolge der Anreicherung des katalytisch wirkenden Reaktionsproduktes eine hohe Reaktionsgeschwindigkeit beobachten, die bei der Intensivierung des Diffusionsvorganges (etwa durch das Rühren) rapide abnehmen kann, wenn dadurch die Reaktion in stationäre Form übergeleitet wird.

Eine derartige Abnahme der Reaktionsgeschwindigkeit infolge der höheren Rührgeschwindigkeit wurde beim Auflösen von *Kupfer* in *Salpetersäure* experimentell nachgewiesen [*28*]. Diese Reaktion stellt einen typischen autokatalytischen Prozeß dar, bei welchem das entstehende Nitrit als Katalysator wirkt.

Gleichmäßig zugängliche Flächen

Die erläuterten einfachen Verhältnisse sind nur unter der vereinfachenden Annahme gültig, daß die ganze Oberfläche, an der eine Reaktion vor sich geht, hinsichtlich des Diffusionsvorganges gleichwertig ist (gleichmäßig zugängliche Oberfläche). Es wird ferner dabei vorausgesetzt, daß der Reaktionsstoff mit einer größeren Menge eines inerten Fremdgases (bzw. des Lösungsmittels) oder mit Reaktionsprodukten verdünnt ist, da sonst in dem reinen Reaktionsstoff der Diffusionswiderstand gleich Null wäre. Außerdem sind hier einige weniger wichtige Nebenumstände außer acht gelassen worden, wie beispielsweise die Strömung des Gemisches infolge der bei der Reaktion auftretenden Volumenveränderung. Diese Komplikationen werden im Kap. III eingehend behandelt.

Die wichtigste Einschränkung der erläuterten Methode bildet die erwähnte Voraussetzung der gleichmäßigen Zugänglichkeit der Reaktionsoberfläche, die nur in einigen einfachsten Fällen realisiert ist. So ist diese Voraussetzung gewöhnlich bei den geschlossenen Körpern beliebiger geometrischer Form mit einer rißfreien Oberfläche hinreichend erfüllt, sofern der Reaktionsraum wesentlich größer ist als der Körper selbst. Dasselbe gilt für die Wände eines Kanals der von einem flüssigen oder gasförmigen Gut durchströmt wird. Die gewonnenen theoretischen Ergebnisse können dagegen nicht auf die Reaktionen angewandt werden, die an der Oberfläche der porösen Körper und der pulverförmigen Feststoffe stattfinden.

Poröse Körper

Die Reaktionsgeschwindigkeit an einem porösen oder pulverförmigen Festkörper stellt eine Durchschnittsgröße dar, die über den lokalen Reaktionsverlauf an verschiedenen, dem Diffusionsprozeß ungleichmäßig ausgesetzten Bereichen der Oberfläche gemittelt wird. Sie hängt sowohl von der Größe und der Form der Poren als auch von der Schichtdicke bzw. der geometrischen Form des Festkörpers ab.

Bei den feinporigen Stoffen kann nach SELDOWITSCH [8] das Problem so behandelt werden, als ob die Reaktion in dem *ganzen*, von dem Festkörper eingenommenen Volumen stattfände.

Die Ergebnisse lassen sich auch auf andere Vorgänge, wie etwa das Auflösen eines Gases in einer Flüssigkeit mit anschließender chemischer Reaktion in der flüssigen Phase, anwenden. Man behandelt den Prozeß so, als wenn die Reaktion homogen wäre und das Heranführen der Reaktionskomponente durch Diffusion aus einer anderen Phase vor sich ginge. Wir wollen den Grenzfall einer praktisch unendlichen Schichtdicke untersuchen.

Um das Problem in seiner allgemeinen, von der Beschaffenheit der Poren unabhängigen Form zu betrachten, soll das poröse Material durch eine *effektive* Diffusionszahl D' gekennzeichnet werden, die der Diffusionsgleichung

$$\partial C'/\partial t = D' \cdot \Delta C' - f'(C') \qquad (\text{II}, 58)$$

innerhalb der porösen Masse genügt; es bedeuten hierbei C' die Konzentration des reagierenden Stoffes im porösen Körper und $f'(C')$ die *effektive* Reaktionsgeschwindigkeit, d. h. die pro Zeit- und Volumeneinheit durch die Reaktion verbrauchte Menge des reagierenden Stoffes.

Entsprechend unserer Voraussetzung der unendlich großen Schichtdicke kann die Oberfläche des porösen Körpers als eben angenommen werden; der Diffusionsvorgang erfolgt daher in Normalrichtung zu der

Oberfläche, wobei das Problem keinerlei charakteristisches Längenmaß enthält.

Die Gl. (II, 58) lautet nunmehr

$$\partial C'/\partial t = D' \cdot \partial^2 C'/\partial x^2 - f'(C') \qquad (II, 59)$$

wobei x der Abstand bis zur Oberfläche der porösen Schicht ist.

In der Theorie von SELDOWITSCH wird der stationäre Vorgang betrachtet, der sich nach einiger Zeit einstellt. Es gilt dann

$$D' \cdot d^2 C'/dx^2 = f'(C') \qquad (II, 60)$$

Wir setzen für den Reaktionsverlauf die n-te Ordnung an:

$$f'(C') = k' \cdot C'^n \qquad (II, 61)$$

so daß die Gl. (II, 60) in

$$D' \cdot d^2 C'/dx^2 = k' \cdot C'^n \qquad (II, 62)$$

übergeht. Wird mit C die Konzentration an der Oberfläche des Körpers bezeichnet, so führen die Substitutionen

$$\zeta = C'/C \qquad (II, 63)$$

$$\xi = x \cdot \sqrt{k' \cdot C^{n-1}/D'} \qquad (II, 64)$$

die Gl. (II, 62) in

$$d^2\zeta/d\xi^2 = \zeta^n \qquad (II, 65)$$

über; als Grenzbedingungen gelten dabei:

$$\left.\begin{array}{llll} \text{für} & \xi = 0; & \zeta = 1; & \\ \text{für} & \xi = \infty; & \zeta = 0; & d\zeta/d\xi = 0; \end{array}\right\} \quad (II, 66)$$

Die analytische Lösung der Differentialgleichung (II, 65) lautet

$$\zeta = \left[\frac{n-1}{\sqrt{2(n+1)}} \cdot \xi + 1 \right]^{\frac{2}{1-n}} \qquad (II, 67)$$

Es ist bemerkenswert, daß während bei $n > 1$ die Konzentration im porösen Körper mit der Entfernung von der Oberfläche überall endlich bleibt und nur asymptotisch gegen Null konvergiert, sich die Reaktionen gebrochener Ordnung ($n < 1$) durch eine *endliche Eindringtiefe* auszeichnen; bereits bei der Entfernung

$$\xi_1 = \frac{\sqrt{2(1+n)}}{1-n} \qquad (II, 68)$$

von der Oberfläche des porösen Körpers, sinkt die Konzentration auf den Wert Null herab. Diese Eindringtiefe beträgt für $n = {}^1\!/_3$ $\xi_1 = 2,45$ und für $n = {}^2\!/_3$ $\xi_1 = 5,50$; bei den Reaktionen mit $n > 1$ kann dagegen nur von einer *effektiven, konventionell festzulegenden Eindringtiefe* gesprochen werden.

Wir haben bereits an einer früheren Stelle hervorgehoben, daß die Reaktionen gebrochener Ordnung keineswegs nur vom theoretischen Standpunkt aus interessant sind. Die heterogenen Reaktionen, die mit Adsorptionsvorgängen an inhomogenen Oberflächen verknüpft sind, verlaufen öfters nach einer gebrochenen Ordnung.

Im Falle einer Reaktion erster Ordnung ($n = 1$) wird der Ausdruck (II, 67) unbestimmt; seine Auflösung führt zu

$$\zeta = \exp(-\xi) \tag{II, 69}$$

Die effektive Reaktionsgeschwindigkeit, d. h. die pro Zeit und äußere Oberfläche des porösen Körpers umgesetzte Menge des Reaktionsstoffes ist gleich dem in den Körper eindringenden Diffusionsstrom

$$q = -D' \cdot (dC'/dx)_{x=0} = -\sqrt{D' \cdot k' \cdot C^{n+1}} \cdot (d\zeta/d\xi)_{\xi=0} \tag{II, 70}$$

Aus (II, 67) erhält man durch Differenzieren

$$d\zeta/d\xi = -\sqrt{\frac{2}{n+1}} \cdot \zeta^{\frac{n+1}{2}}$$

so daß für die effektive Reaktionsgeschwindigkeit der Ausdruck

$$q = \sqrt{\frac{2}{n+1} \cdot D' \cdot k' \cdot C^{n+1}} \tag{II, 71}$$

folgt.

Der Anschaulichkeit halber kann man den Begriff der *effektiven* Eindringtiefe L einer Reaktion im porösen Material einführen und sie bis auf einen dimensionslosen Faktor der Größenordnung eins durch den Ausdruck

$$L \approx \sqrt{\frac{D'}{k' \cdot C^{n-1}}} \tag{II, 72}$$

oder speziell bei den Reaktionen erster Ordnung durch

$$L \approx \sqrt{D'/k'} \tag{II, 72a}$$

definieren. Wie ersichtlich, nimmt die effektive Eindringtiefe mit der Erhöhung der Reaktionsgeschwindigkeit ab.

Ist die gesamte Schichtdicke H groß im Vergleich zu der Eindringtiefe L, so kann man die eben ausgeführte Methode, die auf der Voraussetzung der unendlichen Schichtdicke beruht, anwenden. Sind L und H gleicher Größenordnung, so hängt die makroskopische Reaktionsgeschwindigkeit von dem Verhältnis L/H ab. Ist dagegen die Geschwindigkeit der Reaktionskinetik so groß, daß die Eindringtiefe L von der Größenordnung des Porendurchmessers h wird, so kann die Methode von Seldowitsch nicht mehr angewandt werden. Man kann in diesem Falle weder die effektive Diffusionszahl noch eine auf das Volumen des Materials bezogene Konstante der effektiven Reaktionsgeschwindigkeit einführen, da die Reaktion praktisch nur an der äußeren Oberfläche des porösen Stückes verläuft. Eine weitere Erhöhung der Reaktionskinetik wird nicht mehr eine zusätzliche Verminderung der Eindringtiefe nach sich ziehen, und man kann daher bei $L \gtrless h$ den Einfluß der Porosität des Festkörpers völlig vernachlässigen und den Fall *so* behandeln als wenn es sich um eine geschlossene Oberfläche handeln würde.

Ist die Voraussetzung der unendlichen Schichtdicke gerechtfertigt, so gibt die Formel (II, 71) die effektive Reaktionsgeschwindigkeit an. Für ihre Temperaturabhängigkeit ist nur der *halbe Betrag* der wahren Aktivierungsenergie maßgeblich.

Wir haben bislang die Konzentration C des reagierenden Stoffes an der Oberfläche des porösen Materials als gegeben angesehen und lediglich den Diffusionsvorgang innerhalb des porösen Materials betrachtet.

Bei hinreichender Intensität des Reaktionsverlaufs kann auch Diffusion der gasförmigen oder flüssigen Phase von Bedeutung werden, die den Stofftransport an das poröse Material besorgt. Der Diffusionsstrom an der Oberfläche des porösen Materials ist, wie bereits erläutert, durch die Beziehung

$$q = Nu' \cdot \frac{D}{d} \cdot (C_0 - C)$$

gegeben, worin C_0 und C die Konzentrationen des reagierenden Stoffes im Volumen und an der Oberfläche des Materials und D die wahre Diffusionskonstante des reagierenden Stoffes außerhalb des porösen Körpers bedeuten. Wird dieser Ausdruck in (II, 71) eingesetzt, so erhält man die Beziehung

$$\frac{Nu' \cdot D}{d} \cdot (C_0 - C) = \sqrt{\frac{2}{n+1} \cdot D' \cdot k' \cdot C^{n+1}} \qquad (II, 73)$$

aus der die quasi-stationäre Konzentration C des reagierenden Stoffes an der Oberfläche des porösen Körpers errechnet werden kann. Im Falle der Reaktion erster Ordnung erhält man aus (II, 73)

$$C = \frac{\dfrac{Nu' \cdot D}{d}}{\dfrac{Nu' \cdot D}{d} + \sqrt{D' \cdot k'}} \cdot C_0 \qquad (II, 74)$$

so daß der Ausdruck für die makroskopische Reaktionsgeschwindigkeit

$$q = \frac{\dfrac{Nu' \cdot D}{d} \cdot \sqrt{D' \cdot k'}}{\dfrac{Nu' \cdot D}{d} + \sqrt{D' \cdot k'}} \cdot C_0 \qquad (II, 74\,a)$$

lautet.

Es sind bei dem vorliegenden Problem vier Grenzfälle möglich:

1. Bei $\sqrt{D' \cdot k'} \gg \dfrac{Nu' \cdot D}{d}$ ist die makroskopische Reaktionsgeschwindigkeit durch den Diffusionsvorgang im Volumen bedingt und wird durch die Beziehung

$$q = \frac{Nu' \cdot D}{d} \cdot C_0$$

ausgedrückt. Die Konzentration des reagierenden Stoffes an der Oberfläche des porösen Körpers und erst recht in dem Körper selbst ist dabei bedeutend geringer als seine Konzentration im Volumen

$$C \ll C_0$$

Nach dem Vorschlag von WULIS [9] spricht man dabei von dem *äußeren Diffusionsgebiet*.

2. Bei $\dfrac{Nu' \cdot D}{d} \gg \sqrt{D' \cdot k'}$ und $H \gg L \gg h$ (L die Eindringtiefe nach (II, 72); H Dicke des porösen Festkörpers oder der porösen Schicht; h mittlerer Porendurchmesser) ist der Diffusionsvorgang innerhalb des porösen Materials für den Reaktionsablauf bestimmend. In diesem Falle ist die Konzentration des reagierenden Stoffes an der Oberfläche des porösen Festkörpers annähernd gleich der Konzentration im Volumen: $C \simeq C_0$; dagegen sinkt die Konzentration des reagierenden Stoffes in den Poren des Festkörpers bis auf den Wert Null herab. Die Reaktionsgeschwindigkeit ist in diesem Fall durch die Formel (II, 71) gegeben. Dieses Gebiet bezeichnet WULIS als *inneres Diffusionsgebiet*.

3. Bei $\dfrac{Nu' \cdot D}{d} \gg \sqrt{D' \cdot k'}$ und $L \gg H$ stimmt die makroskopische Reaktionsgeschwindigkeit mit der wahren Geschwindigkeit der Reaktionskinetik an der Gesamtoberfläche des porösen Festkörpers überein. In diesem *inneren kinetischen* Gebiet ist die Konzentration des reagierenden Stoffes in den Poren annähernd gleich der Konzentration im Volumen, so daß hier die gesamte Porenoberfläche an der Reaktion gleichmäßig beteiligt ist.

4. Bei $L \gtrless h$ und $\dfrac{Nu' \cdot D}{d} \gg k$ (k die wahre Konstante der Reaktionskinetik) liegt schließlich das sogenannte *äußere kinetische* Gebiet vor, bei dem die makroskopische Kinetik zwar auch mit der wahren Kinetik übereinstimmt, die Reaktion jedoch nur an der äußeren Oberfläche des porösen Festkörpers stattfindet.

Wie ersichtlich, ist die makroskopische Reaktionsgeschwindigkeit im inneren kinetischen Gebiet proportional dem *Volumen* des porösen Festkörpers, dagegen im äußeren kinetischen Gebiet — proportional seiner *äußeren Oberfläche*.

Sofern die Schichtdicke des porösen Körpers wesentlich größer ist als die effektive Eindringtiefe der Reaktion, kann das Konzentrationsfeld

$C'(x)$ im Körper aus der Beziehung (II, 67) mit Hilfe der Substitution (II, 63, 64) berechnet werden:

$$C'(x) = C \cdot \left[1 + \frac{n-1}{\sqrt{2(n+1)}} \cdot x \cdot \sqrt{\frac{k'}{D'} \cdot C^{n-1}}\right]^{\frac{2}{1-n}} \qquad (II, 75)$$

Für die Konzentration C an der Oberfläche des Festkörpers gilt die Beziehung (II, 73).

Im Übergangsgebiet zwischen dem inneren kinetischen und dem inneren Diffusionsgebiet ist die Eindringtiefe der Reaktion vergleichbar mit der Schichtdicke des porösen Körpers. Hier ist die Voraussetzung der unendlichen Schichtdicke nicht mehr zulässig, und man hat daher die Differentialgleichung (II, 65) mit den Randbedingungen

$$\left.\begin{array}{lll} \text{für} & \xi = 0 & \zeta = 1 \\ \text{für} & \xi = H & d\zeta/d\xi = 0 \end{array}\right\} \qquad (II, 76)$$

zu lösen. In diesem Fall kann die Lösung nur für eine monomolekulare Reaktion durch elementare Funktionen dargestellt werden. Selbst hier sind die endgültigen Formeln recht kompliziert, so daß wir auf ihre Ableitung verzichten wollen.

Es soll zum Schluß die physikalische Bedeutung der effektiven Diffusionszahl D' und der effektiven Reaktionsgeschwindigkeit $f'(C')$ bzw. der effektiven Geschwindigkeitskonstante k' näher erläutert werden. Eine unmittelbare Deutung erhalten diese Größen, wenn wir anstatt einer Reaktion im porösen Material eine homogene Reaktion betrachten, bei der der Reaktionsstoff aus einer anderen Phase hineindiffundiert — etwa die Gasabsorption in der flüssigen Phase mit anschließender chemischer Reaktion darin. Bei fehlender Konvektion wird dieser Prozeß durch die Formeln (II, 71) und (II, 75) beschrieben, wobei D' die wahre Diffusionskonstante des reagierenden Stoffes (des Gases in der Flüssigkeit) und k' die wahre Geschwindigkeitskonstante der homogenen chemischen Reaktion in der Phase bedeuten.

Bei den Reaktionen in porösem oder pulverförmigem Material haben diese Größen einen etwas anderen physikalischen Sinn. Ihre physikalische Deutung hängt von der Struktur des Körpers ab. Wir wollen den einfachsten Fall annehmen, daß das Material durch Kapillarporen durchsetzt ist, die — ohne sich zu kreuzen — durch die ganze Schichtdicke hindurchziehen. Die Poren werden durch den mittleren *Durchmesser h*, die *Porendichte* (Anzahl pro Flächeneinheit) N und den *Labyrinthfaktor* χ gekennzeichnet. Dieser Faktor gibt das Verhältnis der Länge l der Poren zur Eindringtiefe x in Normalrichtung an und wird durch die Beziehung

$$\chi = dl/dx$$

definiert.

Die auf die Volumeneinheit bezogene spezifische Porenoberfläche ist durch den Ausdruck

$$\pi \cdot \chi \cdot N \cdot h$$

gegeben.

Demnach stehen die effektiven und die wahren Reaktionsgeschwindigkeiten sowie die entsprechenden Geschwindigkeitskonstanten in folgender Beziehung zueinander:

$$f'(C') = \pi \cdot \chi \cdot N \cdot h \cdot f(C') \qquad \text{(II, 77)}$$

$$k' = \pi \cdot \chi \cdot N \cdot h \cdot k \qquad \text{(II, 77a)}$$

Die Konstante k ist hier gemäß der Beziehung (II, 2a) definiert.

Mit dem Diffusionsstrom q^* in einzelnen Poren lautet das FICKsche Gesetz für die Poren

$$q^* = D \cdot dC/dl$$

Zur Berechnung der effektiven Diffusionszahl D' muß der effektive, auf die Bruttoflächeneinheit der Körperoberfläche bezogene Diffusionsstrom ermittelt werden. Ferner ist die effektive FICKsche Gleichung nicht auf dC/dl, sondern auf dC/dx zu beziehen.

Mit

$$dC/dl = dC/dx \cdot dx/dl = \frac{1}{\chi} \cdot dC/dx$$

und dem Ausdruck für den spezifischen Porenquerschnitt (bezogen auf die Brutoflächeneinheit der Körperoberfläche)

$$\Omega = \frac{\pi}{4} \cdot h^2 \cdot N$$

ist der auf die Bruttooberfläche bezogene Diffusionsstrom q durch die Beziehung

$$q = \frac{\pi h^2}{4} \cdot N \cdot q^* = D \cdot N \cdot \frac{\pi h^2}{4} \cdot \frac{dC}{dl} = \frac{D \cdot N}{\chi} \cdot \frac{\pi h^2}{4} \cdot \frac{dC}{dx}$$

gegeben, so daß für die effektive Diffusionszahl D' die Definitionsgleichung

$$D' = D \cdot \frac{N}{\chi} \cdot \frac{\pi h^2}{4} \qquad \text{(II, 78)}$$

gilt. Mit (II, 77a) und (II, 78) erhält man aus (II, 71) die Formel

$$q = \sqrt{\frac{2}{n+1} \cdot N^2 \cdot \frac{\pi^2 h^3}{4} \cdot D \cdot k \cdot C^{n+1}} \qquad \text{(II, 79)}$$

Wir wollen noch in dieser Formel die experimentell bestimmbare Porosität, d. h. das Verhältnis des Porenvolumens zu dem Bruttovolumen des Körpers einführen. Bei der vorausgesetzten Porenstruktur ist die Porosität des Materials gleich dem spezifischen Porenquerschnitt Ω.

Wird N durch diese Größe ausgedrückt, so folgt aus der Formel (II, 79) der endgültige Ausdruck

$$q = \Omega \sqrt{\frac{8}{n+1} \cdot \frac{D \cdot k}{h} \cdot C^{n+1}} \qquad (II, 80)$$

Diese Formel ist besonders anschaulich und zeigt, daß die Reaktionsfähigkeit des porösen Materials im inneren Diffusionsgebiet seiner Porosität (bei unverändert bleibendem Porendurchmessr) direkt proportional ist. Bei konstanter Porosität ist dagegen die Reaktionsfähigkeit des Materials umgekehrt proportional der Wurzel aus der durchschnittlichen Porenweite, was eine Folge der verminderten Porenoberfläche ist.

Bei den praktischen Berechnungen interessiert man sich in erster Linie dafür, welcher der erläuterten vier Grenzfälle in einem konkreten Fall vorliegt. Aus den Formeln (II, 72) oder (II, 72a) wird die Eindringtiefe L der Reaktion berechnet. Die auf Volumeneinheit des porösen Körpers bezogene effektive Geschwindigkeitskonstante kann aus den Versuchsdaten einer Reaktion unmittelbar bestimmt werden, wenn diese Reaktion bei einer hinreichend tiefen Temperatur im kinetischen Gebiet durchgeführt wird. Die effektive Diffusionszahl kann mit Hilfe der Formel (II, 78) abgeschätzt werden. Es muß allerdings darauf geachtet werden, daß die Porenweite des Materials groß im Vergleich zu der freien Weglänge der Gasmoleküle ist. Sofern bei geringer Porenweite und niedrigem Gasdruck diese Bedingung nicht erfüllt ist, liegt das KNUDSEN-Gebiet vor, in dem das FICKsche Gesetz nicht mehr gültig ist. Die in der Gl. (II,78) auftretenden Größen h und N können beispielsweise aus der experimentellen Bestimmung der Gasdurchlässigkeit und der Gasadsorption bzw. der Gasdurchlässigkeit und der Porosität gewonnen werden. Derartige Berechnungen sind von ROJTER [10] für Katalysatoren der Ammoniak-Synthese durchgeführt worden.

Eine sinngemäße Übertragung der durchgeführten Überlegungen auf das körnige, mit Poren durchsetzte Material führt zu folgenden Ergebnissen: Sofern die nach (II, 72) errechnete Eindringtiefe L groß im Vergleich zu der Korngröße des Katalysators ist, kann man annehmen, daß die gesamte innere Oberfläche des Kornes an der Reaktion beteiligt ist. In den Fällen, wo L von der Größenordnung der Poren ist, arbeitet praktisch nur die Kornoberfläche. Ist L zwar groß gegen die Porenweite, jedoch klein im Vergleich zu der Korngröße, so wird der Reaktionsverlauf durch die Diffusion in den Poren bestimmt und der Prozeß wickelt sich entsprechend der Theorie von SELDOWITSCH [8] ab; (II, 71). In jedem einzelnen Fall muß außerdem noch geprüft werden, welche Bedeutung den Diffusionsvorgängen im Volumen zukommt.

Unsere Betrachtungen haben zur Voraussetzung, daß es sich nur um Diffusion eines einzigen Reaktionsstoffes handelt; außerdem wurden die etwa auftretenden STEPHAN-Strömungen (s. Kap. III) und eventuelle

Temperaturänderungen außer acht gelassen. Eine Diskussion dieser Einflüsse ist von PSCHESHETZKI und RUBINSTEJN [*38*] durchgeführt worden.

Diffusion durch eine Membran

Bei den lebenden Organismen spielt die Diffusion durch die Membranen eine entscheidende Rolle. Auch in der Technik kommt der Diffusion durch die Filme aus hochpolymeren Substanzen eine Bedeutung zu.

Die Diffusion durch eine Membran stellt keinen trivialen physikalischen Vorgang dar, sondern ist auf das engste mit den *Sorptionserscheinungen* und gewissen chemischen Prozessen verbunden. Die einfachste Deutung der *Osmose* durch eine Membran wird durch die Theorie des Sorptionsgleichgewichtes gegeben, wonach die Osmose mit dem Auflösen des diffundierenden Stoffes in der Membransubstanz zusammenhängt. Der gelöste Stoff diffundiert in der Membransubstanz und wird auf der anderen Seite der Membran wieder desorbiert.

Dieser Theorie liegt die Annahme zugrunde, daß es sich um ein Sorptionsgleichgewicht handelt, welches sich sehr schnell einstellt. In diesem Fall muß die durchdiffundierte Stoffmenge proportional der Zeit sein und sich der Vorgang formal durch das FICKsche Gesetz beschreiben lassen.

Bei den Substanzen, die in niedriger Konzentration vorliegen oder sich durch geringe Sorption in der Membransubstanz auszeichnen, beobachtet man gewöhnlich zunächst den zeitlichen Anstieg der Diffusionsgeschwindigkeit, der erst allmählich in einen stationären Prozeß übergeht. Offensichtlich handelt es sich dabei um das allmähliche Diffundieren der Substanz im Material der Membran, welches zu einer stationären Konzentrationsverteilung dieser Substanz über die Membrandicke führt. Dieser Sachverhalt wurde von einigen Forschern unter anderem beim Diffundieren des Wasserstoffes [*18*] und des Wasserdampfes [*19*] durch Filme aus Polymeren beobachtet.

In diesen Fällen ist die Diffusion nur mit rein physikalischen Prozessen der Sorption verknüpft; irgendeine Wechselwirkung chemischer Natur zwischen dem diffundierenden Stoff und dem Membranenmaterial findet dabei nicht statt. Solche Vorgänge nennen wir *passive Diffusion*.

Völlig andere Erscheinungen werden bei den hohen Konzentrationen der stark sorbierenden Stoffe beobachtet. Hier handelt es sich um eine *aktive Diffusion*, bei der auch gewisse sehr langsam verlaufende chemische Prozesse zwischen dem diffundierenden Stoff und der Membran eine Rolle spielen. Diese chemischen Prozesse können entweder den diffundierenden Stoff in der Membran fixieren und somit den Diffusionsvorgang erschweren (*negativ-aktive Diffusion*), oder umgekehrt den zunächst gebundenen Stoff wieder freigeben und dadurch den Diffusionsvorgang beschleunigen (*positiv-aktive Diffusion*).

Eine aktive Membran läßt gewöhnlich nur eine bestimmte Substanz hindurch und ist für andere Stoffe undurchlässig. Aber selbst gegenüber diesem bestimmten Stoff ist ihr Verhalten völlig anders als das klassische Verhalten einer semipermeablen Gleichgewichtsmembran. So gleichen sich die Konzentrationen des diffundierenden Stoffes an beiden Seiten einer aktiven Membran nicht an, was besonders deutlich mit manometrischer Methode nachgewiesen werden kann.

Bei der negativ-aktiven Diffusion bleibt die Konzentration hinter der Membran immer unterhalb der vor der Membran herrschenden Konzentration. Anstatt einer im Laufe der Zeit zu erwartenden Intensivierung des Diffusionsvorganges, tritt eine Verlangsamung des Prozesses ein, die eine Folge der Sättigung der Membran mit dem diffundierenden Stoff ist. Bei den manometrischen Bestimmungen kann sogar eine Konzentrationsabnahme des diffundierenden Gases hinter der Membran beobachtet werden.

Die einleuchtendste Deutung der negativ-aktiven Diffusion gibt unseres Erachtens die Vorstellung, daß es sich um eine Überlagerung zweier Sorptionsvorgänge handelt der primär sich schnell einstellenden Gleichgewichtssorption und eines zweiten sich nur langsam abspielenden Vorganges, bei dem der diffundierende Stoff in der Membran gebunden wird. Es ist möglich, daß, entsprechend den kolloidchemischen Theorien der Sorption, der erste Mechanismus mit dem Auflösen des diffundierenden Stoffes in der intermizellaren Flüssigkeit, und der zweite — mit dem langsamen Eindringen des Stoffes in die Kolloidmizellen zusammenhängt, wobei das Aufquellen der Mizellen auf den Diffusionsvorgang durch die Membran hemmend wirkt.

Entgegengesetzten Charakter hat die positiv-aktive Diffusion, bei der die Konzentration des diffundierenden Stoffes hinter der Membran höher ist als davor. Diese Art des Diffusionsvorganges kommt anscheinend nur in den lebenden Organismen vor und wird in der Physiologie als *Sekretion* bezeichnet. Der Stofftransport von der niedrigeren Konzentration zu der höheren erfolgt hier auf Kosten der gleichzeitig verlaufenden einseitigen chemischen Reaktionen.

Die Sekretionstätigkeit gehört zu den wichtigsten Vorgängen eines lebenden Organismus und findet in sämtlichen Drüsen sowie in Nieren und ähnlichen Organen statt. Es ist auch eine Theorie der Atmung bekannt, in der angenommen wird, daß in der Lunge die Sekretion des Sauerstoffes stattfindet. In der Physiologie ist allerdings eine entgegengesetzte Ansicht vorherrschend, daß die Sauerstoffaufnahme in der Lunge als ein Vorgang der passiven Diffusion zu deuten sei [20].

Eines der merkwürdigsten Beispiele der Sekretion eines Gases stellen die sich in der Schwimmblase der Tiefseefische abspielenden Vorgänge dar: der Gasdruck in der Schwimmblase der Fische ist bekanntlich gleich dem herrschenden Wasserdruck. Bei den Tiefseefischen besteht dieses Gas im wesentlichen aus dem Sauerstoff, dessen Druck bis zu einigen hundert Atmosphären betragen kann. Der Sauerstoff wird aus dem Wasser bezogen, wo er in einer Konzentration vorliegt, die etwa dem Gleichgewicht mit der Luftatmosphäre entspricht. Er wird vom Hämoglobin absorbiert und anschließend von einer Spezialdrüse in die Schwimmblase abgesondert.

Diese Drüse übt somit die Funktion eines leistungsfähigen Kompressors aus, der den Sauerstoff vom Partialdruck von 0,21 atm auf einige hundert Atmosphären komprimiert. Eine Aufgabe, deren technische Durchführung große und schwere Kompressoren erforderlich machen würde, wird von einer winzigen und zarten Drüse mit Erfolg versehen. Auch hier ist der lebende Organismus weit vollkommener als die menschliche Technik.

Der Stofftransport von der niedrigen Konzentration zu der hohen muß von gewissen einseitigen chemischen Reaktionen begleitet sein, da er sonst dem II. Hauptsatz der Thermodynamik widersprechen würde. Im Gegensatz zu der negativ-aktiven Diffusion müssen hier die chemischen Prozesse die Wiederfreigabe des diffundierenden Stoffes bewirken. Die entsprechenden Membranen müssen daher eine hinreichende Dicke besitzen und die chemischen Bedingungen können nicht über die gesamte Dicke gleichgeartet sein. Sollte eines Tages die künstliche Herstellung von positiv-aktiven Membranen gelingen, so wäre dies ein Analogon zur natürlichen Sekretion und man hätte damit einen großen Schritt auf dem Wege zum künstlichen Nachahmen der biologischen Prozesse getan. Da die Vorgänge bei der negativ-aktiven Diffusion in gewissem Sinne mit denen der Sekretion verwandt sind, kann das eingehende Studium der ersten Erscheinung unter Umständen für das Verständnis der Vorgänge der biologischen Diffusion fördernd sein.

Diffusion durch Poren

In dem vorhergehenden Abschnitt handelte es sich um porenfreie Membranen, bei denen der Diffusionsvorgang ausschließlich über die Sorption erfolgt. Demgegenüber kann sich der Stofftransport durch poröse Wände als reiner physikalischer Diffusionsvorgang in den Poren abwickeln; er unterliegt den üblichen Gesetzen der Gasdiffusion.

Es ist nicht schwer, experimentell festzustellen, welcher der beiden Transportvorgänge an einer Membran stattfindet. Bei der Diffusion durch die Poren diffundieren die leichteren Gase (z. B. Wasserstoff) schneller als die mit dem größeren Molekulargewicht. Dagegen läßt eine

Sorptionsmembran dasjenige Gas am leichtesten hindurch, welches von dem Material der Membran am besten absorbiert wird.

Die Versuche zeigen, daß bei den Kolloidmembranen die Porosität gewöhnlich von untergeordneter Bedeutung ist und der Stofftransport im wesentlichen über die Sorption erfolgt.

Bildung eines festen Schutzfilmes

Ein interessanter und oft vorkommender Fall der Diffusionskinetik ist die Entstehung einer festen Schicht aus dem Reaktionsprodukt an der Oberfläche eines Festkörpers, durch welche die gasförmige Reaktionskomponente diffundieren muß, um an der Reaktion teilzunehmen. Dies liegt beispielsweise bei der Oxydation der Metalle an der Luft vor [21], wobei sich an der Metalloberfläche eine feste *Oxydschicht* bildet, durch die der Luftsauerstoff hindurchtreten muß.

Die einfachsten Fälle dieser Art lassen sich durch eine äußerst elementare Theorie erfassen. Die zeitliche Zunahme der Schichtdicke δ des festen Filmes ist proportional dem Diffusionsstrom des Gases durch den Film; da aber die Diffusionsgeschwindigkeit durch den Film ihrerseits der Schichtdicke umgekehrt proportional ist, gehorcht die letzte der Differentialgleichung

$$d\delta/dt = A/\delta \qquad\qquad (\text{II}, 81)$$

worin A eine Konstante bedeutet, die dem Produkt aus der Diffusionszahl und der Reaktionsgeschwindigkeit proportional ist. Die Integration dieser Gleichung führt zu

$$\delta = \sqrt{2A\,t} \qquad\qquad (\text{II}, 82)$$

Die Schichtdicke des Filmes ist proportional der Quadratwurzel aus der Zeit, so daß der Diffusionsstrom und die Reaktionsgeschwindigkeit umgekehrt proportional der Wurzel aus der Zeit sind.

Dieses Ergebnis trifft erst nach Ablauf gewisser Zeit zu, wenn sich in dem Film eine stationäre Konzentration des diffundierenden Gases eingestellt hat. Die Gesetzmäßigkeiten der Anfangsperiode gehorchen einem komplizierten Gesetz, welches von Wulis [22] in Verbindung mit seiner mathematischen Untersuchung der Verbrennung der aschehaltigen Kohle aufgestellt wurde.

Wie auch bei dem uns hier interessierenden Problem handelt es sich bei der Kohleverbrennung um Gasdiffusion durch die an der Oberfläche der Kohle wachsende Ascheschicht. Der mathematische Sachverhalt ist daher in beiden Fällen der gleiche.

Wulis gibt eine exakte Lösung des Diffusionsproblems, das Wachstumsgesetz des Filmes und die Zeitabhängigkeit der Reaktionsgeschwindigkeit an. Im Grenzfall der hinreichend langen Zeit stimmen seine

Ergebnisse mit unserem, auf einem elementaren Wege gewonnenen Befund überein.

Diese einfachen Verhältnisse sind bei einer Reihe von wichtigen Fällen, insbesondere bei der Oxydation von Wolfram, Kupfer, Messing, Eisen und Nickel durch den Luftsauerstoff sowie bei der Jodeinwirkung auf Silber experimentell bestätigt worden. Es ist aber eine Reihe von Fällen bekannt, wo das Wachstum des Filmes bedeutend schneller abklingt, als dies dem Wurzelgesetz entsprechen würde. Die Zunahme der Schichtdicke folgt hier annähernd dem Exponentialgesetz, wobei die Schicht nach dem Erreichen einer gewissen Stärke praktisch unverändert bleibt. Diese Erscheinung wird öfters bei den Oxydationsvorgängen an Metallen beobachtet und führt zur Bildung eines Schutzfilmes, der die weitere Korrosion des Metalles verhindert. Typisch ist hierfür die Bildung einer Oxydschicht auf Aluminium.

Es ist zur Zeit noch nicht völlig geklärt, weshalb solche Filme nicht weiter wachsen. Es bestehen hierüber einige Theorien, die jedoch nicht genügend fundiert sind. In diesem Zusammenhang sei eine originelle quanten-mechanische Deutung von MOTT [23] erwähnt, wonach der Diffusionsvorgang in dem Schutzfilm den Charakter des sogenannten „Tunneleffektes" unterhalb der Potentialschwelle besitzt. Die Geschwindigkeit eines derartigen Prozesses muß mit der Zunahme der Schichtdicke des Filmes außerordentlich rapide abklingen. Auf diese Weise kann eine plausible Erklärung für die Erscheinungen gegeben werden, die beim Entstehen eines Korrosionsschutzfilmes beobachtet werden.

Mikroheterogene Prozesse

Interessanten und wichtigen Beispielen der Diffusionskinetik begegnet man auf dem Gebiet der mikroheterogenen Reaktionen, die sich an der Oberfläche der fein dispergierten und in einer äußeren Phase schwebenden Teilchen abspielen. Als Beispiele können die Verbrennung des in den Verbrennungsraum mit der Luftströmung eingeblasenen Kohlenstaubes; Enzymreaktionen an der Oberfläche von Kolloidteilchen und die verwandten katalytischen Prozesse an Metallkolloiden, denen BREDIG die Bezeichnung „nichtorganische Fermente" gab, sowie der Hydrierprozeß der flüssigen Öle unter der katalytischen Wirkung des im Öl dispergierten Katalysators angeführt werden.

Infolge der geringen Teilchengröße zeichnen sich die mikroheterogenen Reaktionen durch intensive Diffusion aus. Dem Ausdruck für die Stoffübergangszahl (II, 3)

$$\beta = \frac{Nu' \cdot D}{d}$$

entnimmt man, daß in den Fällen, wo die Konvektion von untergeordneter Bedeutung und daher die NUSSELT-Zahl angenähert konstant ist, die Intensität des Stofftransportes umgekehrt proportional der Teilchengröße ist.

Der Einfluß der Konvektion auf den Diffusionsprozeß ist in den mikroheterogenen Systemen erwiesenermaßen gering, da die Teilchen im wesentlichen mit der Strömung geführt werden, so daß die relative Strömungsgeschwindigkeit an der Reaktionsoberfläche bedeutend geringer als die absolute Strömungsgeschwindigkeit ist. Wir verfügen aber zur Zeit noch nicht über die ausreichenden Kenntnisse, die uns gestatten würden, die Intensität der Diffusion zu den dispergierten Teilchen sowie den Einfluß der Turbulenz abzuschätzen. Einige theoretische Überlegungen hinsichtlich dieses Fragenkomplexes sind im Kap. V erörtert.

Man kann die Reaktionen in mikroheterogenen Systemen in zwei Gruppen einteilen: Zu der ersten Gruppe gehören solche Prozesse, bei denen nur die *Mikrodiffusion* des reagierenden Stoffes an die Oberfläche der dispergierten Teilchen eine Rolle spielt; die zweite Gruppe erfaßt dagegen Prozesse, bei denen wenigstens eine Reaktionskomponente aus einer anderen Phase herangeführt wird, so daß noch die *Makrodiffusion* in dem Gesamtvolumen für den Reaktionsablauf mitbestimmend ist.

Bei den Prozessen erster Gruppe befindet sich der Reaktionsstoff in einem homogenen Gemisch oder einer homogenen Lösung. Die Teilchenoberfläche kann in diesem Fall als gleich zugänglich behandelt werden, so daß alle bereits erörterten Gesetzmäßigkeiten auch hier ihre Gültigkeit behalten. Die beiden Grenzgebiete — das kinetische und das Diffusionsgebiet — sind für den Verlauf der mikroheterogenen Reaktionen dieser Gruppe ebenfalls charakteristisch; es handelt sich jedoch, im Vergleich mit den Reaktionen an einer geschlossenen Makrofläche, um einen anderen Wert der Stoffübergangszahl und vor allem um eine andere, zur Zeit noch nicht näher untersuchte Abhängigkeit der Stoffübergangszahl von der Strömungsgeschwindigkeit bzw. von der Rührintensität, so daß ihre nummerische Berechnung bei dem heutigen Stand unserer Kenntnisse noch recht schwierig ist.

Recht interessant ist die zweite Gruppe der heterogenen Prozesse, die am Beispiel der Hydrierung der ungesättigten Verbindungen in flüssiger Phase unter Einsatz von dispergiertem Katalysator besonders eingehend studiert worden ist.

Vom Standpunkt der Diffusionskinetik sind die Hydrierungsprozesse von DAVIS und seinen Mitarbeitern [*29*] und besonders eingehend von JELOWITSCH, SHABROWA und GOLDANSKI [*30*] untersucht worden.

Bei hinreichender Reaktionsgeschwindigkeit an der Mikrooberfläche des Katalysators wird die Makrogeschwindigkeit des Hydrierungsprozesses durch die Wasserstoffdiffusion aus der Gasphase limitiert. Es konnte tatsächlich in einigen Fällen experimentell festgestellt werden, daß die effektive Reaktionsgeschwindigkeit unabhängig von der Konzentration der ungesättigten Verbindungen und proportional dem Wasserstoffpartialdruck in der Gasphase war. Abweichungen von dieser Proportionalität wurden nur in der Nähe des kritischen Punktes beobachtet, wo die Löslichkeit des Wasserstoffes in der flüssigen Phase nicht mehr dem HENRYschen Gesetz gehorcht.

Bei der theoretischen Behandlung dieser Prozesse sind sowohl das Diffundieren des Reaktionsstoffes aus der benachbarten Phase (z. B. des Wasserstoffes bei der Hydrierung), als auch das Heranführen dieses Stoffes an die Oberfläche des dispergierten Katalysators zu beachten. Wir beschränken uns auf die Reaktionen erster Ordnung, die am Katalysator stattfinden. Für jedes einzelne Katalysatorteilchen, dessen Oberfläche als gleichmäßig erreichbar behandelt werden kann, gilt die Beziehung (II, 7), die die effektive Konstante k^* (bezogen auf die Flächeneinheit des Katalysators) mit der kinetischen Konstante k und der Stoffübergangszahl β verbindet:

$$k^* = \frac{k \cdot \beta}{k + \beta}$$

für β gilt hier die Formel

$$\beta = \frac{Nu' \cdot D}{z}$$

mit dem mittleren Teilchendurchmesser z.

Da der Einfluß der Konvektion auf den Stoffaustausch — wie bereits erwähnt — bei den dispergierten Partikeln von untergeordneter Bedeutung ist, kann für die NUSSELT-Zahl der Wert $Nu' = 2$ gesetzt werden, der dem Diffusionsaustausch an einer im ruhenden Mittel schwebenden Kugel entspricht. Es folgt daher für die Stoffübergangszahl β der Ausdruck

$$\beta = 2D/z \qquad\qquad (II, 83)$$

Um die auf die *Volumeneinheit der flüssigen Phase* bezogene effektive Geschwindigkeitskonstante k' zu erhalten, muß k^* mit dem durchschnittlichen Betrag σ der Oberfläche eines Teilchens und der Teilchenzahl N pro Volumeneinheit multipliziert werden:

$$k' = N \cdot \sigma \cdot k^* = N \cdot \sigma \cdot \frac{k\beta}{k + \beta} \qquad\qquad (II, 84)$$

Die auf Volumeneinheit der flüssigen Phase bezogene Reaktionsgeschwindigkeit beträgt $k' \cdot C$, wobei C die Stoffkonzentration in der Phase bedeutet.

Wir bezeichnen die Stoffkonzentration in der flüssigen Phase unmittelbar an ihrer Grenzfläche gegen den Gasraum mit C_0. Sie ist mit dem Dampfdruck des Reaktionsstoffes in der Gasphase durch das HENRYsche Gesetz verknüpft.

Je nachdem, ob die flüssige Phase gut verrührt wird oder praktisch ruhend ist, können zwei charakteristische Grenzfälle betrachtet werden.

Beim Rühren der Flüssigkeit kann angenommen werden, daß die Konzentration C des reagierenden Stoffes überall in der Phase einen konstanten Wert besitzt. Eine Ausnahme bildet dabei nur die an den Gasraum angrenzende Diffusionsschicht, in welcher praktisch der ganze Diffusionswiderstand konzentriert ist. Die aus der anderen Phase (Gasraum) hineindiffundierende Stoffmenge ist durch den Ausdruck

$$S \cdot (C_0 - C) \cdot \frac{D}{\delta}$$

gegeben, worin D die Diffusionszahl, δ die Dicke der Diffusionsschicht, S die Größe der Austauschfläche zwischen beiden Phasen bedeuten. Im stationären Zustand ist diese Menge gleich dem Umsatz des Reaktionsstoffes

$$S \cdot (C_0 - C) \cdot \frac{D}{\delta} = k' \cdot C \cdot \omega \qquad (\text{II}, 85)$$

(ω das Reaktionsvolumen der Phase), so daß sich für die Stoffkonzentration in der flüssigen Phase der Ausdruck

$$C = \frac{S \cdot D/\delta}{S \cdot D/\delta + k' \cdot \omega} \cdot C_0 \qquad (\text{II}, 86)$$

und für die auf die Volumeneinheit der flüssigen Phase bezogene Reaktionsgeschwindigkeit der Ausdruck

$$q = k' \cdot C = \frac{k' \cdot S \cdot D/\delta}{S \cdot D/\delta + k' \cdot \omega} \cdot C_0 \qquad (\text{II}, 87)$$

ergeben.

Wird hier k' durch (II, 84) ersetzt, so erhält man die endgültige Formel für die quasi-stationäre Reaktionsgeschwindigkeit.

Aus dieser Formel folgt, daß zwischen der Reaktionsgeschwindigkeit und der Konzentration des Katalysators im allgemeinen — außer der geringen Konzentration — *keine* Proportionalität besteht. Bei steigender Konzentration strebt die Reaktionsgeschwindigkeit zu einem endlichen Grenzwert, was bei der Hydrierung der ungesättigten Verbindungen mehrfach beobachtet worden ist.

In ähnlicher Weise können auch die komplizierteren Fälle behandelt werden, bei denen der Umsatz am Katalysator nach einer Reaktion höherer Ordnung verläuft.

Ist die Konvektion in der flüssigen Phase völlig unterbunden oder nur schwach ausgebildet, so ist die Konzentrationsänderung mit der Entfernung von der Phasenfläche zu berücksichtigen. In diesem Fall kann die bereits erläuterte Theorie von SELDOWITSCH angewandt werden, die nicht nur die Vorgänge in porösen Körpern, sondern auch homogene Reaktionen erfaßt, bei denen die Reaktionskomponente aus einer anderen Phase über den Diffusionsaustausch bezogen wird. Hier muß, unter anderem, die Reaktionsgeschwindigkeit in einem breiten Bereiche proportional der Quadratwurzel aus der Konzentration des Katalysators sein.

Die mikroheterogenen Prozesse, die mit dem Stoffübergang zwischen zwei Phasen verknüpft sind, schließen eine Reihe von typischen Fällen ein, bei denen irgendein bestimmtes Stadium des Prozesses den ganzen Vorgang in einer charakteristischen Weise limitiert. So können unter anderem sowohl der Diffusionsvorgang zwischen den beiden Phasen als auch die Heranführung der Reaktionskomponente an die Oberfläche des Katalysators für den Reaktionsablauf bestimmend sein.

Die Rolle der Mikrodiffusion hängt von dem gegenseitigen Verhältnis der Größen k und β ab. Die Rolle des Makrodiffusionsvorganges in der ganzen Phase wird bei der ausreichender Konvektion durch das Verhältnis der Größen $S \cdot D/\delta$ und $k' \cdot \omega$ bestimmt; (II, 87). Bei fehlender oder schwach ausgebildeter Konvektion ist nach der Theorie von SELDOWITSCH der Einfluß der Diffusion durch das Größenverhältnis der Diffusionsschicht δ und der Eindringtiefe L der Reaktion in der flüssigen Phase bedingt. Für die Eindringtiefe der Reaktion erhält man nach (II, 72a)

$$L = \sqrt{D/k'} = \sqrt{\frac{D}{N \cdot \sigma} \cdot \frac{(k+\beta)}{k \cdot \beta}} \qquad \text{(II, 88)}$$

Bei gänzlich fehlender Konvektion ist an Stelle δ die Schichtdicke der flüssigen Phase bzw. ein charakteristisches Längenmaß des Reaktionssystems zunehmen. Bei $S \cdot D/\delta \gg k' \cdot \omega$ bzw. $L \gg \delta$ ist der Stoffübergang von einer Phase in die andere für den Reaktionsablauf unwesentlich. Wenn dabei $k \gg \beta$ ist, so wird der Reaktionsverlauf durch die Stoffdiffusion zu den dispergierten Teilchen bestimmt. Im umgekehrten Falle, wenn $\beta \gg k$ ist, spielt weder die Diffusion im ganzen Phasenvolumen, noch die Diffusion zu den Teilchen irgendeine Rolle und der Prozeß wird ausschließlich durch die wahre Reaktionskinetik an den dispergierten Teilchen bedingt. Bei schwach ausgeprägter Konvektion und $L \ll \delta$ kann neben der Makrodiffusion in der Phase sowohl die Mikrodiffusion zu der Oberfläche der Teilchen ($k \gg \beta$) als auch die tatsächliche chemische Kinetik an der Oberfläche dieser Teilchen ($\beta \gg k$) wesentlich sein.

Bei der starken Konvektion, für die die Formel (II, 87) gültig ist, wird der gesamte Prozeß ausschließlich durch den Stoffübergang von einer Phase in die andere limitiert; hier ist die Reaktionsgeschwindigkeit also gleich der Lösegeschwindigkeit des Gases in der flüssigen Phase. Bei solchen Prozessen ist es sinnvoll, drei Fälle zu unterscheiden:

1. Das Gebiet der Makrodiffusion ($S \cdot D/\delta \ll k' \omega$);
2. Das Gebiet der Mikrodiffusion zu den Teilchen ($S \cdot D/\delta \gg k' \omega$; $k \gg \beta$);
3. Das kinetische Gebiet ($S \cdot D/\delta \gg k' \omega$; $k \ll \beta$).

Alle drei Grenzgebiete sind miteinander durch entsprechende Übergangsgebiete verbunden.

So kann man den Prozeß aus dem Makrodiffusionsgebiet in das kinetische Gebiet überführen gänzlich unabhängig davon, wie stark dabei der Diffusionsvorgang an der Oberfläche der Katalysatorenteilchen ist. Die beiden Diffusionsvorgänge hängen von unterschiedlichen Faktoren ab. Durch die Änderung der Konzentration des Katalysators kann der Diffusionsvorgang im Phasenvolumen beeinflußt und der ganze Prozeß aus dem kinetischen Gebiet in das Makrodiffusionsgebiet überführt werden, ohne daß man dabei die Größen k und β in irgendwelcher Weise beeinflußt. Auch Dispergierung der Gaskomponente, d. h. die Vergrößerung der Kontaktfläche zwischen den beiden Phasen hat nur die Intensivierung der Volumendiffusion zur Folge und führt daher zur Erhöhung der Reaktionsgeschwindigkeit nur im Gebiet der Makrodiffusion. Aus (II,87) geht hervor, daß dabei die Reaktionsgeschwindigkeit q proportional der Phasengrenzfläche S ist $(S \cdot D/\delta \ll k' \omega)$.

Schrifttum

[1] PANETH, HERZFELD: Z. Elektrochem. angew. physik. Chem. Bd. 37 (1931) S. 577.
[2] DAMKÖHLER: Der Chemie-Ingenieur Bd. III, 1 (1937).
[3] PREDVODITELEV, CUCHANOVA: Ž. techn. fiz. Bd. 10 (1940) S. 1113.
[4] LEVIČ: Ž. fiz. chim. Bd. 18 (1944) S. 335.
[5] FRANK-KAMENECKIJ: Ž. fiz. chim. Bd. 13 (1939) S. 756.
[6] FISCHBECK: Z. Elektrochem. angew. physik. Chem. Bd. 39 (1933) S. 316; Bd. 40 (1934) S. 517.
[7] TU, DAVIS, HOTTEL: Ind. Engng. Chem. Bd. 26 (1934) S. 749.
[8] ZEL'DOVIČ: Ž. fiz. chim. Bd. 13 (1939) S. 163.
[9] VULIS, in KNORRE: Issled. process. gorenija natur. topliva, Energoizdat, Moskva (um 1947).
[10] ROJTER: Ž. fiz. chim. Bd. 14 (1940) S. 1229.
[11] PARKER, HOTTEL: Ind. Engng. Chem. Bd. 28 (1936) S. 1334.
[12] PREDVODITELEV: Process gorenija uglja (Prozeß der Kohleverbrennung) GONTI, M. 1938.
[13] FRANK-KAMENECKIJ: Usp. chim. Bd. 7 (1938) S. 1277.
[14] FRANK-KAMENECKIJ: Ž. techn. fiz. Bd. 10 (1940) S. 1207.
[15] KING: J. Amer. chem. Soc. Bd. 57 (1935) S. 828; Bd. 59 (1937) S. 63; Bd. 61 (1939) S. 2290.
    KING, HOWARD: Ind. Engng. Chem. Bd. 29 (1937) S. 75.
[16] UCHIDA, NAKAYAMA: J. Soc. chem. Ind. Japan [Suppl.] Bd. 36 (1933) S. 635.
[17] BUBEN, FRANK-KAMENECKIJ: Ž. fiz. chim. Bd. 20 (1946) S. 225.
[18] DRINBERG: Ž. fiz. chim. Bd. 6 (1932) S. 871.
[19] GARDNER, KAPPENBERG: Ind. Engng. Chem. Bd. 28 (1936) Nr. 4.
[20] HOLDEN, PRIESTLEY: Respiration. Zitiert russ. Übers., S. 237, Biomedgiz, M. 1937.
[21] EVANS: Corrosion of metals; russ. Übers. Metallurgizdat, M.-L. 1941.
[22] VULIS: Ž. techn. fiz. Bd. 10 (1940) S. 1959.
[23] MOTT, GURNEY: Electronic processes in ionic crystals. Oxford, Clarendon Press, 1940.
[24] PLETENEV, SOSUNOV: Ž. fiz. chim. Bd. 13 (1939) S. 901.

[25] FRANK-KAMENECKIJ: Ž. fiz. chim. Bd. 13 (1939) S. 1403.
[26] ČUCHANOV, GRODZOVSKIJ: Ž. prikl. chim. Heft 8 (1934) S. 1398; Heft 1 (1936) S. 73; Chim. tverd. topliva Heft 9 (1936) S. 902; Heft 10 (1936) S. 986.
[27] FRANK-KAMENECKIJ: Ž. techn. fiz. Bd. 9 (1939) S. 1457.
[28] FAIRLEY: J. chem. Soc. London Bd. 31 (1877) S. 5.
[29] DAVIS: J. Amer. chem. Soc. Bd. 52 (1930) S. 3757, 3769; Bd. 54 (1932) S. 2340.
[30] ELOVIČ, ŽABROVA: Ž. fiz chim. Bd. 19 (1945) S. 239.
     GOL'DANSKIJ, ELOVIČ: Ž. fiz. chim. Bd. 20 (1946) S. 1085.
     ELOVIČ, ŽABROVA: Kinetika katalič. gidrirovanija trigliceridov žirnych kislot (Kinetik der katalytischen Hydrierung von Triglyceriden der Fettsäuren) AN SSSR (um 1947).
[31] SEMENOV: Acta physicochim. URSS Bd. 18 (1943) S. 93.
[32] KLIBANOVA, FRANK-KAMENETZKY: Acta physicochim. URSS Bd. 18 (1943) S. 387.
[33] VULIS, VITMAN: Ž. techn. fiz. Bd. 11 (1941) S. 509.
[34] VULIS: Ž. techn. fiz. Bd. 16 (1946) S. 83.
[35] SEMEČKOVA, FRANK-KAMENECKIJ: Ž. fiz. chim. Bd. 14 (1940) S. 231.
[36] D'JAKONOV: Dissert. Energ. Inst. AN SSSR., 1946.
[37] NALBANDJAN, ŠUBINA: Ž. fiz. chim. Bd. 20 (1946) S. 1249.
[38] PŠEŽECKIJ, RUBINŠTEJN: Ž. fiz. chim. Bd. 20 (1946) S. 1127.

Kapitel III

Einfluß des Stephan-Stromes

Wir haben bislang stillschweigend vorausgesetzt, daß sämtliche an der Reaktion teilnehmenden Stoffe unabhängig voneinander diffundieren. Diese Vereinfachung ist zulässig, wenn es sich um eine Diffusion von elektrisch neutralen Teilchen in einer Lösung oder eine Diffusion eines Gasgemisches handelt, sofern dieses einen großen Überschuß von inertem Gas enthält.

Bei der Ionendiffusion können die Kationen und Anionen nicht unabhängig voneinander diffundieren, da dabei Potentialunterschiede entstehen, die einen elektrischen Strom zur Folge haben. Derartige Erscheinungen spielen in der Elektrochemie eine wichtige Rolle und werden dort ausführlich behandelt (Theorie der Diffusionspotentiale). Wir sehen von der weiteren Erläuterung dieses Themas hier ab.

Auch bei der Gasdiffusion können die einzelnen Gaskomponenten nicht unabhängig voneinander diffundieren, da der Diffusionsvorgang im allgemeinen zu Druckunterschieden führt, die entsprechende Massenströmungen hervorrufen.

Die Bedeutung dieser Strömungen wurde zum erstenmal von STEPHAN [1] unterstrichen, so daß wir im weiteren vom STEPHAN-Strom sprechen wollen. Es leuchtet ein, daß beim Ablauf einer heterogenen Reaktion, die mit der Änderung des Volumens der teilnehmenden Komponenten verbunden ist, sich eine Massenströmung ausbildet, die senkrecht zu der Oberfläche gerichtet ist, an der die Reaktion stattfindet. Eine nähere Untersuchung zeigt jedoch, daß ein derartiger Massenstrom auch bei den Reaktionen auftreten kann, die keine Volumenänderung verursachen: Er wird dort durch die unterschiedliche Diffusionsgeschwindigkeit der Ausgangsstoffe und der Reaktionsprodukte bedingt. Diese Frage ist von BUBEN [5] eingehend und streng untersucht worden.

Wie wollen eine chemische Reaktion ins Auge fassen, deren stöchiometrische Gleichung

$$v_1 A_1 + v_2 A_2 + \cdots + v_k A_k + v_{k+1} A_{k+1} + \cdots = 0$$

lautet, wobei mit $A_1, A_2 \ldots$ die Ausgangsstoffe und mit $A_k, A_{k+1}, \ldots$ die Reaktionsprodukte bezeichnet sind, während v die entsprechenden stöchiometrischen Koeffizienten bedeuten. Die stöchiometrischen Koeffizienten vor den Ausgangsstoffen sind positiv, die vor den Reaktionsprodukten negativ. Wir bezeichnen mit q_i den Gesamtstrom des Stoffes A_i und zählen ihn positiv, wenn er auf die Reaktionsfläche zu gerichtet ist. Die Bedingung der stöchiometrischen Strömungen lautet dann:

$$\frac{q_1}{v_1} = \frac{q_2}{v_2} = \cdots = \frac{q_k}{v_k} = \cdots \qquad \text{(III, 1)}$$

Diese Beziehung stimmt zwar äußerlich mit k (II, 39) überein, ist jedoch allgemeiner als jene, da sie sich nicht nur auf die Ausgangsstoffe, sondern auch auf die Reaktionsprodukte erstreckt.

Der gesamte Strom q_i setzt sich aus dem Diffusionsstrom $- D_i \cdot dC_i/dy$ und dem Massenstrom $v \cdot C_i$, wobei v die zu der Oberfläche senkrecht gerichtete Massengeschwindigkeit und y die ebenfalls senkrecht gerichtete Koordinate bedeuten.

Um die Ergebnisse zu erhalten, die auch bei den nicht-isothermen Vorgängen gültig sind, führen wir an Stelle der Konzentrationen die Partialdrucke ein, die durch die Beziehung $p_i = RTC_i$ miteinander verknüpft sind. Der Gesamtstrom einer Komponente wird dann durch die Beziehung

$$q_i = - \frac{D_i}{RT} \cdot \frac{dp_i}{dy} + \frac{v}{RT} \cdot p_i \qquad \text{(III, 2)}$$

gegeben. Daraus folgt

$$\frac{dp_i}{dy} = v \cdot \frac{p_i}{D_i} - RT \cdot \frac{q_i}{D_i} \qquad \text{(III, 2a)}$$

Die Summation über sämtliche Komponenten des Gemisches führt zu

$$\sum_i dp_i/dy = dP/dy = v \cdot \sum_i p_i/D_i - RT \cdot \sum_i q_i/D_i \qquad \text{(III, 3)}$$

wobei die Summation auch auf das inerte Gas zu erstrecken ist, welches wir mit dem Index Null kennzeichnen wollen. Die Summe der Partialdrucke ist dann gleich dem Gesamtdruck P des Gemisches.

Die weitere Behandlung der Frage hängt von den hydrodynamischen Bedingungen ab; falls der auf die Oberfläche senkrecht gerichtete Massenstrom irgendeinen hydrodynamischen Widerstand erfährt, so liefert dieser einen bestimmten Zusammenhang zwischen v und dP/dy, so daß der Druckgradient in der Beziehung (III, 3) durch die Geschwindigkeit v ausgedrückt werden kann. Im allgemeinen jedoch tritt dem Massenstrom kein nennenswerter Widerstand entgeten, so daß man als Nebenbedingung

$$dP/dy = 0 \qquad\qquad (III, 4)$$

hinzufügen kann. In Verbindung mit (III, 3) folgt dann die Beziehung

$$\sum_i q_i/D_i = \frac{v}{RT} \cdot \sum_i p_i/D_i \qquad\qquad (III, 5)$$

Da die Strömungen q_i einzelner Komponenten untereinander durch die stöchiometrische Bedingung (III, 1) verknüpft sind, können sie durch den Strom einer einzigen Komponenten ausgedrückt werden.

Wir haben bereits an einer früheren Stelle hervorgehoben, daß Diffusionsprozesse stets durch Diffusion einer bestimmten Komponente, die den kleinsten Wert von $\beta \cdot C/v$ aufweist, limitiert sind[1]. Wir wollen dieser limitierenden Komponente den Index 1 anhängen; aus (III, 1) ergibt sich dann

$$q_i = \frac{q_1}{v_1} \cdot v_i \qquad\qquad (III, 6)$$

Dieser Ausdruck gilt auch für das inerte Gas, dessen stöchiometrischer Koeffizient sowie der Massenstrom gleich Null sind. Mit Rücksicht auf (III, 6) folgt aus (III, 5) die Beziehung

$$\frac{q_1}{v_1} \cdot \sum_i v_i/D_i = \frac{v}{RT} \cdot \sum_i p_i/D_i \qquad\qquad (III, 7)$$

die die Grundlage der Theorie des STEPHAN-Stromes darstellt, da sie die Massengeschwindigkeit des Gesamtgemisches mit dem Komponententeilstrom des limitierenden Stoffes in Verbindung bringt. Da die Größen $q_1 \cdot v_1 \cdot \sum_i p_i/D_i$ sowie RT positiv sind, hängt der Richtungssinn der Massengeschwindigkeit v von dem Vorzeichen der Größe $\sum_i v_i/D_i$ ab.

Das Fehlen des STEPHAN-Stromes ist offensichtlich an die Bedingung

$$\sum_i v_i/D_i = 0 \qquad\qquad (III, 8)$$

gebunden.

---

[1] Siehe Seiten 56 ff.

Sind sämtliche Diffusionskonstanten D_i untereinander gleich, so artet
die Bez. (III, 7) in

$$q_1 \cdot \frac{\sum\limits_i \nu_i}{\nu_1} = \frac{P}{RT} \cdot v \qquad\qquad \text{(III, 7a)}$$

aus.

In diesem Spezialfall hängt das Vorzeichen des STEPHAN-Stromes
einfach davon ab, ob die Reaktion mit Volumenvermehrung oder
Volumenverminderung verbunden ist.

Wir wollen nunmehr den Einfluß des STEPHAN-Stromes auf die Reaktionsgeschwindigkeit untersuchen[1]. Bei einer exakten Behandlung des
Problems spielt im allgemeinen die geometrische Form der Oberfläche
eine wesentliche Rolle. Da aber der STEPHAN-Strom gewöhnlich nur in
der anliegenden Grenzschicht lokalisiert ist, kann die Krümmung der
Oberfläche näherungsweise vernachlässigt werden. Diese vereinfachte
Behandlung des Problems wird als *Grenzschichtmethode* bezeichnet. In
dieser Näherung müssen der Gesamtstrom und die Massengeschwindigkeit als konstante, von y unabhängige Größen behandelt werden. Dagegen sind die Partialdrucke p_i (wie auch die Konzentrationen der einzelnen Konponenten) gewisse Funktionen von y. Dasselbe gilt im allgemeinen auch für die Diffusionskonstanten D_i, da sie von der Zusammensetzung des Gasgemisches abhängen. Wir definieren eine mittlere Diffusionszahl $\overline{D}$ gemäß der Beziehung

$$\sum_i p_i/D_i = P/\overline{D} \qquad\qquad \text{(III, 9)}$$

und führen eine neue dimensionslose Größe

$$\gamma = \frac{\overline{D}}{\nu_1} \cdot \sum_i \nu_i/D_i \qquad\qquad \text{(III, 10)}$$

ein, so daß die Beziehung (III, 7) in

$$v = \frac{\gamma\, R\, T}{P} \cdot q_1 \qquad\qquad \text{(III, 11)}$$

übergeht.

Wir greifen nunmehr auf die Beziehung (III, 2a) mit $i = 1$ zurück
und setzen dort für v den Ausdruck (III, 11) ein:

$$dp_1/dy = -\frac{R\,T}{D_1} \cdot q_1 \cdot (1 - \gamma \cdot p_1/P) \qquad\qquad \text{(III, 12)}$$

Wird nun mit x_1 der Molbruch der limitierenden Komponente A_1 bezeichnet, so folgt daraus

$$dx_1/dy = -\frac{R\,T}{D_1\,P} \cdot q_1 \cdot (1 - \gamma\, x_1) \qquad\qquad \text{(III, 12a)}$$

---

[1] Der hier eingeschlagene mathematische Weg weicht von den Ausführungen des
Originals etwas ab. Die Endergebnisse bleiben jedoch dadurch unberührt (Pa.).

Diese Gleichung wird über die Dicke δ der Diffusionsschicht integriert, und man erhält die Beziehung

$$\ln \frac{1 - \gamma\, x_1'}{1 - \gamma \cdot x_1^0} = \frac{\gamma\, R\, T}{P} \cdot \frac{\delta}{D_1} \cdot q_1 \qquad \text{(III, 13)}$$

wobei mit x_1^0 und x_1' die Werte an der Außenseite der Diffusionsschicht und an der Oberfläche bezeichnet sind. Wird ferner die Beziehung (I, 28) berücksichtigt, so erhält man für die Reaktionsgeschwindigkeit endgültig den Ausdruck

$$q_1 = \beta_1 \cdot \frac{P}{\gamma\, R\, T} \cdot \ln \frac{1 - \gamma \cdot x_1'}{1 - \gamma \cdot x_1^0} \qquad \text{(III, 14)}$$

Streng genommen ist die Diffusionszahl D_1 in (III, 12a) keine konstante Größe, da sie von der lokalen Zusammensetzung des Gasgemisches abhängt. Dieser Einfluß ist jedoch in vielen Fällen recht geringfügig. Falls das Gasgemisch einen starken Überschuß einer der Reaktionskomponenten bzw. des inerten Gases hat, so daß die Größen $\gamma\, x_1^0$ und $\gamma\, x_1'$ gegen 1 klein sind, verschwindet der STEPHAN-Strom, was durch die Reihenentwicklung der ln-Funktion gezeigt werden kann. Es ist dann

$$q_1 \sim \beta_1 \cdot \frac{P}{R\, T} \cdot (x_1^0 - x_1') = \beta_1 \cdot \frac{p_1^0 - p_1'}{R\, T}$$

Mit Rücksicht auf $p_1 = R\, T\, C_1$ ergibt sich daraus die Beziehung

$$q_1 = \beta_1 \cdot (C_1^0 - C_1')$$

die mit dem bereits an einer früheren Stelle abgeleiteten Ausdruck für die Reaktionsgeschwindigkeit ohne Berücksichtigung des STEPHAN-Stromes übereinstimmt.

Der Reaktionsverlauf wird von dem STEPHAN-Strom merklich beeinflußt, falls die die Reaktion limitierende Substanz in hoher Konzentration vorliegt[1].

Verläuft die einseitig gerichtete Reaktion im Diffusionsgebiet, so ist $p_1' = 0$ und die Reaktionsgeschwindigkeit wird unter der Berücksichtigung des STEPHAN-Stromes durch den Ausdruck

$$q_1 = -\beta_1 \cdot \frac{P}{\gamma\, R\, T} \cdot \ln(1 - \gamma\, x_1^0) \qquad \text{(III, 15)}$$

gegeben.

Am stärksten tritt der Einfluß des STEPHAN-Stromes bei der *Kondensation* von Dämpfen in Erscheinung. In diesem Falle haben wir es nur mit einer Reaktionskomponente — dem Dampf — zu tun, da die gasförmigen Reaktionsprodukte nicht entstehen. Es gilt daher $\sum_i \nu_i = \nu_1$. Das Gasgemisch besteht aus zwei Stoffen — dem kondensierenden Dampf und

---

[1] Eine von unserer Darstellung abweichende Behandlung des STEPHAN-Stromes stammt von DAMKÖHLER. Dieser Verfasser geht von der Annahme aus, daß die Beziehung $\sum_i D_i \cdot dp_i/dy = 0$ gültig sei, was jedoch unbegründet ist (Fr.-K.).

dem inerten Gas. Da für ein binäres Gemisch $D_1 = D_0 = D$ gilt, ist γ in diesem Falle gleich 1. Der Partialdruck des Dampfes an der Oberfläche ist gleich dem der Temperatur der Oberfläche entsprechenden Sättigungsdruck

$$p_1' = p_s$$

so daß in diesem Falle wir aus (III, 13) die bekannte Formel von Stephan

$$q = \frac{D}{\delta} \cdot \frac{P}{RT} \cdot \ln \frac{P - p_s}{P - p^v} \qquad \text{(III, 16)}$$

erhalten, die die Kondensationsgeschwindigkeit der Dämpfe aus einem Gasgemisch erfaßt.

Wenn die Konzentration des inerten Gases gegen Null geht, so nähert sich p^0 dem Gesamtdruck P und die Beziehung (III, 16) ergibt eine unendlich hohe Kondensationsgeschwindigkeit.

In Wirklichkeit bedeutet dies, daß bei geringen Konzentrationen des inerten Gases die Kondensationsgeschwindigkeit nicht mehr durch die Diffusion des Dampfes zu der Oberfläche, sondern durch andere Vorgänge bedingt wird. In den meisten Fällen spielt dabei die Abführung der Kondensationswärme eine Rolle, wie dies ausführlich in der Theorie der *Filmkondensation* von Nusselt behandelt wird.

Bei den Reaktionen, die zur Bildung der gasförmigen Reaktionsprodukte führen, kann der Stephan-Strom niemals beliebig groß werden und sein Einfluß auf die Geschwindigkeit des Vorganges bleibt verhältnismäßig gering.

Die Methode von Maxwell-Stephan

Eine sehr elegante Methode zur Behandlung der Diffusion in Gasen ist von Maxwell vorgeschlagen und von Stephan [1] mit Erfolg angewandt worden. Wir haben bislang den Gesamtstrom einer Gaskomponente in den molekularen Diffusionsstrom $D \cdot \operatorname{grad} C$ und den Massenstrom $v \cdot C$ eingeteilt. Eine derartige Trennung läßt sich bei der molekular-kinetischen Behandlung nicht in aller Strenge durchführen, da der Diffusionsprozeß unweigerlich auch Massenströmungen verursacht.

In der Maxwell-Stephanschen Methode wird ausschließlich der gesamte Strom q einer Substanz betrachtet, ohne daß er in zwei Teile zerlegt wird.

Bei fehlender Diffusion ist der Massenstrom mit der linearen Geschwindigkeit v gemäß der Beziehung

$$q = v_n \cdot C$$

verknüpft, wobei der Index n die Normalkomponente des Vektors kennzeichnet.

In ähnlicher Weise kann man auch beim Vorhandensein der Diffusion eine mittlere Geschwindigkeit der Moleküle $\bar{u}$ einführen, die analog zu v

durch die Beziehung

$$\overline{u} = q/C \qquad\qquad \text{(III, 17)}$$

definiert wird.

Diese mittlere Geschwindigkeit der Molekülbewegung steht im Mittelpunkt der MAXWELL-STEPHANschen Methode; sie darf nicht mit der mittleren quadratischen Geschwindigkeit $\sqrt{\overline{u^2}}$ verwechselt werden, die gewöhnlich in der kinetischen Gastheorie betrachtet werden. Während die erste Größe ein Vektor ist, ist die zweite Geschwindigkeit ein Skalar. Wenn sich ein Gas im Gleichgewicht befindet und weder eine Diffusion noch eine Massenströmung stattfinden, so ist zwar $\overline{u} = 0$, die mittlere quadratische Geschwindigkeit jedoch besitzt einen endlichen Wert.

Wir haben bereits an einer früheren Stelle den Ausdruck für den vollständigen Strom eines Stoffes

$$q = - D \cdot (\operatorname{grad} C)_n + v_n \cdot C \qquad\qquad \text{(III, 18)}$$

verwendet. Wird diese Beziehung für zwei Komponenten hingeschrieben,

$$q_1 = - D_1 \cdot (\operatorname{grad} C_1)_n + v_n \cdot C_1$$

$$q_2 = - D_2 \cdot (\operatorname{grad} C_2)_n + v_n \cdot C_2$$

so können daraus mit Rücksicht auf (III, 17) die entsprechenden mittleren Geschwindigkeiten der Molekülbewegung errechnet werden:

$$\overline{u}_1 = - \frac{D_1}{C_1} \cdot \operatorname{grad} C_1 + v$$

$$\overline{u}_2 = - \frac{D_2}{C_2} \cdot \operatorname{grad} C_2 + v$$

Durch Subtraktion erhält man

$$\overline{u}_1 - \overline{u}_2 = \frac{D_2}{C_2} \cdot \operatorname{grad} C_2 - \frac{D_1}{C_1} \cdot \operatorname{grad} C_1 \qquad\qquad \text{(III, 19)}$$

Die Differenz der mittleren Molekülgeschwindigkeiten in einem Zweikomponentengemisch hängt somit nicht von den Massenströmungen ab, sondern ist ausschließlich durch den Diffusionszustand des Gemisches bedingt. Da die letzten Gleichungen vektoriellen Charakter besitzen, ist der ursprüngliche Hinweis auf die Normalrichtung zu der Reaktionsoberfläche überflüssig.

Im Falle eines binären Gemisches sind die beiden Diffusionszahlen einander gleich $D_1 = D_2 = D$; ferner besteht in Anbetracht der Konstanz des Gesamtdruckes die Beziehung

$$\operatorname{grad} C_2 = - \operatorname{grad} C_1$$

so daß sich aus (III, 19) endgültig die sogenannte Maxwell-Stephansche Formel

$$\bar{u}_1 - \bar{u}_2 = -\frac{C_1 + C_2}{C_1 \cdot C_2} \cdot D \cdot \operatorname{grad} C_1 \qquad (\text{III, 20})$$

ergibt. Diese Formel bezeichnen wir als *Diffusionsgesetz in Maxwell-
Stephanscher Form*, während die Formel (III, 18) als *Diffusionsgesetz in
Fickscher Form* zu bezeichnen ist.

Die Formel (III, 20) hat Maxwell unmittelbar aus der kinetischen
Gastheorie abgeleitet. Die gewöhnlichen Diffusionsgleichungen können
daraus durch die Umkehrung des eben erläuterten Rechenganges gewonnen werden.

Aus der Formel (III, 20) kann die Formel von Stephan für die Kondensationsgeschwindigkeit eines Dampfes aus einem Gasgemisch unmittelbar abgeleitet werden. Es seien mit Index 1 der kondensierende
Dampf und mit Index 2 das inerte Gas bezeichnet. Da das letztere
während des Vorganges nicht verbraucht wird, ist seine mittlere Mole-
külgeschwindigkeit im stationären Zustand gleich 0:

$$\bar{u}_2 = 0 \qquad (\text{III, 21})$$

Es gilt daher in diesem Spezialfall die Beziehung

$$\bar{u}_1 = -\frac{C_1 + C_2}{C_1 \cdot C_2} \cdot D \cdot \operatorname{grad} C_1 \qquad (\text{III, 22})$$

Nach (III, 17) ist der Gesamtstrom des kondensierenden Dampfes,
d. h. die Kondensationsgeschwindigkeit durch den Ausdruck

$$q_1 = -\frac{C_1 + C_2}{C_2} \cdot D \cdot (\operatorname{grad} C_1)_n \qquad (\text{III, 23})$$

gegeben.

In manchen Anleitungen und Nachschlagwerken (insbesondere in der
amerikanischen Literatur) wird diese Formel als ein verallgemeinerter
Ausdruck für die Diffusionsgeschwindigkeit an Stelle des Fickschen
Gesetzes angeführt. In Wirklichkeit bezieht sich die Formel (III, 23) nur
auf den speziellen Fall der Diffusion in einem binären Gemisch, bei welchem eine der beiden Komponenten weder erzeugt noch verbraucht wird.

Im Falle der Kondensation an einer ebenen Fläche gilt

$$(\operatorname{grad} C_1)_n = dC_1/dy = -dC_2/dy$$

Geht man ferner zu den Partialdrucken über, so erhält man aus
(III, 23) mit Rücksicht auf das Gasgesetz $p_i = R T C_i$ die Beziehung

$$q_1 = \frac{P}{p_2} \cdot \frac{D}{R T} \cdot \frac{dp_2}{dy}$$

deren Integration unter den bereits erläuterten Bedingungen der Grenzschichtmethode zu der Formel von Stephan (III, 16) führt.

Kondensation von Dämpfen aus einem Gasgemisch

In einer Reihe von technischen Anwendungen hat man mit der Kondensation eines Dampfes zu tun, welcher durch eine größere Menge nichtkondensierbaren Gases verdünnt ist. Beispielsweise gehören dazu die Rekuperation der flüchtigen Lösungsmittel mit Hilfe der Kondensation, Kondensation des Abdampfes in Kondensatoren der Dampfmaschinen, Kondensation des Wasserdampfes, die vor der Absorption der Stickstoffoxyde bei Gewinnung der konzentrierten Salpetersäure vorgenommen wird, Kondensation von Ammoniak aus dem Wasserstoff-Stickstoffgemisch, Kondensation der Dämpfe der Schwefelsäure bei Produktion von Oleum usw.

Besonders interessant und am meisten verbreitet ist der Fall, bei dem eine möglichst vollständige Kondensation des Dampfes angestrebt wird, wobei die Dampfkonzentration am Austritt der Apparatur bedeutend geringer sein muß als vor dem Kondensationsbeginn. Die Methoden zur Berechnung derartiger Prozesse sind von uns [3] vorgeschlagen und von AMELIN [4] verbessert worden.

Es besteht ein prinzipieller Unterschied zwischen dem Kondensationsprozeß von *reinen Dämpfen* und der Kondensation der Dämpfe aus einem nichtkondensierendem *Gasgemisch*. Im ersten Falle wird die Geschwindigkeit des Prozesses durch die Abführung der frei gewordenen *Kondensationswärme* bedingt, während im zweiten Fall die Kondensationsgeschwindigkeit von der *Diffusionsintensität* abhängt, mit welcher der zu kondensierende Dampf an die Kondensationsfläche herangeführt wird. Die Prozesse erster Art werden entsprechend ihrem Charakter im wesentlichen durch die Bestimmung der Wärmeabgabe rechnerisch erfaßt. Diese Methode verliert bei den Vorgängen zweiter Art ihren Sinn, wenngleich sie gelegentlich auf derartige Prozesse ohne nötige Kritik übertragen wird. In Wirklichkeit wird die Kondensation aus einem Gasgemisch durch Diffusion des Dampfes zu der Verdampfungsfläche bestimmt, wobei der Vorgang durch das Auftreten des STEPHAN-Stromes modifiziert wird. Der letzte Effekt tritt um so stärker in Erscheinung, je geringer der Anteil des inerten Gases im Gasgemisch ist. Für die Kondensationsgeschwindigkeit gilt in jedem Punkt der Verdampfungsfläche die Formel von STEPHAN (III, 16). Die endgültigen Ergebnisse des Verdampfungsprozesses lassen sich durch die Mittelung über die gesamte Verdampfungsfläche rechnerisch erfassen.

Wir betrachten den Kondensationsvorgang in einem Rohr der Länge L und des Durchmessers d. Es seien P der Gesamtdruck, p_0 und p_1 der Partialdruck des Dampfes am Eintritt bzw. am Austritt des Rohres und p_s der Sättigungsdruck bei der Wandtemperatur, die als konstant vorausgesetzt wird. Die Integration der Formel von STEPHAN über die ganze

Rohrlänge ergibt den Ausdruck

$$\ln \frac{\ln \dfrac{P-p_0}{P-p_s}}{\ln \dfrac{P-p_1}{P-p_s}} = Z \qquad\qquad (\text{III},24)$$

wobei Z von den Dimensionen des Rohres und den Diffusionsbedingungen abhängt. Diese Größe läßt sich am zweckmäßigsten durch die STANTON-Zahl ausdrücken:

$$Z = \frac{4L}{d} \cdot St' \qquad\qquad (\text{III},25)$$

In dem praktisch besonders wichtigen Fall der turbulenten Strömung hängt die STANTON-Zahl nur sehr schwach von den speziellen Eigenschaften des Gasgemisches und den hydrodynamischen Bedingungen ab, so daß im Falle der turbulenten Strömung ein ganz bestimmtes Verhältnis der Rohrlänge zu dem Rohrdurchmesser erforderlich ist, um einen vorgegebenen Grad der Kondensation zu erreichen.

Parallel zu der Kondensation an der Verdampfungsfläche tritt eine *Abkühlung* des Gasgemisches infolge der Wärmeabgabe ein. Wenn diese Abkühlung recht intensiv ist, kann es zum übersättigten Dampf und der damit verbundenen Volumenkondensation kommen. Die letztere ist im allgemeinen unerwünscht, da der dabei entstehende Nebel aus dem Verdampfer durch die Gasströmung hinausgetragen wird. Das Abfangen des Nebels ist dann gewöhnlich mit größeren Schwierigkeiten verbunden als das Niederschlagen des Dampfes. Besonders schädlich ist derartige Nebelbildung bei der Herstellung der konzentrierten Schwefelsäure und des Oleums. Die Unterdrückung dieses Vorganges erfordert eine sachgemäße wärmetechnische Berechnung des Prozesses. Die wichtigste Voraussetzung dabei ist, daß die Abkühlung des Gases im Vergleich zu dem Diffusionsprozeß nicht zu intensiv vor sich geht. Es ergibt sich somit daraus die paradoxale Schlußfolgerung, daß eine zu intensive Abkühlung im Verdampfer die Kondensationsausbeute unter Umständen verschlechtern kann.

Schrifttum

[1] STEPHAN: Ann. Physik Bd. 17 (1882) S. 550; Bd. 41 (1890) S. 725.
[2] DAMKÖHLER: Der Chemie-Ingenieur Bd. III, 1 (1937) S. 448 ff.
[3] FRANK-KAMENECKIJ: Ž. techn. fiz. Bd. 12 (1942) S. 327.
[4] AMELIN: Ž. techn. fiz. Bd. 15 (1945) S. 287.
[5] BUBEN: Sborn. rabot po fiz. chim. (dopoln. tom Ž. fiz. chim. 1946) (1947) S. 148, 154.

Kapitel IV

Nichtisotherme Diffusion

Gleichungen der Diffusion und der Wärmeleitfähigkeit bei gleichzeitigem Auftreten beider Prozesse

Wir haben bisher entweder die reinen Wärmetransportvorgänge in einem chemisch homogenen Mittel oder die Stofftransportvorgänge in isothermen Systemen betrachtet.

Es gibt jedoch eine Vielzahl von chemischen Reaktionen, bei denen der Wärme- und der Stofftransport gleichzeitig auftreten und zu eigentümlichen Erscheinungen — der *Thermodiffusion* und der *Diffusionswärmeübertragung* — führen.

Der Grund für diese Erscheinungen liegt darin, daß der Temperatur- und der Konzentrationsgradient nicht den Wärme- bzw. den Stofftransport einzeln bedingen, sondern die beiden Transportvorgänge gemeinsam beeinflussen.

Dieses hat zur Folge, daß die Gln. (I, 10) und (I, 11) von FOURIER und FICK je einen Zusatzterm mit $\operatorname{grad} C$ bzw. mit $\operatorname{grad} T$ erhalten.

Die Thermodiffusion hat in der letzten Zeit an praktischer Bedeutung gewonnen, da sie die Grundlage der äußerst wirksamen Isotopentrennung nach CLUSIUS bildet.

Gesetze von Enskog und Chapman

Die Gesetze der Thermodiffusion und der Diffusionswärmeleitung in idealen Gasen wurden von ENSKOG und CHAPMAN aus der kinetischen Gastheorie entwickelt. Eine detaillierte Darstellung dieser Theorie findet man im Buch von CHAPMAN und COWLING [1]. Die Ergebnisse dieser Theorie führen zu beiden folgenden Beziehungen: dem Diffusionsgesetz in MAXWELL-STEPHANscher Form

$$\bar{u}_1 - \bar{u}_2 = -\frac{P^2}{p_1 \cdot p_2} \cdot D \cdot \left[\frac{1}{P} \cdot \operatorname{grad} p_1 + \frac{k_T}{T} \operatorname{grad} T \right] \qquad (IV, 1)$$

und der Beziehung für den Wärmestrom[1]

$$q = -\lambda \cdot (\operatorname{grad} T)_n + \bar{J} \cdot v_n + P \cdot k_T (\bar{u}_1 - \bar{u}_2)_n \qquad (IV, 2)$$

Es bedeuten hier: k_T den dimensionslosen Thermodiffusionskoeffizienten, $\bar{J} = c_\varrho T$ die mittlere Enthalpie des Gasgemisches; gelegentlich wird eine anders definierte Thermodiffusionskonstante $D_T = k_T \cdot D$ verwendet.

---

[1] Es handelt sich bei sämtlichen Beziehungen um die sog. „Größengleichungen". Bei der praktischen Auswertung müssen daher alle (mechanische und kalorische) Größen durch ein gemeinsames Maßsystem ausgedrückt sein (Pa.).

Die Formel (IV, 1) gilt, genauso wie der entsprechende Ausdruck für den Diffusionsstrom des vorhergehenden Kapitels, nur für ein binäres Gemisch. Den Formeln (IV, 1) und (IV, 2) entnimmt man, daß die beiden Erscheinungen eng miteinander verbunden sind und ihre Intensität durch die gemeinsame physikalische Konstante k_T bedingt ist. Einen speziellen Koeffizienten für Diffusionswärmeleitung gibt es nicht. Dieser Umstand ist eine Folge eines allgemeinen Naturgesetzes, welches in den sogenannten Umkehrrelationen von Onsager zum Ausdruck kommt.

Der numerische Betrag des Koeffizienten k_T hängt von den individuellen Eigenschaften der Gaskomponenten ab. Die kinetische Gastheorie zeigt, daß diese Größe äußerst empfindlich gegenüber dem detaillierten Mechanismus der Molekülstöße, speziell gegenüber dem Kraftgesetz der abstoßenden Kräfte, ist.

Der Hinweis auf die idealen Gaseigenschaften genügt hierbei noch nicht. Die Größe k_T hängt beim idealen Gas davon ab, wie die Wechselwirkungskräfte zwischen den einzelnen Molekülen beschaffen sind, die erst bei Entfernungen in Aktion treten, die bedeutend geringer sind, als der mittlere molekulare Abstand. Diese geringen Entfernungen werden nur im Augenblick eines Molekularstoßes realisiert.

Werden die Moleküle als Massenpunkte behandelt, deren Abstoßungskraft umgekehrt proportional der n-ten Potenz der Entfernung ist, so ist bei $n = 5$ der Koeffizient der Thermodiffusion $k_T = 0$ und die Thermodiffusion tritt überhaupt nicht in Erscheinung. In seinen klassischen Untersuchungen über die gaskinetische Theorie hat Maxwell diesen mathematisch einfachsten Fall betrachtet und deshalb die Erscheinungen der Thermodiffusion und der Diffusionswärmeleitung nicht erfassen können. Erst in den Jahren 1912 bis 1915 wurden sie von Enskog und Chapman, die die Maxwell-Theorie auf beliebige Werte des Exponenten n erweiterten, theoretisch vorausgesagt.

Bei allen gewöhnlichen Gasen ist $n > 5$. Wird in der Formel (IV, 1) mit dem Index 1 die schwerere Gaskomponente bezeichnet (bei gleichschweren Komponenten wird dieser Index dem Gas mit größeren Molekülen zugeordnet), so ist die Größe k_T positiv. Das bedeutet, daß die schwereren (bzw. die größeren) Moleküle das Bestreben haben, sich in den kälteren Bereichen des Systems anzureichern. Bei $n < 5$ bekommt k_T das umgekehrte Vorzeichen. Dieser Fall ist anscheinend nur bei stark ionisierten Gasen realisiert.

Der zahlenmäßige Betrag von k_T hängt sehr stark von der Zusammensetzung des Gemisches ab. Bei kleinerer Konzentration einer der beiden Komponenten ist k_T proportional der Konzentration dieser Komponente

$$k_T = b \cdot x \qquad \text{(IV, 3)}$$

wobei x die Molkonzentration der Gaskomponente bedeutet. Der

Proportionalitätsfaktor b ist bei keinem Gasgemisch größer als 0,2 bis 0,3.

Mit der Konzentrationserhöhung nimmt zunächst der Koeffizient zu, durchläuft ein Maximum und fällt anschließend bei abnehmendem Gehalt der zweiten Komponente bis auf Null herab.

In Abb. 17, die dem zitierten Buch von CHAPMAN und COWLING entnommen wurde, ist die Abhängigkeit des Koeffizienten k_T von der Zusammensetzung des Wasserstoff-Stickstoffgemisches dargestellt. Die Maximalwerte von k_T, die experimentell beobachtet wurden, überschreiten nicht den Wert von 0,1.

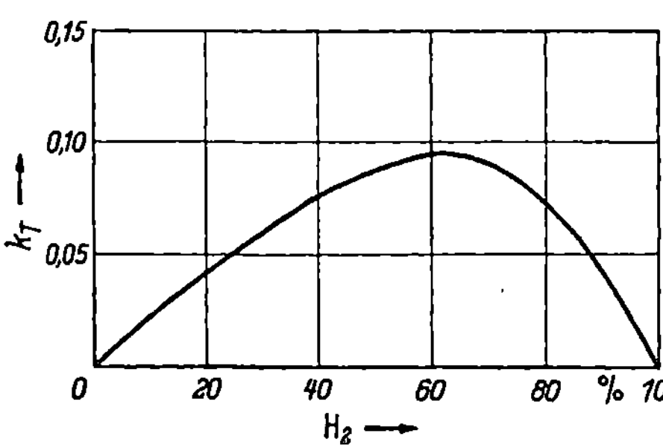

Abb. 17. Abhängigkeit des Thermodiffusions-Koeffizienten k_T von der Zusammensetzung des Stickstoff-Wasserstoffgemisches

Je größer der Unterschied zwischen den Molekulargewichten beider Komponenten ist, desto größer ist der Koeffizient k_T. Deshalb ist die Thermodiffusion in Wasserstoff-Gasgemischen besonders wirkungsvoll. Bei Gasen mit angenähert gleichem Molekulargewicht ist hingegen die Thermodiffusion wesentlich schwächer ausgeprägt.

Das Thermodiffusionsgesetz in der Fickschen Form

Um die Gleichung der Thermodiffusion auf die FICKsche Form zu bringen, müssen wir Umrechnungen vornehmen, die denen des vorhergehenden Abschnittes entgegengesetzt sind (Formeln [III, 19 bis 20]). Während dort das Diffusionsgesetz aus der FICKschen Form in die MAXWELL-STEPHANsche Form übergeführt wurde, wollen wir hier den umgekehrten Weg einschlagen und die vorliegenden Gleichungen der Thermodiffusion aus der MAXWELL-STEPHANschen Form in die für den praktischen Gebrauch bequemere FICKsche Form überführen.

Der gesamte Massenstrom ist gleich der Summe der Teilströme beider Gemischkomponenten

$$v \cdot (C_1 + C_2) = \bar{u}_1 \cdot C_1 + \bar{u}_2 \cdot C_2 \qquad (IV, 4)$$

so daß sich für die Geschwindigkeit des Massenstromes der Ausdruck

$$v = \frac{\bar{u}_1 C_1 + \bar{u}_2 C_2}{C_1 + C_2} \qquad (IV, 5)$$

bzw. nach dem Einführen der Partialdrucke der Ausdruck

$$v = \frac{\bar{u}_1 p_1 + \bar{u}_2 p_2}{P} \qquad (IV, 6)$$

ergibt, wobei $P = p_1 + p_2$ den Gesamtdruck bedeutet. Wird aus (IV, 6) die Größe $\bar{u}_2$ in (IV, 1) eingesetzt, so ergibt sich nach kurzer Umformung die Beziehung

$$\bar{u}_1 = v - \frac{D}{p_1}\left[\operatorname{grad} p_1 + \frac{P}{T} k_T \cdot \operatorname{grad} T\right] \qquad (IV, 7)$$

Wir können nunmehr den Ausdruck für den Gesamtstrom der Komponente 1 aufstellen:

$$q_1 = \bar{u}_{1_n} \cdot C_1 = \bar{u}_{1_n} \cdot \frac{p_1}{R\,T}$$

$$q_1 = -\frac{D}{R\,T} \cdot \left[(\operatorname{grad} p_1)_n + \frac{P}{T} \cdot k_T (\operatorname{grad} T)_n\right] + \frac{v_n p_1}{R\,T} \qquad (IV, 8)$$

Die letzte Beziehung stellt das Thermodiffusionsgesetz in FICKscher Form dar. Von den Partialdrucken kann man wiederum zu den Konzentrationen übergehen. Mit Rücksicht auf $p = R\,T\,C$ und $P = R\,T \cdot \sum C$ folgt aus (IV, 8) die Beziehung

$$q_1 = -D \cdot (\operatorname{grad} C_1)_n - \left(\frac{k_T \cdot \sum C + C_1}{T}\right) \cdot D \cdot (\operatorname{grad} T)_n + v_n C_1 \qquad (IV, 9)$$

Während die Formel von ENSKOG-CHAPMAN nur für ein binäres Gemisch Gültigkeit besitzt, sind die Beziehungen (IV, 8) und (IV, 9) auch für die Mehrkomponentengemische gültig. Die Größen D und k_T sind allerdings dabei für jedes Komponentenpaar verschieden und hängen wesentlich von der Zusammensetzung des Gemisches ab.

Angenäherte Theorie der nichtisothermen Diffusion

Bei Gemischen von Gasen mit angenähert gleichem Molekulargewicht ist der Thermodiffusionskoeffizient k_T sehr gering. Man kann daher in vielen praktischen Fällen (mit Ausnahme der Wasserstoffgemische) den zweiten, k_T enthaltenen Term in der Formel (IV, 8) vernachlässigen. Das Gesetz der nichtisothermen Diffusion lautet dann

$$q_1 = -\frac{D}{R\,T} (\operatorname{grad} p_1)_n + \frac{v_n p}{R\,T} \qquad (IV, 10)$$

Man kann also im Falle $k_T \ll 1$ angenähert die gewöhnliche Diffusionsgleichung benutzen, indem man dort anstatt der Konzentrationen die Partialdrucke und an Stelle D und v entsprechend $D/R\,T$ und $v/R\,T$ setzt. Diese Methode der Berechnung der nichtisothermen Diffusionsvorgänge wird oft angewandt. Man soll aber stets daran denken, daß sie nur dann zulässig ist, wenn k_T wirklich sehr klein ist, d. h. wenn sich die Molekulargewichte beider Komponenten nur wenig voneinander unterscheiden.

Wie man aus der Formel (IV, 9) ersieht, führt die Streichung des Thermodiffusionsgliedes bei größeren Werten von k_T und die Verwendung der Konzentrationen an Stelle der Partialdrucke zu einem Fehler gleicher Größenordnung. Numerisch ist jedoch der Fehler im ersten Fall stets kleiner, da k_T den Betrag von 0,1 nicht übersteigt.

Mit der Beziehung $k_T = b\,x_1 = b \cdot \dfrac{C_1}{\sum C}$ für $C_1 \ll \sum C$ geht die Formel (IV, 9) in

$$q_1 = -D(\operatorname{grad} C_1)_n - \frac{C_1\,(b+1)}{T} \cdot D \cdot (\operatorname{grad} T)_n + v_n\,C_1 \quad (\text{IV, 11})$$

über.

Bei der Berechnung der Diffusion der leichteren Komponente sind k_T und b negativ. Da der absolute Betrag von b den Wert von 0,2 bis 0,3 nicht übersteigt, bedingt die Streichung des zweiten Gliedes in der Klammer der Formel (IV, 9) stets einen größeren Fehler als die Vernachlässigung des Thermodiffusionsgliedes in der Formel (IV, 8). Daraus geht hervor, daß bei der Berechnung der nichtisothermen Diffusion die Verwendung des Gradienten des Partialdruckes zu genaueren Ergebnissen führt als die Verwendung des Konzentrationsgradienten.

Angenäherte Behandlung der Diffusionswärmeleitung

Bei den kleinen Werten von k_T kann in erster Näherung zur Berechnung des Wärmestromes die übliche Gleichung von FOURIER benutzt werden, da der zusätzliche, in der Formel (IV, 2) enthaltene Term dem Koeffizienten k_T proportional ist.

Eine bessere Näherung erhält man, wenn (IV, 1) in (IV, 2) eingesetzt wird und das Glied mit k_T^2 vernachlässigt wird. Der Wärmestrom lautet in diesem Fall:

$$q = -\lambda(\operatorname{grad} T)_n + c\,\varrho\,T\,v_n - D \cdot k_T \cdot \frac{P^2}{p_1\,p_2}(\operatorname{grad} p_1)_n \quad (\text{IV, 12})$$

Diese Gleichung gilt nur für ein binäres Gemisch. Falls in einem Mehrkomponentengemisch nur ein einziges Gas am Diffusionsvorgang teilnimmt, kann man die übrigen Komponenten als ein einheitliches inertes Gas auffassen und dabei unter p_1 und p_2 die Partialdrucke der diffundierenden Komponente und des restlichen Gasgemisches verstehen.

Findet in einem Mehrkomponentengemisch ein gleichzeitiges Diffundieren von mehreren Gasen statt, so werden die Gesetzmäßigkeiten der Thermodiffusion und der Diffusionswärmeleitung komplizierter. Die Gleichungen vom Typ (IV, 1) und (IV, 2) sind vor einiger Zeit von HELLUND [2] entwickelt worden. Die praktische Verwendung dieser Beziehungen ist jedoch schwierig.

Differentialgleichungen der Wärmeleitung und der Diffusion bei gleichzeitigem Verlauf beider Vorgänge

Bei der Anwendung der üblichen Methode zur Herleitung der oben genannten Differentialgleichungen erhält man — sofern die Gesetze von FOURIER und FICK durch die Formeln (IV, 12) und (IV, 8) ersetzt werden — für die Wärmeleitung und Diffusion im ruhenden Mittel die Gleichungen

$$c\varrho\,\frac{\partial T}{\partial t} = \operatorname{div}\left[\lambda\operatorname{grad}T + D\cdot k_T\cdot\frac{P^2}{p_1\cdot p_2}\cdot\operatorname{grad}p_1\right] \qquad (IV, 13)$$

$$\frac{\partial C_1}{\partial t} = \operatorname{div}\left[\frac{D}{RT}\operatorname{grad}p_1 + D\cdot k_T\cdot\frac{P}{RT^2}\cdot\operatorname{grad}T\right] \qquad (IV, 14)$$

In Verbindung mit (IV, 9) kann die letzte der beiden Gleichungen auch durch Konzentrationen ausgedrückt werden

$$\frac{\partial C_1}{\partial t} = \operatorname{div}\left[D\cdot\operatorname{grad}C_1 + \frac{D}{T}(k_T\sum C + C_1)\operatorname{grad}T\right] \qquad (IV, 15)$$

Sind die Temperatur- und Konzentrationsunterschiede im System gering, so kann man die Abhängigkeit der physikalischen Konstanten von diesen beiden Faktoren vernachlässigen und sie bei weiterer Behandlung als konstant voraussetzen. Bei dieser Näherung bedeutet die Annahme, daß auch D/T sowie D/T^2 ebenfalls temperaturunabhängig seien, einen noch geringeren Fehler. In der Tat ist die Diffusionszahl in Gasen proportional der 1,5. bis 2. Potenz der absoluten Temperatur, so daß der Temperatureinfluß auf die beiden Größen geringer ist als im Falle des Diffusionskoeffizienten.

Demnach lassen sich die aufgestellten Gleichungen auf die Form

$$\partial T/\partial t = a\cdot\Delta T + \frac{D\cdot k_T\cdot P^2}{c\varrho}\cdot\operatorname{div}\left(\frac{\operatorname{grad}p_1}{p_1\cdot p_2}\right) \qquad (IV, 16)$$

$$\partial C_1/\partial t = \frac{D}{RT}\cdot\Delta p_1 + \frac{D\cdot k_T\cdot P}{RT^2}\cdot\Delta T \qquad (IV, 17)$$

bringen. Bei geringer Konzentration des diffundierenden Stoffes ($p_1 \ll P$) kann man annähernd den Partialdruck des inerten Gases als eine konstante Größe behandeln ($p_2 \simeq P$). In diesem Fall lassen sich die beiden Gleichungen in symmetrischer Form darstellen. Wir setzen die Größe D/T entsprechend unserer Abschätzung als konstant voraus und erhalten mit Rücksicht auf die Identität

$$\operatorname{grad}\ln x = \frac{\operatorname{grad}x}{x}$$

endgültig die Gleichungen

$$\partial T/\partial t = a\cdot\Delta T + \frac{D\cdot k_T\cdot P}{c\varrho}\cdot\Delta\ln p_1 \qquad (IV, 18)$$

$$\partial C_1/\partial t = \frac{D}{RT}\cdot\Delta p_1 + \frac{D}{RT}\cdot P\cdot k_T\cdot\left[\Delta\ln T - \frac{1}{T}(\operatorname{grad}T)^2\right] \qquad (IV, 19)$$

Sie sind bei eventuell vorhandener Konvektion mit den üblichen Termen $v \cdot \operatorname{grad} T$ und $v \cdot \operatorname{grad} C_1$ bzw. $\dfrac{v}{RT} \cdot \operatorname{grad} p_1$ zu versehen. Bei den großen Temperatur-Konzentrationsunterschieden erfordert eine genaue Berechnung der Vorgänge die Berücksichtigung der Abhängigkeit der physikalischen Konstanten von den lokal herrschenden Temperatur- und Konzentrationsverhältnissen. Dieses ist jedoch mit einem sehr großen Rechenaufwand verbunden.

Schrifttum

[1] CHAPMAN, COWLING: Mathematical theory of non-uniform gases, Cambridge 1940.
[2] HELLUND: Physic. Rev. Bd. 57 (1940) S. 319, 328.

Kapitel V

Chemische Hydrodynamik

Wenn der Stofftransport unmittelbar mit der turbulenten Strömung einer Flüssigkeit oder eines Gases verknüpft ist, kann das Studium der makroskopischen Kinetik im Diffusionsgebiet zur Untersuchung der hydrodynamischen Verhältnisse der turbulenten Strömung herangezogen werden. Diesen Abschnitt der makroskopischen Kinetik bezeichnen wir als *chemische Hydrodynamik.*

Die Entwicklung in dieser Richtung steht noch in ihren Anfängen, und wir werden uns im wesentlichen auf die Erläuterung des Untersuchungsprogramms und einiger vorläufiger Meßergebnisse über die Kinetik des Lösevorganges beschränken müssen.

Es zeichnen sich zur Zeit zwei folgende Grundprobleme der chemischen Hydrodynamik ab:

1. Untersuchung der Geschwindigkeitsverteilung an einer festen Oberfläche in der sogenannten laminaren Grenzschicht mit Hilfe der Diffusionskinetik der chemischen Prozesse an der Oberfläche der ruhenden Festkörper.

2. Untersuchung der lokalen Turbulenzstruktur an der Oberfläche dispergierter Teilchen mit Hilfe der chemischen Kinetik.

Von großem Interesse wäre auch das Studium der Transportvorgänge an der freien Grenzfläche zwischen zwei beweglichen Phasen, wo die Verteilung der Geschwindigkeiten eine andere sein kann als an einer festen Oberfläche. Zu diesem Zweck wäre eine eingehende Untersuchung der Diffusionskinetik beim Auflösen der Gase und Flüssigkeiten unter bestimmten hydrodynamischen Bedingungen erforderlich. Das zur Zeit vorliegende experimentelle Material reicht jedoch für diese Fragestellung bei weitem noch nicht aus.

Konvektive Diffusion in Flüssigkeiten und Geschwindigkeitsverteilung an einer festen Wand

Beim Ablauf eines chemischen Prozesses im Diffusionsgebiet wird seine Geschwindigkeit durch die Transportprozesse zu der Oberfläche, an der die Reaktion stattfindet, bestimmt. Wenn dieser chemische Vorgang unter mehr oder weniger definierten hydrodynamischen Bedingungen vor sich geht, kann er auch als ein Mittel zur Erforschung der hydrodynamischen Verhältnisse herangezogen werden.

Bis vor kurzer Zeit rührten unsere sämtlichen Kenntnisse über die konvektive Stoffübertragung vom Studium der *Wärmeübertragungsvorgänge* her. Auf diesem Gebiet ist inzwischen ein umfangreiches experimentelles Material angesammelt worden, welches in der Hydrodynamik und in der Turbulenztheorie breite Anwendung findet. Wir haben uns die Aufgabe gestellt, dasselbe Ziel durch das Studium der Diffusionskinetik, speziell des einfachsten Falles — des Lösevorganges — zu erreichen. Das Studium der konvektiven Diffusion in *Gasen* vermag uns dabei im Vergleich zu den Untersuchungen der Wärmeübertragung nur wenig Neues zu vermitteln, da es sich um vergleichbare Werte der PRANDTL- und der SCHMIDT-Zahl handelt, die von der Größenordnung Eins sind. Demgegenüber kann man beim Studium der Diffusion in *Flüssigkeiten* infolge sehr geringer Werte der Diffusionszahl mit Leichtigkeit Werte der SCHMIDT-Zahl der Größenordnung einiger tausend und mehr erreichen. So beispielsweise hat die Diffusionszahl in den wäßrigen Lösungen die Größenordnung von 10^{-5} cm²/sec, was bei der kinematischen Viskosität von 10^{-2} cm/sec² bereits bei den verdünnten Lösungen die SCHMIDT-Zahl der Größenordnung 10^3 bedingt.

Beim Übergang zu höheren Konzentrationen wird die kinematische Viskosität wesentlich erhöht. Gleichzeitig vermindert sich die Diffusionszahl, die der Viskosität annähernd umgekehrt proportional ist, so daß die SCHMIDT-Zahl etwa mit der 2. Potenz der Lösungsviskosität ansteigt. Durch Zusatz von Chlorkalzium zu einer Eisenchloridlösung gelang es uns [1], die SCHMIDT-Zahl bis etwa $4 \cdot 10^4$ zu steigern.

Die Stoffübertragungsprozesse in den Flüssigkeiten, insbesondere in wäßrigen Lösungen sind als Grenzfall der konvektiven Diffusion für sehr hohe Werte der *Sc*-Zahl nicht nur vom Standpunkt der chemischen Technologie, sondern auch von dem der Hydrodynamik von großem Interesse. Die Auswertung der Versuchsdaten über die Kinetik des Lösevorganges bietet den bequemsten Weg dazu.

Ähnlich hohe Werte der *Pr*-Zahl lassen sich bei den Wärmeübertragungsversuchen nicht erzielen. Die höchsten bei zähen Ölen erreichten Werte überstiegen nicht einige hundert. Die Genauigkeit der Meßergebnisse war dabei sehr gering, da die Viskosität der Substanz in hohem Maße temperaturabhängig ist. Da die Wärmeübergangsversuche notwendigerweise an die *nichtisothermen* Verhältnisse gebunden sind, treten an verschiedenen Stellen des fließenden Mittels unterschiedliche Viskositätswerte und somit auch unterschiedliche Werte der PRANDTL-Zahl auf, was eine Deutung der Ergebnisse äußerst erschwert. Dabei beobachtet man unter anderem, daß die Wärmeübergangszahlen bei der Erwärmung und der Abkühlung des Öles voneinander abweichen und sieht sich genötigt, Extrapolationen auf unendlich kleine Temperaturdifferenzen [3] vorzunehmen oder ad hoc ersonnene und unzureichende Umrechnungsmethoden [2] anzuwenden.

Die Untersuchung der konvektiven Diffusion und insbesondere der Kinetik des Lösevorganges ist frei von diesen prinzipiellen Schwierigkeiten. Diese Methode ist die geeignetste für das Studium der Stoffübertragung bei großen Werten der SCHMIDT-Zahl unter streng *isothermen* Bedingungen. Je größer die *Sc*-Zahl ist, bei der die Konvektion untersucht wird, desto weiter dringen wir in die Erkenntnis der Struktur der Grenzschicht in unmittelbarer Nähe der festen Oberfläche ein[1].

Diffusionsschicht

In hinreichender Entfernung von der Oberfläche sorgt die Massenströmung für einen intensiven Stofftransport, so daß sich dort die Konzentrationen völlig ausgleichen können. Der Diffusionswiderstand ist praktisch in unmittelbarer Nähe von der Oberfläche konzentriert, wo die konvektive Stoffübertragung hinter der molekularen Diffusion zurücktritt. Diese Zone wird manchmal als *Diffusionsgrenzschicht* oder schlechthin als *Diffusionsschicht* bezeichnet. Ihre Dicke kann der Dicke der im Kap. 1 betrachteten Diffusionsschicht gleichgesetzt werden.

Je höher die SCHMIDT-Zahl ist, desto schwächer ist der Molekulartransport und um so stärker muß die Turbulenz in der Flüssigkeit unterdrückt sein, damit sie im Vergleich zu der Diffusion vernachlässigbar

---

[1] Die in der deutschen Fachliteratur übliche Benennung der Kenngröße ν/D als SCHMIDT-Zahl und die begriffliche Trennung beider korrespondierenden Größen *Pr* und *Sc* birgt in sich Gefahr, daß dabei das Gemeinsame der Wärme- und der Stofftransportvorgänge zu kurz kommt. Das russische Original kennt diese Schwierigkeit nicht, da dort die Zeichen *Nu* und *Pr* mit Absicht für beide Transportvorgänge ohne äußerlichen Unterschied angewandt werden. Die vorangegangenen Ausführungen des Verfassers sind dahingehend zu verstehen, daß die Beziehung $Nu = f(Re; Pr)$ nur bei kleinen *Pr*-Zahlen durch Wärmeübergangsmessungen zu erfassen ist und daß für große *Pr*-Werte die Stoffübergangsvorgänge heranzuziehen sind (Pa.).

wird. Das bedeutet, daß die Dicke der Diffusionsschicht mit steigender Sc-Zahl abnimmt.

Bei sehr hohen Werten der Sc-Zahl ist die Molekulardiffusion dermaßen schwach ausgeprägt, daß selbst die geringste Turbulenz bzw. die etwa vorhandene Normalkomponente der Geschwindigkeit einen bedeutend stärkeren Stoffaustausch hervorruft. In diesem Fall kann sich die Diffusionsschicht höchstens über eine Zone erstrecken, in der jeder konvektive, insbesondere jeder turbulente Stofftransport fehlt. Daraus ergibt sich eine Möglichkeit, aus dem Einfluß der Sc-Zahl auf den Stoffübertragungsprozeß, auf das Feld des turbulenten Austauschkoeffizienten A in unmittelbarer Wandnähe zu schließen.

Der in der Einleitung erläuterte Begriff der Diffusionsschicht ist ein rein konventioneller Begriff. Die Diffusionsschicht unterscheidet sich physikalisch nicht von der übrigen Strömung. In einer Flüssigkeit mit mehreren gelösten Stoffen entspricht jedem dieser Stoffe eine unterschiedliche Dicke dieser Schicht; die kleineren Diffusionszahlen, d. h. die größeren Sc-Zahlen bedingen dünnere Diffusionsschichten. Für die Behandlung der uns interessierenden Fragen ist es auch nicht unbedingt erforderlich von dem Begriff der Diffusionsschicht Gebrauch zu machen, da man gemäß (I, 28) die NUSSELT- bzw. die von STANTON-Kennzahl verwenden kann.

Laminare Unterschicht

Demgegenüber ist der Begriff der laminaren Unterschicht mit einer bestimmten Vorstellung über die *physikalische* Struktur der Strömung verbunden. Es bestehen zwei verschiedene Hypothesen über die Abhängigkeit des turbulenten Austausches in der Wandnähe:

1. Es wird angenommen, daß der turbulente Austausch lediglich unmittelbar an der Wand auf Null sinkt und bei noch so geringer Entfernung von der Wand bereits einen endlichen Wert besitzt.

2. Die zweite Vorstellung geht davon aus, daß der turbulente Austausch in einer gewissen Entfernung von der Wand auf Null herabsinkt und in der dazwischen befindlichen Schicht — eben der laminaren Unterschicht — gänzlich fehlt.

Die Entscheidung darüber, welche der beiden Hypothesen dem Sachverhalt entspricht, kann nur an Hand der Versuchsdaten über Konvektionsprozesse bei sehr großen Sc-Zahlen herbeigeführt werden. Wenn eine endliche laminare Unterschicht nicht existiert, so muß die Dicke der Diffusionsschicht mit zunehmender Sc-Zahl ständig abnehmen und ebenfalls gegen Null konvergieren.

Wenn dagegen eine endliche laminare Unterschicht existiert, so kann die Diffusionsschicht mit zunehmender Sc-Zahl höchstens die Dicke dieser laminaren Unterschicht erreichen und wird sie nicht unterschreiten.

Im Grenzfall würden somit die beiden Schichten übereinstimmen. Die Dicke der Diffusionsschicht würde in diesem Fall unabhängig von der *Sc*-Zahl bleiben und ausschließlich durch den hydrodynamischen Charakter der Strömung bedingt sein. Der konventionelle Begriff der Diffusionsschicht erlangt nur in diesem Grenzfall eine unmittelbare physikalische Realität.

Wie wir sehen, hängt das Studium der konvektiven Diffusion in Flüssigkeiten mit dem hochinteressanten physikalischen Problem des Verhaltens des turbulenten Austausches in unmittelbarer Wandnähe zusammen.

Dimensionsanalytische Betrachtung

Wir betrachten nach KÁRMÁN [4] die Verteilung der Geschwindigkeiten in Wandnähe vom Standpunkt der *Ähnlichkeitstheorie* aus. Die sich in Wandnähe abspielenden Vorgänge können nur von den charakteristischen Größen abhängig sein, die sich auf die dort herschenden Verhältnisse beziehen; die die Strömung als Ganzes charakterisierenden Kenngrößen können darauf keinen Einfluß haben. Als solche charakteristischen Einflußgrößen kommen die kinematische Zähigkeit v, die Dichte ϱ und die Schubspannung τ_0 an der Wand in Betracht, aus denen sich nur eine Größe der Dimension der Länge

$$\delta' = v \sqrt{\frac{\tau_0}{\varrho}} \qquad (V, 1)$$

aufbauen läßt und die man als Dicke der Grenzschicht bezeichnet.

In großer Entfernung von der Wand nimmt die Schwankungsgeschwindigkeit u einen konstanten Grenzwert u_0 an. Nach PRANDTL gilt für sie die Beziehung

$$u = l \cdot \frac{\partial v}{\partial y}$$

worin y die Entfernung von der Wand, l den Mischungsweg und v die mittlere Geschwindigkeit bedeuten. Die Rolle der kinematischen Viskosität in turbulenter Strömung übernimmt der Koeffizient des turbulenten Austausches

$$A = l \cdot u$$

An Stelle der dynamischen Viskosität tritt die Größe

$$\varrho \cdot A = \varrho \cdot l \cdot u$$

in Erscheinung. Für die Schubspannung gilt somit der Ausdruck

$$\tau = \varrho \cdot A \cdot \frac{\partial v}{\partial y} = \varrho\, u\, l \cdot \frac{\partial v}{\partial y}$$

oder

$$\tau = \varrho \cdot u^2 \qquad (V, 2)$$

Wird die Wandkrümmung vernachlässigt, so ist die Schubspannung unabhängig von der Entfernung y zur Wand und man kann daher neben (V, 2) den Ausdruck

$$\tau_0 = \varrho \cdot u_0^2 \qquad (V, 3)$$

schreiben. Daraus ergibt sich als natürliches Geschwindigkeitsmaß der turbulenten Strömung:

$$u_0 = \sqrt{\frac{\tau_0}{\varrho}}$$

Man drückt gewöhnlich die Schubspannung durch die Geschwindigkeit V der Grundströmung und den Widerstandskoeffizienten f aus, wie dies in der Formel (I, 30) geschehen ist. Für die Schwankungsgeschwindigkeit und die Dicke der Grenzschicht erhält man daher die Beziehungen

$$u_0 = V \cdot \sqrt{f/2} \qquad (V, 4)$$

und

$$\delta' = \frac{\nu}{u_0} = \frac{\nu}{V \cdot \sqrt{f/2}} \qquad (V, 5)$$

wobei die letzte Größe ein natürliches Längenmaß für die Verteilung der Geschwindigkeiten in der Wandnähe darstellt.

Insbesondere muß die laminare Unterschicht, sofern sie existiert, diesem Längenmaß proportional sein. Wir werden uns im weiteren bei der Beschreibung der Vorgänge in der Wandnähe der dimensionslosen Veränderlichen $v^* = v/u_0$ und $y^* = y/\delta'$ bedienen.

Im Grenzfall der reinen Turbulenz, wo der Widerstandskoeffizient als eine Konstante angesehen werden kann, muß die Dicke der laminaren Unterschicht bei gegebener Strömungsgeschwindigkeit proportional der kinematischen Viskosität ν sein. Sofern die laminare Unterschicht existiert, strebt die Stoffübergangszahl β im Grenzfall sehr hoher Sc-Zahl zu dem Wert

$$\beta_\infty = D/\delta^*$$

wobei δ^* die Dicke der laminaren Unterschicht bedeutet.

Das Verhältnis

$$L = \delta^*/\delta' \qquad (V, 6)$$

kann als ein dimensionsloses Maß der laminaren Unterschicht angesehen werden, wobei der Größe L die Bedeutung einer universellen Konstante zukommt. Für die Grenzwerte der Stoffübergangszahl und der STANTON-Kennzahl bei sehr hohen Werten der Sc-Zahl erhält man die Beziehungen

$$\beta_\infty = \frac{D \cdot u_0}{L \cdot \nu} = \frac{V}{Sc} \cdot \sqrt{f/2}/L \qquad (V, 7)$$

$$St' = \frac{D \cdot \sqrt{f/2}}{L \cdot \nu} = \frac{1}{Sc} \cdot \sqrt{f/2}/L \qquad (V, 7a)$$

Im Grenzgebiet der reinen Turbulenz ist der Widerstandskoeffizient mithin aber auch das Produkt $St' \cdot Sc$ konstant. Die Diffusionszahlen der gelösten Stoffe sind in erster Näherung umgekehrt proportional der kinematischen Viskosität der Flüssigkeit. Infolgedessen ist die STANTON-Zahl in dem betrachteten Grenzfall umgekehrt proportional der zweiten Potenz der kinematischen Viskosität. Dasselbe gilt auch für die Stoffübergangszahl β, sofern die Strömungsgeschwindigkeit V unverändert bleibt.

Allgemeine Formeln

Der Transport der Wärme, des Stoffes und des Impulses kann sowohl auf dem Wege des molekularen als auch des turbulenten Austausches vor sich gehen. Die Intensität des Molekularaustausches ist durch die Wärmeleitzahl, die Diffusionszahl und die kinematische Viskosität charakterisiert. Die Intensität des durch die Turbulenz bedingten Transportes aller drei oben genannten Größen wird dagegen durch ein und denselben Koeffizienten des turbulenten Austausches A (I, 15) bedingt. Wir haben es somit bei der Turbulenz mit einer *vollkommenen Ähnlichkeit* zwischen der Übertragung der Wärme, der Materie und des Impulses zu tun. Die Störung dieser Ähnlichkeit tritt erst in Erscheinung, wenn die entsprechenden Molekular-Transportphänomene an Bedeutung gewinnen.

Wir gehen von den Gleichungen für den Diffusionsstrom, den Wärmestrom und die Schubspannung aus, in denen die molekular und turbulent bedingten Anteile als getrennte Terme erscheinen:

$$q_c = (D + A) \cdot \frac{\partial C}{\partial y} \tag{V, 8}$$

$$q_T = c \varrho \, (a + A) \cdot \frac{\partial T}{\partial y} \tag{V, 9}$$

$$\tau = \varrho \, (\nu + A) \cdot \frac{\partial v}{\partial y} \tag{V, 10}$$

Diese Beziehungen ergeben sich unmittelbar aus den entsprechenden Gleichungen des Molekulartransportes, wenn man berücksichtigt, daß in allen drei Fällen der turbulente Transport durch den Austauschkoeffizienten A bedingt ist und daß zwischen den physikalischen Konstanten die Relationen

$$\lambda = c \varrho \, a$$

$$\mu = \varrho \, \nu$$

bestehen. Die Integration der aufgestellten Gleichungen führt zu:

$$\Delta C = \int_0^y \frac{q_c \, dy}{D + A} \tag{V, 11}$$

$$\Delta T = \frac{1}{c \varrho} \int_0^y \frac{q_T \cdot dy}{a + A} \tag{V, 12}$$

$$V = \frac{1}{\varrho} \int_0^y \frac{\tau \, dy}{\nu + A} \tag{V, 13}$$

Zur tatsächlichen Berechnung der Integrale bedarf es der Kenntnis der Abhängigkeit des turbulenten Austausches A von der Wandentfernung y. Diese Funktion ist für kleine Werte von y zur Zeit noch nicht bekannt und man ist auf irgendwelche Annahmen angewiesen. Für irgendeine vorausgesetzte Funktion lassen sich dann die Ausdrücke numerisch auswerten und man erhält einen Zusammenhang zwischen dem Wärme- bzw. Diffusionsstrom und der Temperatur- bzw. Konzentrationsdifferenz, die das Gesetz der erzwungenen Konvektion für beliebige Werte der Pr- bzw. Sc-Zahl liefern. Aus dem Vergleich dieser Beziehungen mit dem experimentell ermittelten Zusammenhang kann die physikalische Stichhaltigkeit der angenommenen Funktion $A(y)$ geprüft werden.

In größerer Entfernung von der Wand beeinflußt die y-Koordinate die Integralausdrücke (V, 11—13) nicht nur vermittels der Funktion $A(y)$, sondern auch vermöge der geometrischen Strömungsverhältnisse. Die Ströme q und die Schubspannung τ lassen sich daher in der Form

$$q_c = q_{0_c} \cdot f(y) \tag{V, 14}$$

$$q_T = q_{0_T} \cdot f(y) \tag{V, 14a}$$

$$\tau = \tau_0 \cdot f(y) \tag{V, 14b}$$

darstellen, wobei sich der $_0$-Index auf die Verhältnisse in unmittelbarer Wandnähe bezieht. Die Funktion $f(y)$ ist ausschließlich durch geometrische Strömungsverhältnisse bedingt und gilt für alle drei Gleichungen (V, 14—14b). Bei der Rohrströmung sind beispielsweise der gesamte Wärmestrom, der durch irgendeine Zylinderfläche mit dem Radius $R - y$ (R-Halbmesser des Rohres) hindurchtritt, sowie der gesamte Reibungswiderstand an dieser Zylinderfläche unabhängig von y; die f-Funktion lautet daher für die Rohrströmung

$$f(y) = \frac{R}{R - y} \tag{V, 15}$$

Unabhängig von der Geometrie der Strömung gilt für die f-Funktion die Grenzbedingung

$$\lim_{y \to 0} f(y) = 1 \tag{V, 16}$$

Im Falle einer ebenen Wand artet diese Funktion zu 1 aus.

Mit (V, 14—14b) gehen die Beziehungen (V, 11—13) in

$$1/\beta = \int_0^{y_0} \frac{f(y) \, dy}{D + A} \tag{V, 17}$$

$$\frac{c\,\varrho}{a} = \int_0^{y_0} \frac{f(y)\,dy}{a + A} \qquad (V, 18)$$

$$\frac{1}{f \cdot V/2} = \int_0^{y_0} \frac{f(y)\,dy}{v + A} \qquad (V, 19)$$

mit der Stoffübergangszahl $\beta = q_{0_c}/\varDelta C$, der Wärmeübergangszahl $\alpha = q_{0_T}/\varDelta T$ und dem Widerstandskoeffizienten $f = \tau_0 \big/ \dfrac{\varrho\,V^2}{2}$.

Die obere Integrationsgrenze $y = y_0$ ist dabei so weit von der Oberfläche entfernt zu nehmen, daß dort bereits die mittleren Werte von $\varDelta C$, $\varDelta T$ und V oder, allgemeiner gesagt, die charakteristischen Werte dieser Größen herrschen, die zur Bildung der Kennzahlen verwendet werden. Wird mit Hilfe des charakteristischen Längenmaßes d die Substitution der unabhängigen Veränderlichen

$$\xi = y/d$$

vorgenommen, so nehmen die Gln. (V, 17—19) die endgültige Gestalt an:

$$1/Nu' = \int_0^{\xi_0} \frac{f^*(\xi) \cdot d\xi}{1 + Sc \cdot \dfrac{A}{v}} \qquad (V, 20)$$

$$1/Nu = \int_0^{\xi_0} \frac{f^*(\xi) \cdot d\xi}{1 + Pr \cdot \dfrac{A}{v}} \qquad (V, 21)$$

$$1\,\frac{f}{2} = Re \int_0^{\xi_0} \frac{f^*(\xi) \cdot d\xi}{1 + \dfrac{A}{v}} \qquad (V, 22)$$

mit $f^*(\xi) = f(d \cdot \xi) = f(y)$.

Für die Dicke der Diffusionsschicht erhält man dabei nach (I, 28a) den Ausdruck

$$\delta = \frac{d}{Nu'} = \frac{D}{\beta} = \int_0^{y_0} \frac{f(y)\,dy}{1 + Sc \cdot \dfrac{A}{v}} \qquad (V, 23)$$

Wir wollen nunmehr einige Fälle diskutieren, die sich für gewisse spezielle Funktionen $A(y)$ ergeben.

Fehlen der laminaren Unterschicht

Wir nehmen hier an, daß der turbulente Austausch proportional der n-ten Potenz der Entfernung y von der Wand ist. Wie die durchgeführten

Dimensionsbetrachtungen zeigten, stellt die Größe δ' (V, 5) ein natürliches charakteristisches Längenmaß für die Vorgänge dar, die sich in der Wandnähe abspielen. Wir setzen daher die Potenzbeziehung in der allgemeinsten Form

$$A = \varkappa \cdot v \cdot \left(\frac{y}{\delta'} \right)^n \qquad (V, 24)$$

mit einer Konstante $\varkappa$ an. Mit diesem Ansatz ergibt sich aus (V, 23) der Ausdruck

$$\delta = \int\limits_0^{y_0} \frac{f(y) \cdot dy}{1 + Sc \cdot \varkappa \cdot \left(\frac{y}{\delta'} \right)^n} \qquad (V, 25)$$

welcher durch die Substitution

$$x^n = \varkappa \cdot Sc \cdot (y/\delta')^n \qquad (V, 26)$$

in die Beziehung

$$\frac{\delta}{\delta'} = \frac{1}{(\varkappa \cdot Sc)^{1/n}} \cdot \int\limits_0^{x_0} \frac{f_1(x) \cdot dx}{1 + x^n} \qquad (V, 27)$$

übergeführt wird, wobei $f_1(x)$ eine neue, wiederum nur von den geometrischen Bedingungen der Gesamtströmung abhängige Funktion ist. In Anbetracht der Ungleichung $\delta' \ll y_0$ ist der Betrag der oberen Integrationsgrenze in (V, 27) sehr groß, so daß man dafür das uneigentliche Integral

$$\frac{\delta}{\delta'} \simeq \frac{1}{(\varkappa \cdot Sc)^{1/n}} \cdot \int\limits_0^{\infty} \frac{f_1(x) \cdot dx}{1 + x^n} \qquad (V, 28)$$

schreiben kann. Da das bestimmte Integral und die Größe $\varkappa$ universelle Konstanten darstellen, entnimmt man der letzten Beziehung, daß folgende Proportionalität besteht:

$$\frac{\delta}{\delta'} \sim (1/Sc)^{\frac{1}{n}} \qquad (V, 29)$$

Wird die Größe δ' *nicht* als unendlich klein vorausgesetzt, so erhält man aus (V, 5) für die obere Integrationsgrenze den Ausdruck

$$x_0 = (\varkappa \cdot Sc)^{\frac{1}{n}} \cdot \frac{y_0}{v} \cdot V \cdot \left(\frac{f}{2} \right)^{\frac{1}{2}} \qquad (V, 30)$$

oder mit Rücksicht auf die Substitution $\xi = y/d$

$$x_0 = \varkappa^{\frac{1}{n}} \cdot \xi_0 \cdot Sc^{\frac{1}{n}} \cdot \left(\frac{f}{2} \right)^{\frac{1}{2}} \cdot \frac{V d}{v}$$

Werden die beiden Größen $\varkappa^{\frac{1}{n}}$ und ξ_0 zu einer Konstanten

$$b = \xi_0 \cdot \varkappa^{\frac{1}{n}}$$

zusammengezogen, so folgt für die obere Integrationsgrenze mit Rücksicht darauf, daß Vd/ν die REYNOLDS-Zahl ist, endgültig der Ausdruck

$$x_0 = b \cdot Sc^{\frac{1}{n}} \cdot \left(\frac{f}{2}\right)^{\frac{1}{2}} \cdot Re \tag{V, 31}$$

der in die Beziehung (V, 27) einzusetzen ist.

Theorie von Landau und Lewitsch

Die theoretische Behandlung der Konvektion unter der Annahme, daß der Koeffizient des turbulenten Austausches nur unmittelbar an der Wand verschwindet und eine endliche laminare Unterschicht nicht vorhanden ist, wurde von LANDAU [5] und LEWITSCH [6] durchgeführt.

LANDAU hält selbst die Bezeichnung „laminare Unterschicht" für unglücklich, da er es für prinzipiell unmöglich erachtet, daß es eine Zone geben kann, in der die Turbulenz völlig fehlt. Das an die Wand unmittelbar angrenzende Strömungsgebiet nennt er *zähe Unterschicht*. Nach LANDAU ist auch hier die Bewegung turbulent. Jedoch ist die mittlere Geschwindigkeit nach demselben Gesetz verteilt, nach welchem die Geschwindigkeit beim laminaren Fließen unter den sonst gleichbleibenden Bedingungen verteilt sein würde. Dieses Gesetz lautet

$$v_x = \frac{\tau_0}{\mu} \cdot y = \frac{u_0}{\delta'} \cdot y \tag{V, 32}$$

wobei v_x die mittlere Geschwindigkeit, μ die Viskosität, τ_0 die Schubspannung an der Wand und y die Entfernung von der Wand bedeuten. Die Größen u_0 und δ' sind durch die Formeln (V, 4) und (V, 5) definiert.

Ferner hat die Längskomponente u_x der Schwankungsgeschwindigkeit nach LANDAU dieselbe Größenordnung wie die mittlere Geschwindigkeit und ist ebenfalls der Entfernung von der Wand proportional:

$$u_x \simeq \frac{\tau_0}{\mu} \cdot y + \cdots \tag{V, 33}$$

wobei auf der rechten Seite nur das erste Glied der Reihenzerlegung nach Potenzen von y angeschrieben und die höheren Glieder für kleine y-Werte vernachlässigt sind. Die Querkomponente der Schwankungsgeschwindigkeit u_y bestimmt LANDAU aus der Kontinuitätsgleichung

$$\frac{\partial u_y}{\partial y} = \frac{\partial u_y}{\partial x}$$

Daraus folgt in Verbindung mit (V, 33), daß u_y proportional y^2 ist. Diese Betrachtung ist nicht nur hinsichtlich der Schwankungsquerkomponente zutreffend, sondern sie behält ihre Bedeutung auch für jede Quergeschwindigkeit, sofern eine solche vorhanden ist. LEWITSCH [6] gelangt für eine Querkomponente in der Wandnähe zu der Beziehung

$$u_y \sim \frac{\nu}{\delta'^3} \cdot y^2 \qquad (V, 34)$$

indem er von der Gleichung der laminaren Grenzschicht ausgeht.

Der Koeffizient des turbulenten Austausches A ist nach (I, 15) gleich dem Produkt aus der Quergeschwindigkeit u mit dem Mischungsweg l.

LANDAU und LEWITSCH nehmen an, daß in einer laminaren Grenzschicht der Mischungsweg proportional der Entfernung von der Wand ist:

$$l \sim y \qquad (V, 35)$$

und seine Abhängigkeit von y im Falle der turbulenten Grenzschicht (d. h. in der erwähnten „zähen Schicht") durch die zweite Potenz charakterisiert wird:

$$l \sim y^2 \qquad (V, 36)$$

Da die Querkomponente u_y ihrerseits proportional zu y^2 ist, muß in der Formel (V, 29) im Falle der laminaren Grenzschicht

$$n = 3 \qquad (V, 37)$$

und im Falle der turbulenten Grenzschicht

$$n = 4 \qquad (V, 38)$$

gesetzt werden.

Abgesehen von den dimensionslosen Faktoren der Größenordnung 1 führen somit die Theorien von LANDAU und LEWITSCH für laminare und turbulente Grenzschicht zu den Beziehungen

$$(\delta/\delta')_{\mathrm{lam}} \sim (1/Sc)^{\frac{1}{3}} \qquad (V, 39)$$

$$(\delta/\delta')_{\mathrm{turb}} \sim (1/Sc)^{\frac{1}{4}} \qquad (V, 40)$$

Laminare Unterschicht mit unstetigem Übergang

Ein entgegengesetztes Modell wurde von PRANDTL [7] in seiner klassischen Arbeit vorgeschlagen. Er geht dabei von der einfachen Vorstellung aus, daß man die Strömung in zwei Gebiete zerlegen kann: Die laminare Unterschicht, in der die Turbulenz völlig fehlt und den Strömungskern, wo der turbulente Austausch wesentlich überwiegt, so daß man den molekularen Transport vernachlässigen kann.

Entsprechend dieser Konzeption setzen wir für die laminare Unterschicht $A = 0$; dagegen werden für den Strömungskern die Größen D, a und ν im Vergleich zu A vernachlässigt. Das Integrationsintervall in

den Formeln (V, 17—19) und (V, 23) zerfällt in zwei Abschnitte: im Bereiche der laminaren Unterschicht, d. h. für $y < \delta^*$ wird im Nenner
des Integranden das zweite Glied vernachlässigt, während für $y > \delta^*$
der erste Term des Nenners gestrichen wird. Die Formel (V, 23) lautet jetzt

$$\delta = \int\limits_0^{\delta^*} f(y) \cdot dy + \frac{v}{Sc} \cdot \int\limits_{\delta^*}^{v_0} \frac{f(y) \cdot dy}{A} \qquad (V, 41)$$

Da nun δ^* im Vergleich zum Krümmungsradius der Wand als klein
angenommen werden kann, artet die Funktion $f(y)$ zu 1 aus, so daß
das erste Integral unmittelbar gleich der Schichtdicke ist. Zur Berechnung des zweiten Integrals ist die Kenntnis der Abhängigkeit des turbulenten Austausches $A(y)$ erforderlich. Diese Schwierigkeit kann umgangen werden, wenn man dieses Integral durch den Widerstandskoeffizienten ausdrückt. Zu diesem Zweck formen wir (V, 19) in Analogie zu
(V, 41) um:

$$\frac{1}{V \cdot f/2} = \frac{\delta^*}{v} + \int\limits_{\delta^*}^{v_0} \frac{f(y) \cdot dy}{A} \qquad (V, 42)$$

so daß nunmehr aus (V, 41) und (V, 42) das Integral eliminiert werden
kann.

Man erhält auf diese Weise die Beziehung

$$\delta = \delta^* + \frac{v}{Sc} \cdot \left(\frac{1}{V \cdot f/2} - \frac{\delta^*}{v} \right) \qquad (V, 43)$$

Für die Stoffübergangszahl und die STANTON-Kennzahl ergeben sich
ferner die Beziehungen

$$\beta = D/\delta = \frac{1}{\dfrac{2}{V \cdot f} + \dfrac{\delta^*}{v}(Sc - 1)} \qquad (V, 44)$$

$$St' = \beta/V = \frac{1}{\dfrac{2}{f} + V \cdot \dfrac{\delta^*}{v}(Sc - 1)} \qquad (V, 45)$$

Für $Sc = 1$ folgt entsprechend der *Reynoldsschen Analogie* (I, 36) aus
der letzten Beziehung $St' = f/2$. Aus der Beziehung (V, 43) wird unmittelbar ersichtlich, daß für $Sc = 1$ die Dicke der Diffusionsschicht von
der Dicke der laminaren Unterschicht unabhängig ist und mit der letzteren nichts zu tun hat. Dagegen strebt sie zu der Dicke der laminaren
Unterschicht für $Sc \rightarrow \infty$.

Aus den Dimensionsüberlegungen heraus haben wir an einer früheren
Stelle bereits gefolgert, daß die Dicke der laminaren Unterschicht proportional der durch die Formel (V, 5) definierten Dicke sein muß. Man
kann daher die in (V, 6) eingeführte Größe als eine universelle Konstante

ansehen und sie in die letzten Gleichungen einsetzen. Man erhält dann aus (V, 43), (V, 5) und (V, 6) die Beziehung

$$\delta = \frac{1}{Sc} \cdot \frac{v}{V \cdot f/2} \cdot \left[1 + L \cdot \sqrt{f/2} \cdot (Sc - 1)\right] \qquad (V, 46)$$

während die Formel (V, 45) in

$$\frac{1}{St'} = \frac{1}{f/2} + \frac{L}{\sqrt{f/2}} \cdot (Sc - 1) \qquad (V, 47)$$

übergeht.

PRANDTL bevorzugt eine etwas andere Darstellung seiner Formel und benutzt die Strömungsgeschwindigkeit v' an der Grenze zwischen der laminaren Unterschicht und dem Strömungskern. Da im Bereich der laminaren Grenzschicht die Geschwindigkeiten linear verteilt sind, besteht die Beziehung

$$\frac{\tau_0}{\mu} = \frac{v'}{\delta^*} \qquad (V, 48)$$

Wird hier die Wandschubspannung durch den Widerstandskoeffizienten ersetzt, so folgt der Ausdruck

$$\delta^* = \frac{v' \cdot v}{V^2 \cdot f/2} \qquad (V, 49)$$

welcher in Verbindung mit (V, 43) und (V, 45) zu den Beziehungen

$$\delta = \frac{1}{Sc} \cdot \frac{v}{V \cdot f/2} \cdot \left[1 + \frac{v'}{V} (Sc - 1)\right] \qquad (V, 50)$$

$$\frac{1}{St'} = \frac{2}{f} \cdot \left[1 + \frac{v'}{V} (Sc - 1)\right] \qquad (V, 51)$$

führt.

Empirische Formeln

Die Formel von PRANDTL hat als Ausgangspunkt für eine Reihe von empirischen Formeln gedient, deren Aufgabe es war, das bei der Untersuchung der Wärmeübertragung in den zähen Flüssigkeiten gesammelte experimentelle Material zu beschreiben. Eine detaillierte Übersicht hierüber mit einer ausführlichen Diskussion der Berechnungsmethoden findet man bei HOFMANN [2].

Wird das Verhältnis der an der Grenze der laminaren Unterschicht herrschenden Geschwindigkeit zu der mittleren Strömungsgeschwindigkeit

$$\varphi = v'/V \qquad (V, 52)$$

eingeführt, so kann die PRANDTLsche Formel in eine der folgenden Beziehungen übergeführt werden:

$$\delta = \frac{1}{Sc} \cdot \frac{v}{V \cdot f/2} \cdot [1 + \varphi \cdot (Sc - 1)] \qquad (V, 53)$$

$$1/St' = \frac{2}{f} \cdot [1 + \varphi \cdot (Sc - 1)] \qquad (V, 54)$$

$$Nu' = \frac{\frac{f}{2} \cdot Re \cdot Sc}{1 + \varphi \cdot (Sc - 1)} \qquad (V, 55)$$

Die meisten empirischen Formeln werden in ähnlicher Weise aufgebaut, wobei für das Verhältnis φ gewisse Annahmen hinsichtlich seiner Abhängigkeit von der Strömung gemacht werden. Bei einer groben Näherung kann dieses Verhältnis als konstant vorausgesetzt werden. TEN BOSCH [8] hat für dieses Verhältnis aus den Versuchen an Wasser den Wert von 0,35 gefunden.

Falls die laminare Unterschicht nicht als eine Hilfsvorstellung für die Beschreibung der Vorgänge in der Wandnähe, sondern als eine physikalisch scharf definierte Größe und daher L als eine Konstante angesehen wird, so erkennt man aus (V, 46) und (V, 53), daß das Verhältnis φ der Quadratwurzel aus dem Widerstandskoeffizienten proportional ist:

$$\varphi = L \cdot \sqrt{f/2} \qquad (V, 56)$$

Ausgehend von dieser Überlegung hat PRANDTL [7] die Abhängigkeit der Größe φ von der REYNOLDS-Zahl abgeleitet. Er geht dabei von dem Gesetz von BLASIUS (I, 48) aus, wonach der Widerstandskoeffizient umgekehrt proportional der vierten Wurzel aus Re ist. Aus (V, 56) folgt dann, daß φ umgekehrt proportional der achten Wurzel von Re sein muß.

Den Proportionalitätsfaktor bestimmt PRANDTL dabei so, daß die Versuchsdaten durch die Formel am besten wiedergegeben werden; für die Strömung in einem Kreisrohr erhält er

$$\varphi = 1{,}74 \cdot Re^{-\frac{1}{8}} \qquad (V, 57)$$

Aus den Beziehungen (V, 56), (V, 57) und dem BLASIUSschen Gesetz (I, 48) ergibt sich für L der Wert[1]

$$L = 4{,}4 \qquad (V, 58)$$

Wenn der laminaren Unterschicht mit völlig fehlender Turbulenz eine eindeutige physikalische Realität entsprechen würde, so müßte φ nur von der Geschwindigkeitsverteilung in der Strömung abhängen und daher eine ausschließliche Funktion von Re sein. Eine Reihe von Forschern hat versucht, eine derartige Abhängigkeit experimentell zu bestimmen; es hat sich jedoch gezeigt, daß eine gute Übereinstimmung mit den Versuchen nur erzielt werden kann, wenn der Einfluß der Sc-Zahl auf φ mit berücksichtigt wird.

---

[1] Nachprüfung der Rechnung ergibt $L = 8{,}75$. Dies ist im folgenden zu beachten (Pa.).

Durch die Bearbeitung von Versuchsergebnissen fand Ten Bosch [8] die an verschiedenen Stoffen bestätigte Beziehung

$$\varphi = B \cdot Re^{-0,11} \cdot Sc^{-0,185} \qquad (V, 59)$$

wobei B bei der Erwärmung den Wert 1,4 und bei der Abkühlung 1,12 hat.

Kuprijanoff [9] findet, daß die beste Übereinstimmung mit dem Experiment erreicht wird, wenn φ nur als eine Funktion der Sc-Zahl dargestellt wird:

$$\varphi = 0,44 \cdot Sc^{-\frac{1}{5}} \qquad (V, 60)$$

Eine weitere Formel schlägt Hofmann [2] vor:

$$\varphi = 1,5 \cdot Re^{-\frac{1}{8}} \cdot Sc^{-\frac{1}{6}} \qquad (V, 61)$$

Es muß jedoch beachtet werden, daß die Wärmeübertragungsversuche bei hohen Werten der Sc-Zahl an zähen Ölen durchgeführt wurden, deren Viskosität stark temperaturabhängig ist, so daß die Deutung der Versuchsergebnisse erschwert ist. Dies macht sich unmittelbar in dem Unterschied zwischen der Wärmeübergangszahl beim Aufheizen und Abkühlen der Flüssigkeiten bemerkbar. Aus diesem Grund gestattet das bekannte Versuchsmaterial keine hinreichend genauen Schlußfolgerungen über die Konvektion bei großen Prandtl- bzw. Schmidt-Zahlen. In dieser Hinsicht ist die Untersuchung der turbulenten *Diffusionsprozesse* bedeutend günstiger, da die Versuche unter streng isothermen Bedingungen geführt werden können. Praktisch können solche Ergebnisse beim Studium der im Diffusionsgebiet verlaufenden Lösevorgänge gewonnen werden.

Eine weitere Möglichkeit der Verfeinerung der Theorie besteht darin, daß man die Vorstellung von Prandtl erweitert und zwischen der laminaren Schicht und dem Strömungskern eine stetige Übergangszone annimmt. Eine derartige Behandlung wird an einer späteren Stelle durchgeführt.

Die Tatsache, daß sich die Versuchsdaten nicht in ausschließlicher Abhängigkeit von Re darstellen lassen, weist darauf hin, daß das ursprüngliche Modell von Prandtl hier unzureichend ist und daß ein stetiger Übergang zwischen der laminaren Unterschicht und dem Strömungskern in Betracht gezogen werden muß. Man kann aus den bekannten Versuchsdaten noch nicht eindeutig schließen, ob sie überhaupt auf das Vorhandensein einer echten laminaren Unterschicht notwendig hindeuten oder vielmehr der Koeffizient des turbulenten Austausches erst unmittelbar an der Wand verschwindet. Für eine derartige Entscheidung sind die Versuchsergebnisse bei sehr hohen Prandtl- bzw. Schmidt-Zahlen erforderlich. Hier erscheint eine Extrapolation der bei den mittleren Werten der Pr-Zahl gewonnenen empirischen Formeln in den Bereich der großen Pr-Zahl unzulässlich.

8*

Geschwindigkeitsverteilung im turbulenten Strom

Jede Theorie, die den Anspruch auf eine vollständige Erfassung der Struktur und der Eigenschaften der Strömung in der Wandnähe erhebt, muß die experimentellen Daten über die Geschwindigkeitsverteilung richtig wiedergeben.

Umfangreiche und sehr sorgfältige Messungen dieser Art für turbulente Strömung in Rohren wurden von NIKURADSE durchgeführt. Die Ergebnisse seiner Messungen lassen sich durch die Formel

$$\frac{v(y)}{V\sqrt{f/2}} = 5{,}5 + 5{,}75 \cdot \lg\left(y \cdot \frac{V}{\nu} \cdot \sqrt{f/2}\right) \tag{V, 62}$$

beschreiben. Wir wollen nun diese Formel mit der Geschwindigkeitsverteilung vergleichen, die aus dem PRANDTLschen Modell hervorgeht.

Wird die Gl. (V, 10) nicht bis zur mittleren Geschwindigkeit V, sondern bis zu irgendeinem willkürlichen Wert $v(y)$ integriert, so erhält man die Beziehung

$$v(y) = \frac{\tau_0}{\varrho} \int_0^y \frac{f(y) \cdot dy}{\nu + A} \tag{V, 63}$$

Entsprechend der PRANDTLschen Vorstellung teilen wir das Integrationsintervall in zwei Abschnitte auf: die laminare Unterschicht und den Strömungskern, und es folgt

$$v(y) = \frac{\tau_0}{\varrho} \cdot \left[\frac{\delta^*}{\nu} + \int_{\delta^*}^y \frac{f(y) \cdot dy}{A}\right] \tag{V, 64}$$

Unter Vernachlässigung der Wandkrümmung kann dabei nach (V, 16) $f(y) = 1$ gesetzt werden. Bekanntlich ist der Koeffizient des turbulenten Austausches im Strömungskern proportional dem Abstand von der Wand und wird entsprechend der Formel (I, 15) als Produkt aus dem Mischungsweg l und der mittleren Schwankungsgeschwindigkeit u

$$A = l \cdot u \tag{I, 15}$$

dargestellt. Der Mischungsweg ist proportional der Entfernung y von der Wand

$$l = \varkappa \cdot y \tag{V, 65}$$

wobei der Proportionalitätsfaktor $\varkappa$ eine universelle Konstante ist. Die mittlere Schwankungsgeschwindigkeit u im Strömungskern kann man gleich der Größe u_0 setzen:

$$u = u_0 = V \cdot \sqrt{f/2} \tag{V, 66}$$

Wird in der Formel (V, 64) der Austauschkoeffizient mit Hilfe (V, 65 bis 66) ausgedrückt, so führt die Integration zu

$$v(y) = \frac{\tau_0}{\mu} \cdot \delta^* + \frac{\tau_0}{\varrho \cdot \varkappa \cdot V \cdot \sqrt{f/2}} \cdot \ln(y/\delta^*) \tag{V, 67}$$

die nach dem Einsetzen der Größe L gemäß (V, 6) in

$$v(y) = V \cdot \sqrt{f/2} \cdot \left[L + \frac{1}{\varkappa} \cdot \ln\left(\frac{y \cdot V \cdot \sqrt{f/2}}{L \cdot \nu} \right) \right] \qquad (V, 68)$$

übergeht. Die letzte Beziehung bringen wir, um einen Vergleich mit (V, 62) zu ermöglichen, auf die Form

$$\frac{v(y)}{V \cdot \sqrt{f/2}} = L - \frac{1}{\varkappa} \cdot \ln L + \frac{1}{\varkappa} \cdot \ln\left(y \frac{V}{\nu} \cdot \sqrt{f/2} \right) \qquad (V, 69)$$

Daraus geht hervor, daß zwischen den Koeffizienten der Formel von NIKURADSE und den Größen, die die PRANDTLsche laminare Unterschicht charakterisieren, die Beziehungen

$$1/\varkappa = \frac{5{,}75}{2{,}3} = 2{,}5 \qquad (V, 70)$$

$$L - 5{,}75 \cdot \lg L = 5{,}5 \qquad (V, 71)$$

bestehen. Aus der letzten Beziehung folgt

$$L = 11{,}7 \qquad (V, 72)$$

was in einem schroffen Gegensatz zu dem Wert $L = 4{,}4$ (V, 58) steht und somit als ein Beweis für die Unzulänglichkeit des PRANDTLschen Modells anzusehen ist.

Laminare Unterschicht mit Übergangszone

Der grundsätzliche Nachteil der PRANDTLschen Theorie besteht darin, daß dort ein Sprung der Schwankungsgeschwindigkeit an der Grenze der laminaren Unterschicht angenommen wird. Ein derartiger Sprung kann physikalisch nicht vorliegen. Zum Aufbau einer befriedigenden physikalischen Theorie ist es daher erforderlich, zwischen der laminaren Unterschicht und dem Strömungskern eine Übergangszone einzuschalten, die eine stetige Verteilung der Schwankungsgeschwindigkeit und der übrigen Merkmale der Strömung gewährleistet.

Der erste Vorschlag zur Verbesserung der PRANDTLschen Theorie stammt von KÁRMAN [4]. Er schlug vor, das Strömungsgebiet in drei Teile zu zerlegen. Später wurden ähnliche Berechnungsmethoden mit verschiedenen willkürlichen Annahmen über die Verteilung der Geschwindigkeiten in der Übergangszone von HOFMANN [2] und MATTIOLI [11] vorgeschlagen. Diese Methoden führen zu erheblichen Komplikationen, ohne dabei jedoch den grundsätzlichen Mangel der PRANDTLschen Theorie zu beseitigen, da die drei eingeführten Zonen weiterhin Unstetigkeiten aufweisen.

Wir sind bei der Frage über die Berechnung der konvektiven Diffusion von der Voraussetzung ausgegangen, daß die laminare Unterschicht stetig in die Kernströmung übergeht. Zu diesem Zweck teilen wir, dem

Vorschlag von KÁRMÁN folgend, die Strömung in drei Zonen ein: Die *laminare Unterschicht* der Dicke δ^*, wo der Koeffizient des turbulenten Austausches genau gleich Null ist; den *Strömungskern* mit der Geschwindigkeitsverteilung nach der Formel (V, 62) von NIKURADSE und die *Übergangszone*, bei der wir voraussetzen, daß sowohl die Geschwindigkeitsverteilung als auch ihre Ableitung nach der Ortskoordinate einen stetigen Anschluß an den Strömungskern und an die laminare Unterschicht aufweist.

In der laminaren Unterschicht muß die Geschwindigkeitsverteilung dem Gesetz

$$\frac{dv}{dy} = \frac{\tau_0}{\mu} \tag{V, 73}$$

gehorchen, während im Strömungskern entsprechend der Formel von NIKURADSE dv/dy umgekehrt proportional zu y werden soll.

Wir legen den Koordinatenursprung an die äußere, der Strömung zugewandte Seite der laminaren Unterschicht und versuchen, die Geschwindigkeitsverteilung in der Übergangszone durch einen analytischen Ausdruck zu approximieren. Wir machen für dv/dy den Ansatz

$$\frac{dv}{dy} = \frac{\tau_0}{\mu} \cdot \left[1 - f_1\left(\frac{\gamma}{y}\right)\right] \tag{V, 74}$$

wobei die zunächst noch offenstehende *Übergangsfunktion* f_1 den eben erwähnten Randbedingungen genügen muß. Die Konstante γ kann als *Breite* der Übergangszone bezeichnet werden.

Für große Werte von *Re* kann das Gesetz der konvektiven Diffusion bei der noch offenstehenden Übergangsfunktion f_1 in seiner Allgemeinheit bis auf einen unbestimmten, von *Sc* abhängenden Faktor aufgestellt werden. Die Übergangsfunktion f_1 hat dabei lediglich den Anschlußbedingungen

$$
\begin{aligned}
\text{für} \quad \eta \gg 1; &\quad f_1(\eta) \approx 0; \\
\text{für} \quad \eta \ll 1; &\quad f_1(\eta) \approx 1 - \eta
\end{aligned}
\tag{V, 75}
$$

mit der Abkürzung

$$\eta \equiv \gamma/y \tag{V, 76}$$

zu genügen.

Aus (V, 10) und (V, 74) ergibt sich der Zusammenhang zwischen $f_1(y)$ und dem Koeffizienten des turbulenten Austausches A[1]:

$$A = \nu \cdot \frac{f_1(\eta)}{1 - f_1(\eta)} \tag{V, 77}$$

---

[1] Die Beziehung (V, 77) gilt unter der Voraussetzung vernachlässigbar geringer Wandkrümmung. Es ist dann $\tau \sim \tau_0$. Dieselbe Voraussetzung trifft auch für (V, 81) zu, indem bei der Herleitung dieser Beziehung aus (V, 23) die Strömungsfunktion $f(y) = 1$ gesetzt wird (Pa.).

Im Strömungskern geht mit $\eta \ll 1$ die f_1-Funktion in $1 - \eta$ über, so daß dort dieser Zusammenhang zu

$$A = \frac{\nu}{\eta} = \frac{\nu}{\gamma} \cdot y \tag{V, 78}$$

entartet.

Andererseits folgt aus (I, 15) und (V, 65, 66) für A der Ausdruck

$$A = \varkappa\, u_0\, y \tag{V, 79}$$

Daraus geht in Verbindung mit (V, 78) hervor, daß die Breite der Übergangszone mit den charakteristischen Kenngrößen der turbulenten Strömung gemäß der Beziehung

$$\gamma = \frac{\nu}{\varkappa\, u_0} \tag{V, 80}$$

zusammenhängt und daher nicht willkürlich vorgegeben werden kann. Wenn wir wiederum die Größe $\delta' = \nu/u_0$ als ein charakteristisches Längenmaß voraussetzen (V, 5), so kann die Größe $1/\varkappa$ aus der letzten Beziehung als *dimensionslose Breite* der Übergangszone aufgefaßt werden. Die Größe $\varkappa$ selbst ist — um es in Erinnerung zu bringen — der Proportionalitätsfaktor zwischen dem Mischungsweg und der Entfernung von der Wand (V, 65) und stellt eine universelle Grundkonstante der Turbulenz dar.

Wird der Ausdruck (V, 77) für A in (V, 23) eingesetzt, so erhält man für die Berechnung der Dicke der Diffusionsschicht die Formel

$$\delta = \delta^* + \gamma \cdot \int\limits_{\eta_0}^{\infty} \frac{1 - f_1(\eta)}{1 + f_1(\eta) \cdot (Sc - 1)} \cdot \frac{d\eta}{\eta^2} \tag{V, 81}$$

worin sich η_0 auf die Stelle bezieht, wo die charakteristische Strömungsgeschwindigkeit V erreicht ist (beispielsweise in der Mitte des Rohres). Durch den hinzugefügten Betrag δ^* wird berücksichtigt, daß wir den Koordinatenursprung von der Wand weg verlegt haben.

Nimmt man an, daß y_0 gleich der Hälfte des die Strömung charakterisierenden Längenmaßes d ist, so folgt aus (V, 80), (V, 5) und (I, 24) der Ausdruck

$$\eta_0 = \frac{2}{\varkappa \cdot \sqrt{f/2} \cdot Re} \tag{V, 82}$$

dem man entnimmt, daß der Grenzfall für große Werte von Re den kleinen Werten von η_0 entspricht.

Um diesen besonders wichtigen Fall näher zu untersuchen, zerlegen wir die unter dem Integral (V, 81) stehende Funktion in zwei Terme, von denen der erste zu einer bekannten Integralfunktion führt und der zweite ein Integral ergibt, welches für $Re \rightarrow \infty$ endlich bleibt. Dieses wird durch die Aufspaltung

$$\frac{1 - f_1(\eta)}{1 + f_1(\eta)\cdot(Sc - 1)} \cdot \frac{1}{\eta^2} = \frac{1}{Sc} \cdot \left[\frac{e^{-\eta}}{\eta} + \psi(\eta;Sc)\right] \qquad (V, 82a)$$

erreicht, wobei $\psi(\eta, Sc)$ eine nicht näher bekannte Hilfsfunktion ist. Wird der Integrand in (V, 81) durch diesen Ausdruck ersetzt, so folgt daraus die Beziehung

$$\delta = \delta^* + \frac{\gamma}{Sc} \cdot \left[- Ei(-\eta_0) + \int_{\eta_0}^{\infty} \psi(\eta;Sc)\,d\eta\right] \qquad (V, 83)$$

wobei $Ei(x)$ der Integrallogarithmus ist[1]. Mit (V, 6) und (V, 80) erhält man daraus für die STANTON-Zahl die Beziehung

$$\frac{\sqrt{f/2}}{St'\cdot Sc} = L + \frac{1}{\varkappa\cdot Sc}\left[Ei(-\eta_0) + \int_{\eta_0}^{\infty} \psi(\eta;Sc)\,d\eta\right] \qquad (V, 84)$$

Im Grenzfall der großen Re-Zahlen, d. h. für kleine Werte von η_0 strebt das in der Formel stehende Integral zu einer endlichen Funktion

$$\int_{0}^{\infty} \psi(\eta;Sc)\,d\eta = F(Sc) \qquad (V, 85)$$

Wird ferner $Ei(\eta_0)$ in eine Reihe zerlegt und η_0 durch (V, 82) ersetzt, so erhält man schließlich die Beziehung

$$\frac{\sqrt{f/2}}{St'\cdot Sc} = L + \frac{1}{\varkappa\cdot Sc} \cdot \left[F(Sc) - C + \ln\left(\frac{\varkappa}{2}\right) + \ln\left(Re\cdot\sqrt{f/2}\right)\right] \qquad (V, 86)$$

worin $C = 0{,}577\ldots$ die EULER-Konstante bedeutet.

Eine ähnliche Integration der Gl. (V, 74) führt zu der Beziehung

$$v^* = \frac{v}{u_0} = L + \frac{1}{\varkappa}\left[F(1) - C + \ln\varkappa\right] + \frac{1}{\varkappa}\ln\left(\frac{y}{d}\cdot Re\cdot\sqrt{f/2}\right) \qquad (V, 87)$$

und man erhält ferner für den Widerstandskoeffizienten den Ausdruck[2]

$$\frac{1}{\sqrt{f/2}} = L + \frac{1}{\varkappa}\left[F(1) - C + \ln\left(\frac{\varkappa}{2}\right) + \ln\left(Re\cdot\sqrt{f/2}\right)\right] \qquad (V, 88)$$

Aus (V, 86) und (V, 88) ergibt sich die endgültige Beziehung für St':

$$\frac{1}{St'} = \frac{2}{f} + L\cdot\sqrt{2/f}\cdot\left[Sc - 1 + \frac{1}{\varkappa\cdot L}\{F(Sc) - F(1)\}\right] \qquad (V, 89)$$

Auf diese Form lassen sich alle Theorien bringen, die die Strömung in drei Zonen zerlegen. Werden jedoch der Übergangszone keine Anschlußbedingungen auferlegt, so vermag man über die Breite dieser Über-

---

[1] Siehe z. B. JAHNKE-EMDE: Tafeln höherer Funktionen, Leipzig, 1948 (Pa.).

[2] Diese Beziehung erhält man aus (V, 86) mit $Sc = 1$ und unter Berücksichtigung der REYNOLDS-Analogie (I, 36) (Pa.).

gangszone keine Aussage zu machen und sie bleibt dabei unbestimmt. So kann man die Formel von KÁRMÁN als einen Sonderfall von (V, 89) auffassen, wenn in der letzteren

$$L = \frac{1}{\varkappa} = 5$$

und

$$\frac{1}{\varkappa \cdot L} \{F(Sc) - F(1)\} = \ln[1 + \tfrac{5}{6}(Sc - 1)] \qquad (V, 90)$$

gesetzt werden. Die KÁRMÁNsche Übergangsfunktion

$$f_1(\eta) = 1 - 2\eta$$

genügt jedoch nicht den an einer früheren Stelle formulierten Anschlußbedingungen und kann daher grundsätzlich nicht akzeptiert werden. Dasselbe betrifft auch andere kompliziertere Übergangsfunktionen, die in der Literatur vorgeschlagen worden sind.

Führt man als einfachste, die Anschlußbedingungen (V, 76, 76a) befriedigende Übergangsfunktion

$$f_1(\eta) = e^{-\eta} \qquad (V, 91)$$

ein, so kann die Funktion $F(Sc)$ durch die Interpolationsformel

$$F(Sc) = \frac{Sc}{\ln Sc - 0{,}4 + 1{,}4\sqrt{Sc}} \qquad (V, 92)$$

ausgedrückt werden. Dabei ist $F(1) = 1$.

Die Formel von NIKURADSE (V, 62) führt unabhängig von der speziellen Art der Übergangsfunktion zu

$$1/\varkappa = 2{,}5$$

Zur numerischen Ermittlung der dimensionslosen Dicke L der laminaren Unterschicht können Versuchsergebnisse aus drei verschiedenen Quellen herangezogen werden:

1. Aus den Versuchsdaten von NIKURADSE über die Geschwindigkeitsverteilung; man erhält dann nach (V, 87) und (V, 62) für L den Wert 6,8.

2. Aus unseren Versuchen über die Kinetik des Lösevorganges bei den Lösungen hoher Viskosität. Für große Werte der Sc-Zahl geht (V, 89) angenähert in die Beziehung

$$1/St' \sim L \cdot \sqrt{f/2} \cdot Sc \qquad (V, 93)$$

über. Diese Formel führt in Verbindung mit unseren Versuchsdaten über den turbulenten Auflösevorgang (s. Kap. II, Tab. 2) zu Werten für L, die zwischen 2,5 und 4,6 liegen.

3. Aus den Literaturangaben über die Abhängigkeit der Wärmeübertragung von der PRANDTL-Zahl. Diese Daten werden gewöhnlich durch empirische Formeln dargestellt, deren Bau der PRANDTLschen Formel entspricht. Die Größe φ wird dabei als eine Funktion von Re und Pr

aus den empirischen Daten gewonnen. Der Vergleich unserer Beziehung (V, 89) mit der PRANDTLschen Formel (V, 54) läßt erkennen, daß sie auf die Form von PRANDTL gebracht werden kann, wenn darin

$$\varphi = L \cdot \sqrt{f/2} \cdot \left[1 + \frac{1}{\varkappa \cdot L} \cdot \frac{F(Sc) - F(1)}{Sc - 1} \right] \qquad (V, 94)$$

gesetzt wird. Ein Vergleich dieses Ausdruckes mit den empirischen Formeln für φ und dem Gesetz von BLASIUS führt zu $L = 4{,}0$.

Gegenüberstellung verschiedener Hypothesen über die Geschwindigkeitsverteilung

Die Abb. 18 zeigt einige Geschwindigkeitsverteilungen, die von verschiedenen Autoren der Berechnung der Prozesse der konvektiven Diffusion und der Wärmeübertragung zugrunde gelegt worden sind. Als Abszisse ist der dimensionslose Abstand von der Wand entsprechend der Beziehung (V, 5)

$$y^* = \frac{y}{\delta'} = \frac{u_0}{\nu} \cdot y \qquad (V, 95)$$

aufgetragen. Auf der Ordinatenachse sind die effektive Schwankungsgeschwindigkeit und die tangentiale Strömungsgeschwindigkeit dargestellt, wobei sie auf die Größe $u_0 = V \cdot \sqrt{f/2}$ bezogen sind (V bedeutet die charakteristische Strömungsgeschwindigkeit). Als effektive Schwankungsgeschwindigkeit verstehen wir eine Größe, die die richtigen Werte des turbulenten Austausches liefert, wenn der Mischungsweg nach der Formel (V, 65) berechnet wird. In der laminaren Unterschicht — sofern diese eine physikalische Realität ist — ist die effektive Schwankungsgeschwindigkeit gleich Null, während die Abhängigkeit der Tangentialgeschwindigkeit vom Wandabstand der Beziehung (V, 73) entspricht. Nach der Integration und dem

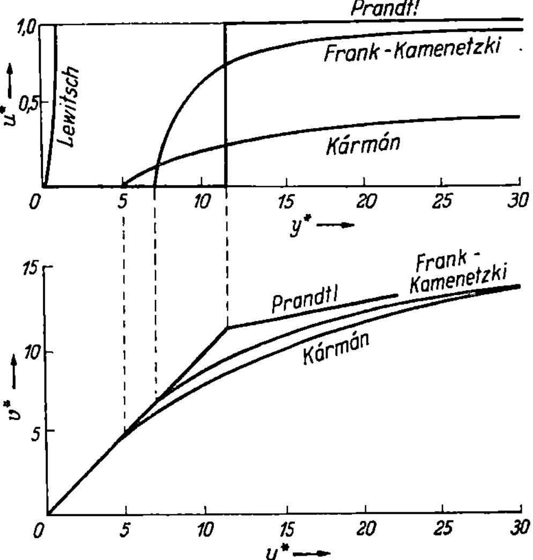

Abb. 18. Zusammenstellung verschiedener Hypothesen über die Geschwindigkeitsverteilung in turbulenter Strömung. Abszisse = dimensionsloser Abstand von der Wand; Ordinate: oben = effektive Schwankungssgeschwindigkeit; unten = Strömungsgeschwindigkeit. Als Maßstäbe für die Länge und die Geschwindigkeit dienen die Größen $\delta' = \nu/u_0$ und $u_0 = V \cdot \sqrt{f/2}$

Übergang zu der dimensionslosen Koordinate (V, 94) erhält man daraus

$$v^* = y^* \qquad (\text{V}, 95\,\text{a})$$

Diesem Zusammenhang entspricht die ausgezogene Gerade. Wird dagegen angenommen, daß die laminare Unterschicht keine physikalische Realität besitzt und die Normalkomponente der Geschwindigkeit erst unmittelbar an der Wand Null wird, so kann hier nach Landau und Lewitsch die Normalkomponente proportional zu y^2 angenommen werden. Der Proportionalitätsfaktor läßt sich nur für die laminare Unterschicht angeben, wo nach Lewitsch die Beziehungen

$$u^* = \frac{u}{u_0} = y^{*\,2} \qquad (\text{V}, 96)$$

$$v^* = \frac{v}{u_0} = \int \frac{d\,y^*}{1 + \varkappa \cdot y^{*\,2}} \qquad (\text{V}, 97)$$

bestehen. Sie haben lediglich in unmittelbarer Wandnähe Gültigkeit.

Der der Beziehung (V, 96) entsprechende Kurvenverlauf ist in Abb. 18 dargestellt. Die der Beziehung (V, 97) entsprechende Kurve fällt für kleine y^*-Werte praktisch mit der Geraden $v^* = y^*$ zusammen. Bei größeren Werten von y^* verliert jedoch die Beziehung (V, 97) ihren Sinn, da dort die entsprechenden Voraussetzungen nicht mehr gewährleistet sind. Die Methode von Lewitsch kann daher nicht zur Aufstellung der vollständigen Geschwindigkeitsverteilung benutzt werden. Sie liefert lediglich das Grenzgesetz der Konvektion für sehr große Werte der Prandtl- bzw. Schmidt-Zahl an. Aus (V, 6) und (V, 29) geht hervor, daß in den Theorien von Landau und Lewitsch die Größe $Sc^{-1/n}$ die Rolle der dimensionslosen Dicke L der laminaren Unterschicht übernimmt. Bei großen Werten von Sc ist somit diese Dicke bedeutend kleiner als 1.

In größerer Entfernung von der Wand, also im Strömungskern, müssen sämtliche Formeln in die Formel von Nikuradse (V, 62) und die Formel für die Schwankungsgeschwindigkeit (V, 66) übergehen, da sie auf verläßlichem Versuchsmaterial basieren.

Im Prandtlschen Modell ändert sich die Schwankungsgeschwindigkeit an der äußeren Grenze der laminaren Unterschicht sprunghaft von Null auf den Wert (V, 66).

Um den Anschluß an die Formel von Nikuradse zu erhalten, muß dabei angenommen werden, daß dieser Sprung bei $y^* = 11{,}7$ (V, 72) erfolgt. Es ist klar, daß das Modell von Prandtl infolge des Verzichtes auf eine Übergangszone für die Dicke der laminaren Unterschicht einen zu großen Wert fordert.

In dem Modell von Kármán reicht die laminare Unterschicht bis $y^* = 5$. Zwischen $y^* = 5$ und $y^* = 30$ erstreckt sich die Übergangszone für die die Beziehungen

$$u^* = \frac{1}{2} - \frac{2{,}5}{y^*}$$ (V, 98)

$$v^* = 5 \cdot \left(1 + \ln \frac{y^*}{5}\right)$$ (V, 99)

gelten. Die unmittelbaren experimentellen Daten über die Konvektion bei großen Werten der Schmidt-Zahl führen, wie bereits erwähnt, zu dem Wert der dimensionslosen Dicke der laminaren Unterschicht $L = 4$.

Dieses Versuchsmaterial ist somit mit der Vorstellung verträglich, die von der Existenz einer Unterschicht der Dicke $L = 4$ ausgeht, in welcher der turbulente Austausch völlig fehlt. Das experimentelle Material liefert in dieser Hinsicht zwar notwendige, jedoch nicht hinreichende Voraussetzungen für eine definitive Aussage über die Strömungsstruktur in unmittelbarer Wandnähe. Man kann höchstens sagen, daß in der Nähe der Wand eine endliche Schicht vorhanden ist, in der der konvektive Transport praktisch fehlt; eine weitere Aussage über die Einzelheiten der Schichtströmung erfordert eine Spezialuntersuchung.

Diffusion zu den schwebenden Teilchen und die lokale Struktur der Turbulenz

Wir haben bis jetzt nur Diffusionsvorgänge in der Nähe von ruhenden festen Oberflächen behandelt. Eine weitere wichtige Aufgabe der chemischen Hydrodynamik stellt das Studium der Prozesse dar, die mit der Diffusion an der Oberfläche von *schwebenden* Teilchen in einer *turbulenten* Strömung zusammenhängen.

Solchen Vorgängen begegneten wir bei der Behandlung der mikroheterogenen Prozesse, deren formale Diffusionskinetik im Kap. II erörtert worden ist. Dort haben wir die Diffusion zu den einzelnen Teilchen mittels der Stoffübergangszahl β beschrieben, ohne dabei näher zu untersuchen, durch welche Faktoren diese Übergangszahl im einzelnen bedingt ist. Wir wollen in diesem Abschnitt die Diffusionsgeschwindigkeit in der turbulenten Strömung zu den schwebenden Partikeln berechnen. Diese Frage ist beim Verdunsten von Flüssigkeitstropfen in turbulentem Gasstrom sowie beim Auflösen von festen Teilchen in der Flüssigkeit, die gerührt wird, von Bedeutung. Der letzte Prozeß ist in der Hydrometallurgie weit verbreitet.

Wenn die Teilchen sehr klein sind, machen sie die Schwankungsbewegung der turbulenten Strömung mit. Die relative Geschwindigkeit des Gases bzw. der Flüssigkeit zu den Teilchen ist in diesem Fall gleich Null und die Stoffübertragung vollzieht sich dabei nach den Diffusionsgesetzen, die für ein ruhendes Mittel gültig sind.

Wird die Teilchenform in erster Näherung als sphärisch angenommen, so kann die Stoffübertragung durch $Nu' = 2$, wie dies in Kap. II geschehen ist, charakterisiert werden.

Diese Methode ist völlig zulässig bei kleinen Teilchen, wie beispielsweise bei den mikroheterogenen Prozessen, bei der Auflösung der kolloidalen Sole und bei der katalytischen Hydrierung an Mikrokatalysatoren.

Mit zunehmender Teilchengröße wächst die Geschwindigkeit des strömenden Mittels relativ zu der Teilchenoberfläche und der turbulente Stofftransport gewinnt allmählich an Bedeutung. Sehr große Teilchen werden praktisch von der Strömung nicht mehr mitgeführt und hier gelten dann schließlich die Gesetze der Stoffübertragung an festen unbeweglichen Oberflächen.

Es ergibt sich die Frage, bei welcher Teilchengröße der eine Grenzfall der „sehr kleinen" Teilchen in den anderen Grenzfall der „sehr großen" Teilchen übergeht.

Der grundsätzliche Weg zur Beantwortung dieser Frage wird durch die in den letzten Jahren von KOLMOGOROW und LANDAU entwickelte Theorie der Turbulenzstruktur gewiesen. Wir wollen bei der Erläuterung dieser Methode der Darstellung von LANDAU und LIFSCHITZ [5] folgen.

Die mittlere relative Geschwindigkeit zweier Flüssigkeits- oder Gasteilchen, die den Abstand x voneinander haben, beträgt danach

$$v_x = \sqrt[3]{\frac{\varepsilon}{\varrho} \cdot x} \qquad \qquad (V, 100)$$

worin ϱ die Dichte der Flüssigkeit oder des Gases und ε die auf die Volumen- und Zeiteinheit bezogene Dissipationswärme bedeuten. Die Dissipationsenergie kann durch die Schubspannung τ bzw. den Widerstandskoeffizienten f ausgedrückt werden. Die gesamte in dem Volumen ω dissipierte Energie ist gleich der Arbeit der Reibungskräfte an der Oberfläche σ.

$$\varepsilon \cdot \omega = \tau_0 \cdot \sigma \cdot V \qquad \qquad (V, 101)$$

Hier ist V die charakteristische Geschwindigkeit der Strömung bzw. die lineare Geschwindigkeit des Rührers. Wird die Schubspannung durch den Widerstandskoeffizienten ausgedrückt, so erhält man

$$\varepsilon = \frac{f}{2} \cdot \varrho \cdot V^3 \cdot \frac{\sigma}{\omega} \qquad \qquad (V, 102)$$

Das Verhältnis des Gesamtvolumens, in dem die turbulente Strömung stattfindet, zu der Reibungsfläche bezeichnen wir als *hydraulischen Radius*

$$r' = \frac{\omega}{\sigma} \qquad \qquad (V, 103)$$

Im Falle der Rohr- oder Kanalströmung fällt diese Größe mit dem üblichen hydraulischen Radius zusammen, welcher durch das Verhältnis des Querschnittes zu dem Konturumfang definiert ist.

Mit (V, 102) und (V, 103) erhält man aus (V, 100) für die relative Geschwindigkeit die Beziehung

$$v_x = V \cdot \sqrt[3]{\frac{f}{2} \cdot \frac{x}{r'}} \qquad (V, 104)$$

Die Anwendung dieser Theorie auf die Diffusionsvorgänge in turbulenter Strömung an kleinen schwebenden Teilchen wurde in einer kürzlich erschienenen Arbeit von TUNITZKI [10] durchgeführt. TUNITZKI nimmt an, daß die Teilchen die turbulenten Schwankungen der Strömung in vollem Umfang mitmachen, was vermutlich nur für den speziellen Fall der Dichtegleichheit der Teilchensubstanz und des umgebenden Mittels zutreffend ist. Die relative Geschwindigkeit im Abstand x von der Teilchenoberfläche ist dann unmittelbar durch die Formel (V, 104) gegeben. Mit einer weiteren Annahme — die uns allerdings nicht hinreichend begründet erscheint —, daß der Mischungsweg von der Größenordnung der Entfernung x sei, erhält TUNITZKI für den Koeffizienten des turbulenten Austausches den Ausdruck

$$A \approx V \cdot \sqrt[3]{f/2\,r' \cdot x^{\frac{4}{3}}} \qquad (V, 105)$$

Ferner führt er die Dicke δ_D der Diffusionsschicht ein, die durch den x-Wert gegeben ist, bei dem der turbulente Austausch von der gleichen Größenordnung wird, wie die Diffuisonszahl D. Es folgt daher aus (V, 105) für die Dicke der Diffusionsschicht der Ausdruck

$$\delta_D = \left(\frac{D}{V}\right)^{\frac{3}{4}} \sqrt{f/2\,r'} \qquad (V, 106)$$

Bei den Teilchen, die kleiner als die Dicke der Diffusionsschicht sind, kann der Einfluß der Turbulenz vernachlässigt werden. In diesem Falle geht die Diffusion nach den Gesetzen vor sich, die für ein ruhendes Mittel gelten. Ist dagegen die Dimension der Teilchen bedeutend größer als δ_D, so ist der turbulente Stofftransport wesentlich für den Prozeß der Stoffübertragung und die nach (V, 106) definierte Diffusionsschicht tritt als solche bei der weiteren numerischen Behandlung des Problems auf.

Es wäre richtiger, von der willkürlichen Annahme abzusehen, daß die Teilchen von der turbulenten Schwankungsströmung völlig mitgenommen werden und umgekehrt die Schwankungsintensität zu errechnen, welche überschritten werden muß, damit ein Teilchen mitgerissen wird. Sie kann aus der Gleichsetzung der auf das Teilchen wirkenden hydrodynamischen Kraft und der Trägheitskraft des Teilchens gewonnen werden. Die erste Kraft ist durch den Ausdruck

$$C_f \cdot \varrho' \cdot v^2 \cdot 4\pi\,r^2$$

während die zweite Kraft durch den Ausdruck

$$\tfrac{4}{3}\,\pi\,r^3\,\varrho \cdot \frac{v}{\tau}$$

gegeben. Es bedeuten dabei: ϱ Dichte des Teilchenmaterials, ϱ' Dichte des strömenden Mittels, r Radius der Teilchen, v Strömungsgeschwindigkeit, C_f Widerstandskoeffizient (Größenordnung 1), τ Bewegungsperiode, gleich λ/v, worin λ das gesuchte Bewegungsmaß (Schwankungsmaß) ist. Daraus geht hervor, daß das größte Bewegungsmaß, bei dem ein Teilchen noch nicht mitgerissen wird, von der Größenordnung

$$\lambda \approx \frac{\varrho}{\varrho'} \cdot r \qquad\qquad (V,107)$$

ist.

Die Teilchen werden daher von der Flüssigkeit erst im Abstand λ und darüber umströmt, so daß in der Formel (V, 104) die Größe x durch λ zu ersetzen ist. Man erhält dann für die Strömungsgeschwindigkeit relativ zum Teilchen den Ausdruck

$$v = V \cdot \sqrt[3]{\frac{f}{2} \cdot \frac{r}{r'} \cdot \frac{\varrho}{\varrho'}} \qquad\qquad (V,108)$$

Der Diffusionsstrom zu der Teilchenoberfläche kann nach den Formeln der Theorie der konvektiven Diffusion errechnet werden, wobei an Stelle der Strömungsgeschwindigkeit die relative Geschwindigkeit(V,108) zu verwenden ist.

Eine experimentelle Prüfung der erläuterten Vorstellungen ist bislang noch nicht durchgeführt worden. Es wäre in diesem Lichte sehr interessant die Verdampfung der Tropfen in turbulenter Gasströmung sowie das Auflösen von dispersen Teilchen unter intensivem Rühren zu untersuchen.

Schrifttum

[1] Buben, Frank-Kameneckij: Ž. fiz. chim. Bd. 20 (1946) S. 225.
[2] Hofmann: Z. ges. Kälte-Ind. Bd. 44 (1937) S. 99; Forschg. Ingenieurwes. Ausg. A Bd. 11 (1940), S. 159.
[3] Eagle, Ferguson: Proc. Roy. Soc., London, Ser. A Bd. 127 (1930).
[4] Kármán, Beitrag in: Swejkovskij, Velikanov: Problemy turbulentnosti (Probleme der Turbulenz), 49 ff., GONTI, M. 1936; Trans. Amer. Soc. Mech. Eng. Bd. 61 (1939) S. 704.
[5] Landau, Lifšic: Mechanika splošnych sred (Mechanik der Kontinua) S. 111, GONTI, M. 1944.
[6] Levič: Ž. fiz. chim. Bd. 18 (1944) S. 335.
[7] Prandtl: Physik. Z. Bd. 11 (1910) S. 1072; Bd. 29 (1928) S. 487.
[8] Ten Bosch: Die Wärmeübertragung. 3. Aufl. 1936, S. 119.
[9] Kuprijanoff: Z. techn. Physik Bd. 16 (1935) S. 13.
[10] Tunickij: Ž. fiz. chim. Bd. 20 (1946) S. 1137.
[11] Mattioli: Forschung Bd. 11 (1940) S. 149.

Kapitel VI

Theorie der Verbrennung vom Standpunkt der Dimensionsanalysis

Unter Verbrennungsprozessen versteht man den selbstbeschleunigenden Ablauf von chemischen Reaktionen, der durch die Akkumulierung der Wärme oder der aktiven katalytischen Zwischenprodukte der Reaktionen bedingt ist. Die erste Reaktionsart wird als *thermische Verbrennung*, die zweite als *Diffusions-* oder *Kettenverbrennung* bezeichnet. Die thermische Verbrennung kann bei jeder exothermen Reaktion beobachtet werden, deren Geschwindigkeit hinreichend stark mit der Temperaturerhöhung ansteigt. Dagegen ist die Diffusionserwärmung nur im Falle einer autokatalytischen Reaktion möglich.

Den wesentlichen Inhalt der Theorie der Verbrennungsvorgänge bildet die *simultane Lösung* der Gleichungen der *chemischen Kinetik* mit der Gleichung der *Wärme-* bzw. der *Stoffübertragung*.

Im vorliegenden Kapitel geht es um die Anwendung der Methoden der *Ähnlichkeitstheorie* auf die Verbrennungsprozesse. Wir werden uns dabei bemühen, solche Erscheinungen und Merkmale herauszustreichen, die für alle Verbrennungstypen charakteristisch sind. Eins dieser Merkmale ist die rapide, nach einem Exponentialgesetz verlaufende Beschleunigung der chemischen Reaktion bei der Temperaturerhöhung. Es wird in diesem Zusammenhang nicht nach dem detaillierten chemischen Mechanismus der Verbrennungsreaktion gefragt, sondern wir beschränken uns nur auf die wesentlichen Merkmale der Reaktionskinetik. Die Berücksichtigung der Wärme- und Stoffübertragung, der Hydrodynamik und der chemischen Kinetik dieser Vorgänge gestattet den Aufbau einer Theorie, die den experimentellen Sachverhalt quantitativ richtig wiedergibt.

Theorie der thermischen Selbstentflammung

In der Theorie der thermischen Selbstentflammung wird die Frage untersucht, was geschieht mit einem Brennstoffgemisch, welches in ein Gefäß eingeführt wird, dessen Wände eine bestimmte vorgegebene Temperatur T_0 besitzen. Unter gewissen Bedingungen kann es zu einer spontanen Temperaturerhöhung führen, die nahe an die theoretisch-maximale Explosionstemperatur

$$T_m = T_0 + Q/c \qquad\qquad (VI, 1)$$

heranreicht; es bedeuten hier Q den Wärmeeffekt der Reaktion und c die spezifische Wärme des Reaktionsgemisches. Bestimmte, anders geartete Bedingungen können umgekehrt zur Einstellung einer stationären, von T_0 nur wenig abweichenden Temperatur führen. Dieser stationäre Zustand bleibt solange nahezu unverändert, bis der größte Teil der Reaktionskomponenten verbraucht ist. Bedingungen, bei denen der eine Reaktionsverlauf in den anderen übergeht, werden als *kritische Entflammungsbedingungen* bezeichnet. Es versteht sich, daß ein derartiger spontaner Übergang nur eintreten kann, wenn bestimmte, an einer späteren Stelle näher formulierte Voraussetzungen erfüllt sind.

Wir betrachten zunächst den einfachsten Grenzfall der rein konduktiven Wärmeübertragung, die bei kleinen Werten der GRASHOF-Zahl vorliegt. Eine strenge Behandlung der thermischen Selbstentflammung ist an die Lösung der Gleichung der Wärmeleitung

$$c\varrho \cdot \partial T/\partial t = \operatorname{div}(\lambda \cdot \operatorname{grad} T) + q'$$

mit kontuinierlich verteilten Wärmequellen, deren Dichte gleich q' ist, gebunden.

Die Lösung dieser Gleichung für eine konstante Wandtemperatur T_0 ergibt die Temperaturverteilung in dem Gefäß in Abhängigkeit von der Zeit. Bei den kritischen Bedingungen der Selbstentflammung muß sich der Charakter dieser zeitlichen Abhängigkeit spontan ändern, indem eine rapide Temperaturerhöhung eintritt. In Anbetracht der Schwierigkeiten, die die Integration der voranstehenden Differentialgleichung bietet, wurde dieser Lösungsweg bis jetzt noch nicht eingeschlagen. Man benutzt vielmehr zwei Näherungsmethoden, die zu einer instationären und einer stationären Theorie der Wärmeexplosion führen. In der *stationären* Theorie wird lediglich die räumliche Temperaturverteilung im Reaktionsgefäß ohne Rücksicht auf ihre zeitliche Veränderung untersucht. Dagegen befaßt sich die *nichtstationäre* Theorie mit dem zeitlichen Verlauf der mittleren Temperatur im Reaktionsgefäß, wobei die räumliche Verteilung dieser Temperatur außer acht gelassen wird.

Die Grundidee der Theorie der thermischen Selbstentflammung stammt von VAN'T-HOFF [1]. Danach besteht die Bedingung der thermischen Selbstentflammung in der Unmöglichkeit eines thermischen Gleichgewichtes zwischen dem reagierenden System und der Umgebung. Die qualitative Formulierung dieser Bedingung als Berührungspunkt der Kurve der Wärmeentwicklung und der die Wärmeabgabe darstellenden Geraden wurde von LE CHATELIER [2] gegeben. Mathematische Formulierung des Problems gab SEMENOW [3], indem er den Zusammenhang zwischen der Temperatur und dem Druck bei der thermischen Selbstentflammung ermittelt hat. Dieser Zusammenhang wurde später von SAGULIN und anderen experimentell bestätigt.

Die nichtstationäre Theorie der thermischen Explosion ist von TODES [4] und von RICE und seinen Mitarbeitern [5], die stationäre Theorie vom Verfasser dieses Buches [6] entwickelt worden.

Stationäre Theorie der thermischen Explosion

In der stationären Theorie wird die Wärmeleitungsgleichung mit stetig verteilten Wärmequellen betrachtet. Die Lösung dieser Gleichung ergibt die stationäre Temperaturverteilung im Reaktionsgemisch. Bedingungen, bei denen der stationäre Verlauf der Reaktion nicht mehr möglich ist, stellen die gesuchten kritischen Bedingungen der Selbstentflammungen dar.

Die stationäre Wärmeleitungsgleichung lautet:

$$\operatorname{div}(\lambda \cdot \operatorname{grad} T) = -q' \qquad (VI, 2)$$

oder bei der Vernachlässigung der Temperaturabhängigkeit der Wärmeleitzahl:

$$\lambda \cdot \varDelta T = -q' \qquad (VI, 3)$$

wobei $\varDelta$ der LAPLACE-Operator ist.

Die Dichte der Wärmequellen q' gibt die pro Zeit- und Volumeneinheit entwickelte Reaktionswärme an und ist gleich dem Produkt der Wärmetönung der Reaktion mit der Reaktionsgeschwindigkeit. Wenn die Temperaturabhängigkeit der Reaktionsgeschwindigkeit dem Gesetz von ARRHENIUS gehorcht, kann die Reaktionsgeschwindigkeit durch den Ausdruck

$$z \cdot \exp(-E/R\,T)$$

dargestellt werden, wobei der Faktor z von dem Druck und der Zusammensetzung des Gemisches, jedoch in erster Näherung nicht von der Temperatur abhängig ist.

Mit der Wärmetönung Q der Reaktion gilt für die Dichte der Wärmequellen die Beziehung

$$q' = Q \cdot z \cdot \exp(-E/R\,T) \qquad (VI, 4)$$

Aus (VI, 3) erhält man dann die Differentialgleichung

$$\varDelta T = -\frac{Q}{\lambda} \cdot z \cdot \exp(-E/R\,T) \qquad (VI, 5)$$

mit der Grenzbedingung $T = T_0$ an den Wänden des Reaktionsgefäßes.

Um diese Gleichung mit den Methoden der Ähnlichkeitstheorie zu analysieren, muß ein dimensionsloser Ausdruck für die Temperatur gefunden werden, welcher eine günstige Umformung des Gesetzes von ARRHENIUS ermöglicht. Die üblichen Verfahren zur Bildung von dimensionslosen Variablen sind hier nicht ohne weiteres anwendbar, da die Temperatur im Exponenten steht. Die Frage nach der zweckmäßigen Umformung des Gesetzes von ARRHENIUS erweist sich bei sämtlichen Anwendungen der Ähnlichkeitstheorie auf die kinetischen Vorgänge bei veränderlicher Temperatur, insbesondere bei der Behandlung der Verbrennungsprozesse von ausschlaggebender Bedeutung.

Im vorliegenden Fall gibt es zwei Möglichkeiten zur Bildung eines dimensionslosen Ausdruckes für die Temperatur. Die erste ist bereits durch die Form des ARRHENIUS-Gesetzes gegeben, indem als dimensionslose Temperatur der Ausdruck

$$u = R\,T/E \qquad\qquad (VI, 6)$$

verwendet wird. Als dimensionslose Koordinate setzen wir $\xi = x/r$, wobei r der Radius des sphärischen bzw. zylindrischen Gefäßes ist. Die Gl. (VI, 5) geht dann in

$$\Delta_\xi u = -\frac{Q}{\lambda} \cdot \frac{R}{E} \cdot r^2 \cdot z \cdot \exp(-1/u) \qquad\qquad (VI, 7)$$

mit der Randbedingung $u = u_0 = R\,T_0/E$ für $\xi = 1$ über.

Die Gleichung enthält einen dimensionslosen Parameter

$$v = \frac{Q}{\lambda} \cdot \frac{R}{E} \cdot r^2 \cdot z \qquad\qquad (VI, 7a)$$

Die der Randbedingung entsprechende Lösung der Gl. (VI, 7) hat die Form

$$u = f(\xi;\, v;\, u_0) \qquad\qquad (VI, 8)$$

so daß sie durch zwei dimensionslose Parameter u_0 und v bestimmt wird. Die Bedingung, bei der ein stationärer Reaktionsverlauf nicht mehr möglich ist, muß demnach die Form

$$v = f(u_0) \qquad\qquad (VI, 9)$$

haben. TODES und KONTOROWA [7] haben versucht, die analytische Form dieser f-Funktion zu ermitteln.

Die Formel (VI, 9) stellt den allgemeinsten Ausdruck für die Entflammungsbedingungen dar, der mit Hilfe der Ähnlichkeitstheorie gewonnen werden kann. Es ist jedoch von praktisch weittragender Bedeutung, daß in allen wirklich realisierbaren Fällen eine zusätzliche Bedingung

$$u_0 = R\,T_0/E \ll 1$$

erfüllt ist. Es ist daher zweckmäßig, die Grenzform der Beziehung (VI, 9) für $u_0 \to 0$ zu suchen und sie, sofern sie existiert, auf die praktischen Fälle anzuwenden. Es zeigt sich sogar, daß dieser Grenzfall nicht nur bedeutend einfachere nummerische Ergebnisse zuläßt, sondern darüber hinaus die spezifischen, den Verbrennungsprozeß charakterisierenden Merkmale besonders klar zu erkennen gestattet.

Bei der Bestimmung dieser Grenzform machen wir von dem Umstand Gebrauch, daß die Erwärmung des Systems bei stationärem Reaktionsverlauf nur gering ist. Wir führen die Veränderliche $\vartheta = T - T_0$ ein und können dabei annehmen, daß $\vartheta \ll T_0$ ist. Die Äquivalenz dieser Annahme mit der Voraussetzung $u_0 \ll 1$ wird post factum bewiesen.

Die Exponentialfunktion kann jetzt wie folgt umgeformt werden,

$$\exp(-E/R\,T) = \exp\left[-\frac{E}{R\,T_0}\Big/(1 + \vartheta/T_0)\right] \\ \sim \exp(-E/R\,T_0)\cdot\exp(\vartheta\cdot E/R\,T_0^2) \qquad\qquad (VI, 10)$$

indem der Exponent in eine Potenzreihe nach ϑ/T_0 entwickelt wird und die höheren Glieder, mit Rücksicht auf die Voraussetzung $\vartheta \ll T_0$, gestrichen werden.

Die Beziehung (VI, 5) geht nunmehr in die Näherungsgleichung

$$\Delta\vartheta = \frac{Q}{\lambda}\cdot z\cdot\exp\left(-\frac{E}{R\,T_0}\right)\cdot\exp\left(\frac{E}{R\,T_0^2}\cdot\vartheta\right) \qquad (VI, 11)$$

über.

Die Form dieser Gleichung weist auf die zweite Möglichkeit hin, die Temperatur durch das Einführen der Größe

$$\Theta = \frac{E}{R\,T_0^2}\cdot\vartheta = \frac{E}{R\,T_0}\cdot\frac{T - T_0}{T_0} \qquad (VI, 12)$$

dimensionslos darzustellen. Die Gleichung geht dann in

$$\Delta_\xi\Theta = -\frac{Q}{\lambda}\cdot\frac{E}{R\,T_0^2}\cdot r^2\cdot z\cdot\exp(-E/R\,T_0)\cdot\exp\Theta \qquad (VI, 13)$$

mit der Randbedingung $\Theta = 0$ bei $\xi = 1$ über.

Die Lösung dieser Differentialgleichung enthält nunmehr nur einen einzigen dimensionslosen Parameter

$$\delta = \frac{Q}{\lambda}\cdot\frac{E}{R\,T_0^2}\cdot r^2\cdot z\cdot\exp(-E/R\,T_0) \qquad (VI, 14)$$

welcher alle charakteristischen Merkmale des Reaktionsgemisches und des Reaktionsgefäßes erfaßt, die für die thermische Entflammung wesentlich sind.

Während die Lösung der Differentialgleichung die Form

$$\Theta = f(\xi;\,\delta) \qquad (VI, 15)$$

hat, wird die kritische Bedingung der Selbstentflammung, bei welcher ein stationärer Reaktionsverlauf nicht mehr möglich ist, durch einen bestimmten Wert des Parameters

$$\delta = \delta_{kr} = \text{const} \qquad (VI, 16)$$

charakterisiert. Falls das Einsetzen der Versuchsdaten in (VI, 14) zu einem kleineren Wert als δ_{kr} führt, ist mit dem *stationären* Reaktionsverlauf zu rechnen. Im entgegengesetzten Fall muß es zu einer *Explosion* kommen. Der kritische Wert von δ_{kr} hängt von der geometrischen Form des Reaktionsgefäßes ab und kann durch die Integration der Gl. (VI, 13) nummerisch bestimmt werden (s. das nächste Kapitel). Für den sphärischen Behälter ist $\delta_{kr} = 3{,}32$; für einen unendlich langen zylindrischen

Behälter 2,00. Die theoretisch ermittelten kritischen Bedingungen der Entflammung stimmen gut mit den experimentell gewonnenen Daten überein.

Aus (VI, 15 und 12) geht hervor, daß die maximale Erwärmung unterhalb der Explosionsgrenze

$$\vartheta_{\max} = (T - T_0)_{\max} = \frac{R\,T_0^2}{E} \cdot f(0;\,\delta_{kr})$$

proportional der Größe $R\,T_0^2/E$ ist. Das bedeutet, daß für $R\,T_0 \ll E$ zugleich auch $\vartheta \ll T_0$ ist, womit nachgewiesen ist, daß die bei der Ableitung der Beziehung (VI, 10) gemachte Annahme in der Tat der Bedingung $u_0 \ll 1$ äquivalent ist.

Aus (VI, 6), (VI, 7a) und (VI, 14) geht hervor, daß die Funktion (VI, 9) für $u_0 \ll 1$ zu der Form

$$v = \delta_{kr} \cdot u_0^2 \cdot \exp(1/u_0)$$

strebt, deren Betrachtung für die Behandlung der Theorie der Verbrennungsprozesse einzig sinnvoll ist. Wenn $R\,T_0$ nicht klein gegen E ist, kann ein für die Verbrennungsvorgänge charakteristisches Bild nicht gewonnen werden. In diesem allgemeinen Falle muß man eher von einer Theorie der nichtisothermen chemischen Reaktionen sprechen, deren Grenzfall erst die Theorie der Verbrennung darstellt.

Der Vorzug der Größe $\dfrac{E}{R\,T_0} \cdot \dfrac{T - T_0}{T_0}$ gegenüber der Größe $R\,T/E$ sowie die Vorteile, die mit dem Grenzübergang $u_0 \to 0$ verbunden sind, bestehen darin, daß im ersten Fall die kritischen Entflammungsbedingungen durch eine Funktion zweier dimensionslosen Parameter v, u_0 [Beziehung (VI, 9)], hingegen im zweiten Fall durch einen konstanten charakteristischen Wert eines dimensionslosen Parameters δ [Beziehung (VI, 16)] gekennzeichnet sind.

Diese Vorzüge hängen im Grunde genommen mit der zweckmäßigen Wahl des Temperaturmaßes zusammen: im ersten Fall tritt die Größe E/R als ein Temperaturmaß auf. Bei allen wirklichen Prozessen ist dieses Maß (Größenordnung 10000°) außerordentlich groß im Vergleich zu der Temperaturerhöhung bei solchen Prozessen. Hingegen stellt die zweite Größe $R\,T_0^2/E$ ein dem Problem angemessenes Maß dar, da die auftretenden Temperaturerhöhungen von der gleichen Größenordnung sind.

Die hier entwickelte reine Konduktionstheorie kann nur bei geringen Drucken und kleinen Gefäßdimensionen verwendet werden, bei denen der Einfluß der Konvektion vernachlässigbar ist. Bei den Vorgängen, bei denen auch die *freie Konvektion* den Reaktionsverlauf wesentlich mitbestimmt, muß die Theorie neben der um das Glied $V \cdot \mathit{grad}\ T$ erweiterten Gleichung der Wärmeleitung noch die entsprechende Gleichung der

Hydrodynamik berücksichtigen. Dieses Gleichungssystem wird gewöhnlich in Näherungsform

$$a \cdot \Delta T = - \frac{Q}{c \, \varrho} \cdot v + V \cdot \operatorname{grad} T$$

$$V \cdot \operatorname{grad} V = g \cdot \frac{\vartheta}{T} + \nu \cdot \Delta V$$

geschrieben. Es bedeuten hier V die Geschwindigkeit der konvektiven Gasbewegung, v die Geschwindigkeit der chemischen Reaktion, g die Erdbeschleunigung, ν die kinematische Viskosität. Aus diesem Gleichungssystem muß die Geschwindigkeit V eliminiert werden, da sie nicht zu den bestimmenden Parametern des Vorganges zählt.

Die Anwendung der Ähnlichkeitsmethoden auf dieses Gleichungssystem läßt erkennen, daß der kritische Wert des Parameters bei der freien Konvektion eine Funktion der GRASHOFschen Zahl sein muß:

$$\delta_{kr} = f(Gr) \qquad\qquad (\text{VI}, 17)$$

Die GRASHOF-Zahl wird in diesem Fall durch den Ausdruck

$$Gr = \frac{g \cdot d^3}{a^2} \cdot \frac{R \, T_0}{E} \qquad\qquad (\text{VI}, 17\,\text{a})$$

definiert.

Die Funktion (VI, 17) ist universeller Art und kann durch die Bearbeitung der Versuchsdaten ermittelt werden. Bei den Werten $Gr < 10^4$ kann der Einfluß der Konvektion vernachlässigt werden. Aus diesem Grunde können die zur Zeit bekannten Versuchsdaten über die thermische Selbstentflammung, die sämtlich den Werten $Gr < 10^4$ entsprechen, nicht für die Bestimmung dieser Funktion herangezogen werden. Ein Näherungsausdruck dafür kann in Verbindung mit der nichtstationären Theorie und den experimentell ermittelten Werten der Wärmeübergangszahl gewonnen werden.

Die während der Induktionsperiode verbrauchte Stoffmenge bleibt in der stationären Theorie der Verbrennung unberücksichtigt. Bei der nichtkatalytischen Reaktionskinetik wird die Reaktionsgeschwindigkeit entsprechend der *Anfangskonzentration* der Reaktionskomponenten angesetzt. Bei katalytischen Reaktionen nimmt man die *maximale Reaktionsgeschwindigkeit*. Den durch diese Festsetzung bedingten Fehler kann man nur im Rahmen der nichtstationären Theorie abschätzen.

Nichtstationäre Theorie der thermischen Explosion

In der nichtstationären Theorie wird die Wärmebilanz für das ganze Reaktionsgefäß unter der Annahme, daß die Temperatur in allen Punkten des Gemisches gleich ist, aufgestellt. Diese Annahme trifft auf den konduktiven Reaktionsverlauf sicherlich nicht zu; sie läuft praktisch auf die Bestimmung von Durchschnittswerten der temperaturabhängigen Größen hinaus. Es zeigt sich aber, daß die damit verbundenen Fehler verhältnismäßig gering sind. Wird das Reaktionsvolumen mit ω, die Oberfläche der Gefäßwände mit S und die Wärmeübergangszahl mit α bezeichnet, so gibt der Ausdruck

$$\omega \cdot Q \cdot z \cdot \exp(-E/R\,T)$$

die in dem Gesamtvolumen pro Zeiteinheit erzeugte Reaktionswärme und der Ausdruck

$$\alpha \cdot S \cdot (T - T_0)$$

die durch die Wände pro Zeiteinheit abgeführte Wärmemenge an. Ihre Differenz ist gleich der zum Erwärmen des Gemisches verbrauchten Wärmemenge:

$$\omega\,c\,\varrho \cdot dT/dt = \omega \cdot Q \cdot z \cdot \exp(-E/R\,T) - \alpha \cdot S \cdot (T - T_0)$$

bzw.

$$dT/dt = \frac{Q}{c\,\varrho} \cdot z \cdot \exp(-E/R\,T) - \frac{\alpha \cdot S}{c\,\varrho\,\omega} \cdot (T - T_0) \qquad \text{(VI, 18)}$$

Nach der Umformung gemäß (VI, 10) und Einführung der dimensionslosen Temperatur entsprechend (VI, 12) wird die Gleichung auf die Form

$$\frac{d\Theta}{dt} = \frac{Q}{c\,\varrho} \cdot \frac{E}{R\,T_0^2} \cdot z \cdot \exp(-E/R\,T_0) \cdot \exp\Theta - \frac{\alpha \cdot S}{c\,\varrho\,\omega} \cdot \Theta \qquad \text{(VI, 18a)}$$

mit der Anfangsbedingung

$$\text{für} \quad t = 0; \qquad \Theta = 0$$

gebracht. Die in dieser Gleichung enthaltenen Terme haben eine Dimension der reziproken Zeit. Um die Gleichung dimensionslos zu machen, bedarf es eines natürlichen Zeitmaßes. Die Gl. (VI, 18a) enthält zwei derartige Größen:

$$1/\tau_1 = \frac{Q}{c} \cdot \frac{E}{R\,T_0^2} \cdot \frac{z}{\varrho} \cdot \exp(-E/R\,T_0) \qquad \text{(VI, 19)}$$

$$1/\tau_2 = \frac{\alpha \cdot S}{c\,\varrho\,\omega} \qquad \text{(VI, 19a)}$$

Die Lösung der Gl. (VI, 18a) kann daher auf die Form

$$\Theta = f\left(\frac{t}{\tau} \; ; \; \frac{\tau_2}{\tau_1}\right) \qquad \text{(VI, 20)}$$

gebracht werden, wobei unter τ eine von den beiden Größen τ_1 und τ_2 zu verstehen ist.

Der Zusammenhang zwischen der dimensionslosen Temperatur und der dimensionslosen Zeit wird somit nur durch einen dimensionslosen Parameter τ_2/τ_1 beeinflußt. Insbesondere wird ein steiler zeitlicher Temperaturanstieg — wenn überhaupt — erst bei einem gewissen kritischen

Wert dieses Parameters auftreten, so daß sich die kritische Bedingung der Selbstentflammung auf die Form

$$\frac{\tau_2}{\tau_1} = \left(\frac{\tau_2}{\tau_1}\right)_{\mathrm{kr}} = \mathrm{const} \qquad (\mathrm{VI}, 21)$$

bringen läßt. Dieses Ergebnis wurde zuerst von Todes [4] gefunden. Mit der Beziehung

$$\alpha = Nu \cdot \frac{\lambda}{d}$$

der Theorie der Wärmeübertragung kann leicht gezeigt werden, daß der Parameter (τ_2/τ_1) bis auf einen, durch die Form des Reaktionsgefäßes bedingten Faktor, mit dem Parameter δ der stationären Theorie übereinstimmt. Die Nusselt-Zahl ist im Falle der reinen Konduktion eine konstante Größe; bei Konvektion hängt sie von der Gr-Zahl ab.

Es ist bemerkenswert, daß beide Theorien der Verbrennungsprozesse zu ein und demselben Kriterium führen, welches die kritischen Bedingungen der Selbstentflammung kennzeichnet.

Wir wollen noch den physikalischen Sinn der beiden Zeitkonstanten τ_1 und τ_2 ermitteln. Die Gl. (VI, 18 a) kann mit (VI, 19) und (VI, 19 a) in der Form

$$\frac{d\Theta}{dt} = \frac{\exp\Theta}{\tau_1} - \frac{\Theta}{\tau_2} \qquad (\mathrm{VI}, 22)$$

geschrieben werden: der erste Term rechts ist proportional der entwickelten Reaktionswärme, der zweite der durch die Wände abgeführten Wärmemenge. Bei größerer Entfernung von den Wänden im Inneren des Reaktionsgefäßes überwiegt der erste Term. Hier kann daher die Wärmeabführung vernachlässigt und die Explosion als ein adiabatisch verlaufender Prozeß behandelt werden. In diesem Fall wird die zeitliche Abhängigkeit der Temperatur durch eine Beziehung der Form

$$\Theta = f(t/\tau_1) \qquad (\mathrm{VI}, 23)$$

wiedergegeben. Da die erforderliche Zeitdauer, um einen bestimmten Wert von Θ zu erreichen dem Betrag von τ_1 proportional ist, muß daraus die Schlußfolgerung gezogen werden, daß auch die Induktionszeit, während der die Explosion zur Entfaltung kommt, der Größe τ_1 proportional ist. Wie Todes [4] analytisch gezeigt hat, ist diese Größe mit der Dauer der Induktion identisch und wird deshalb schlechthin als *adiabatische Induktionszeit* bezeichnet.

Aus der Gl. (VI, 22) geht auch die physikalische Bedeutung der zweiten Zeitkonstante τ_2 hervor: beim Fehlen der Wärmeerzeugung würde sie den zeitlichen Verlauf der Wärmeabgabe nach außen charakterisieren und wird daher als *Zeitkonstante der Wärmeabgabe* bezeichnet. Die kritische Bedingung (VI, 21) für das Auftreten einer Explosion kann jetzt dahingehend formuliert werden, daß es sich dabei um ein bestimmtes kritisches Verhältnis der charakteristischen Zeitkonstante der Wärmeabgabe zu der adiabatischen Induktionszeit handelt.

Mit den gewonnenen Ergebnissen kann nunmehr die Frage geklärt werden, unter welchen Umständen die während der Induktionszeit verbrauchte Gasmenge vernachlässigt werden kann. Zu diesem Zweck rechnen wir den Verbrauch beim isothermen Verbrennen während der Zeitdauer der adiabatischen Induktion aus:

$$\frac{z}{\varrho} \cdot \exp(-E/R\,T_0) \cdot \tau_1 = \left(\frac{\Theta}{c} \cdot \frac{E}{R\,T_0^2}\right)^{-1} = \frac{1}{B} \qquad (\text{VI}, 24)$$

wobei B einen neuen dimensionslosen Parameter

$$B = \frac{Q}{c} \cdot \frac{E}{R\,T_0^2} \qquad (\text{VI}, 25)$$

bedeutet.

Mit (VI, 1) und (VI, 12) und (VI, 25) kann dieser Parameter in Verbindung mit der maximalen Temperatur der Explosion gebracht werden:

$$B = \frac{E}{R\,T_0^2} \cdot (T_m - T_0) = \Theta_m$$

Somit ist der Parameter B mit der maximalen dimensionslosen Temperaturerhöhung der Explosion identisch, wobei die spezifische Wärme des Gasgemisches als konstant vorausgesetzt ist.

Sofern die Ungleichung $B \gg 1$ zutrifft, ist die Vernachlässigung des während der Induktionszeit eingetretenen Verbrauchs durchaus zulässig, sofern der Prozeß mehr oder weniger adiabatisch verläuft. Bei kleineren Werten von B kommt eine Explosion überhaupt nicht zustande; in diesem Falle unterscheidet sich die maximale Temperatur nur unwesentlich von der Temperatur des stationären Verlaufs und ein spontaner Übergang des Reaktionsverlaufes tritt nicht ein.

Somit erhalten alle die Näherungen, in denen die spezifischen Merkmale des Verbrennungsprozesses zum Ausdruck kommen, nur dann ihre Berechtigung, wenn zwei folgende Bedingungen:

$$1/u_0 = E/R\,T_0 \gg 1$$

$$B = \frac{E}{R\,T_0^2} \cdot \frac{Q}{c} \gg 1$$

erfüllt sind. Die Theorie der Verbrennung ist eben ein *Grenzfall* der allgemeinen Theorie der nichtisothermen, chemischen Reaktionen, die erst bei den großen Werten der beiden angeführten Parameter gültig ist.

Thermische Ausbreitung der Flammenfront

Bei der Behandlung der thermischen Ausbreitung der Flamme gehen wir wiederum von der Wärmeleitungsgleichung (I, 51) mit stetig verteilten Wärmequellen aus. Die Bedingungen, unter denen die Gleichung gelöst werden muß, sind hier jedoch wesentlich andere. Es wird der Reaktionsablauf gesucht, bei dem sich die Flammenfront mit einer konstanten linearen Geschwindigkeit durch das Reaktionsgemisch fortpflanzt. Da es dabei nur auf die relative Geschwindigkeit der Flammenfront zu dem Gasgemisch ankommt, kann man den ungekehrten Fall betrachten, daß die Flammenfront im Raume ruht und das Reaktionsgemisch in die Flamme hineingeblasen wird. Wenn man von den Nebeneffekten, wie beispielsweise dem Einfluß der Wände auf die hydrodynamischen Bedingungen im Gasstrom absieht, so sind die beiden Fälle einander völlig äquivalent, wobei die Geschwindigkeit des Durchblasens gleich der gesuchten Fortpflanzungsgeschwindigkeit w der Flammenfront ist.

Wir führen zwei Koordinatensysteme ein: Die Koordinate x möge relativ zu der Flammenfront und die Koordinate ξ relativ zu dem Gasstrom unbewegt sein. Während der Vorgang im Koordinatensystem ξ nicht stationär ist und dort deshalb die Gl. (I, 51) anzuwenden ist, tritt der Prozeß in dem Koordinatensystem x als ein stationärer Vorgang in Erscheinung, für den $dT/dt = 0$ ist. In diesem Falle ist jedoch die Anwendung der Gl. (I, 51) nicht zulässig, da mit der Gasbewegung ein zusätzlicher Wärmetransport verbunden ist, welcher in (I, 51) nicht berücksichtigt ist.

Für das Koordinatensystem ξ gilt die Gleichung

$$c\,\varrho\,(\partial T/\partial t)_\xi = \mathrm{div}_\xi(\lambda\,\mathrm{grad}_\xi T) + q'$$

Die Koordinaten x und ξ sind miteinander mittels der Beziehung

$$x = \xi + w \cdot t$$

verknüpft. Wird nun das ξ-Argument durch x ersetzt, so geht die Gleichung mit Rücksicht auf die Stationarität des Vorganges im x-Koordinatensystem in

$$c\,\varrho\,w \cdot \frac{\partial T}{\partial x} = \mathrm{div}(\lambda \cdot \mathrm{grad}\,T) + q' \qquad (\mathrm{VI}, 26)$$

über. Wir vernachlässigen die Abgabe der Wärme an die Wände des Gefäßes, wodurch das Problem eindimensional wird und die partiellen Ableitungen durch die gewöhnlichen ersetzt werden können.

Da wir im weiteren keine exakte analytische Lösung anstreben und uns nur auf die Behandlung des Problems vom Standpunkt der Ähnlichkeitstheorie beschränken wollen, werden wir die Temperaturabhängigkeit der spezifischen Wärme außer acht lassen, obwohl diese gerade im vorliegenden Fall für eine nummerische Erfassung des Problems von besonderer Bedeutung ist. Unter diesen Voraussetzungen geht die Gl. (VI, 26) in

$$a \cdot \frac{d^2 T}{d x^2} - w \cdot \frac{dT}{dx} + \frac{q'}{c\,\varrho} = 0 \qquad (\mathrm{VI}, 27)$$

über. Die Größe q' kann durch die Wärmetönung Q und die charakteristische Reaktionszeit τ ausgedrückt werden:

$$q' = \frac{Q\,\varrho}{\tau} \qquad (\text{VI, 28})$$

Die letztere ist eine der relativen Reaktionsgeschwindigkeit umgekehrt proportionale Größe und entspricht der Zeitdauer, innerhalb welcher das gesamte Reaktionsgemisch bei konstant bleibender Reaktionsgeschwindigkeit verbrennen würde.

Man erhält somit die Gleichung

$$a \cdot \frac{d^2 T}{dx^2} - w \cdot \frac{dT}{dx} + \frac{Q}{c\tau} = 0 \qquad (\text{VI, 29})$$

wobei τ eine noch festzulegende Funktion der Temperatur ist. Mit der Einführung der maximalen Verbrennungstemperatur

$$T_m^* = T_0 + \frac{Q}{c} \qquad (\text{VI, 30})$$

(T_0 Anfangstemperatur, c wird als temperaturunabhängig vorausgesetzt) geht die Gleichung in

$$a \cdot \frac{d^2 T}{dx^2} - w \cdot \frac{dT}{dx} + \frac{T_m^* - T_0}{\tau} = 0 \qquad (\text{VI, 30a})$$

über. Sie ist für folgende Randbedingungen zu integrieren:

$$\begin{aligned} \text{bei} \quad x &= -\infty\,; \qquad T = T_0 \\ x &= +\infty\,; \qquad T = T_m \end{aligned} \qquad (\text{VI, 30b})$$

Die Größe T_m ist die tatsächliche maximale Verbrennungstemperatur, die in Anbetracht der Vernachlässigung der Wärmeabgabe durch die Gefäßwände erreicht wird. Aus den Grenzbedingungen geht unmittelbar hervor, daß bei $x = \pm\infty$ die Ableitung $dT/dx = 0$ ist.

Die Gl. (VI, 30a) ist zweiter Ordnung; ihr allgemeines Integral enthält somit zwei Integrationskonstanten. Man könnte daher zunächst meinen, daß die Befriedigung der beiden Randbedingungen bei jedem willkürlichen Wert von w möglich sei. Eine nähere Untersuchung der Gleichung zeigt jedoch, daß diese Vermutung nicht zutreffend ist: da die Gleichung selbst die Koordinate x explizit nicht enthält und die Randbedingungen nur für $x = +\infty$ zu erfüllen sind, ist eine Lokalisierung der Flammenfront im Koordinatensystem durch die Gleichung nicht gegeben. Die Lösung muß daher gegen eine Verschiebung des Koordinatenursprunges invariant sein, so daß die Ortskoordinate nur in Verbindung mit einer Konstante in der Form $(x + c)$ auftreten kann. Mithin wird eine der beiden Integrationskonstanten für die örtliche Festlegung des Vorganges benötigt und die noch frei verfügbare zweite Konstante vermag nur bei einem bestimmten Wert von w die vorgegebenen Randbedingungen zu befriedigen. Dieser ausgezeichnete Wert von w ist dann die gesuchte Fortpflanzungsgeschwindigkeit der Flammenfront.

Man kann diesen Sachverhalt auch von einer anderen Seite her beleuchten: da die Gleichung die Größe x nicht explizit enthält, kann darin T als unabhängige Veränderliche und $y = dT/dx$ als gesuchte Funktion mit den Randbedingungen $y = 0$ bei $T = T_0$ und $T = T_m$ aufgefaßt werden. Bezüglich dieser Veränderlichen ist die Gl. (VI, 30a) nur erster Ordnung und lautet nunmehr

$$a\, y\, \frac{dy}{dT} - w\, y + \frac{T_m^* - T_0}{\tau} = 0 \qquad \text{(VI, 30c)}$$

Ihr allgemeines Integral hat lediglich eine Integrationskonstante, welche nur in Verbindung mit einem bestimmten Wert von w die beiden Randbedingungen gleichzeitig befriedigen kann.

Konsequenterweise wollen wir neben der Wärmeleitzahl auch die spezifische Wärme des Gasgemisches als temperaturunabhängig voraussetzen und somit die Größen T_m und T_m^* einander gleichsetzen. Die auf diesem Wege gewonnenen Ergebnisse lassen sich durch die nachträgliche Berücksichtigung der Temperaturabhängigkeit der physikalischen Konstanten verbessern, was wir jedoch hier nicht vornehmen werden.

Eine wesentliche Rolle kommt der Größe τ in der Gl. (VI, 30a) zu. Sie ist durch die Formel von ARRHENIUS mit der Temperatur verknüpft. Wir haben bereits gezeigt, welch eine Bedeutung eine zweckmäßige Wahl des Temperaturmaßes bei den Prozessen hat, die unter veränderlichen Temperaturbedingungen verlaufen.

Eine Lösung der Frage über die Fortpflanzungsgeschwindigkeit der Flammenfront wurde — unter Berücksichtigung der wirklichen Temperaturabhängigkeit der Reaktionsgeschwindigkeit — erst in jüngster Zeit gegeben. Bis dahin fanden die vereinfachten Theorien Verwendung, die von gewissen schematischen, physikalisch unzutreffenden Temperaturfunktionen der Reaktionsgeschwindigkeit ausgingen. Die wohl am besten in sich abgeschlossene Theorie ist von DANIELL [8] entwickelt worden. Diese Theorie soll hier erläutert werden, bevor wir zu einer physikalisch fungierten Theorie übergehen.

Theorie von Daniell

In der Theorie von DANIELL wird angenommen, daß unterhalb einer gewissen Zündtemperatur T_i die Reaktionsgeschwindigkeit gleich Null ist und erst oberhalb dieser Temperatur die Reaktion entweder mit einer konstanten, von der Temperatur unabhängigen Geschwindigkeit vor sich geht oder die Verbrennung des Gasgemisches sich momentan, innerhalb einer sehr kurzen und von der Temperatur ebenfalls unabhängigen Induktionszeit vollzieht. Diese beiden Varianten unterscheiden sich zwar analytisch, sind aber vom Standpunkt der Ähnlichkeitstheorie im wesentlichen identisch.

Es gilt somit für diese Theorie:

$$\text{für} \quad T < T_i \qquad \tau = \infty$$
$$T > T_i \qquad \tau = \text{const}$$

Dementsprechend ist die Gl. (VI, 30a) für jede dieser beiden Temperaturbereiche getrennt zu lösen, wobei die Teillösungen für $T = T_i$ aufeinander abgestimmt werden müssen. Es ist nicht schwer einzusehen, daß das Temperaturintervall $T_i - T_0$ das zweckmäßige Temperaturmaß darstellt, bei welchem die Anschlußbedingung beider Teillösungen keine zusätzlichen Parameter hereinbringt.

Wir haben nun die Aufgabe, die Gl. (VI, 30a) auf eine dimensionslose Form zu bringen. Da die Wärmeabführung durch die Wände außer acht gelassen worden ist, bietet das Problem kein natürliches Längenmaß, so daß wir ein unbestimmtes provisorisches Maß d einführen, welches anschließend durch die das Problem eindeutig bestimmenden Parameter ausgedrückt wird.

Mit der dimensionslosen Temperatur

$$\Theta = \frac{T - T_0}{T_i - T_0} \tag{VI, 31}$$

und der dimensionslosen Koordinate

$$\xi = x/d$$

läßt sich die Gl. (VI, 30a) auf die Form

$$\frac{d^2\Theta}{d\xi^2} - \frac{w \cdot d}{a} \cdot \frac{d\Theta}{d\xi} + \frac{T_m - T_0}{T_i - T_0} \cdot \frac{d^2}{a\tau} = 0 \tag{VI, 32}$$

bringen. Die Randbedingungen lauten nunmehr

$$\text{für} \quad \xi = +\infty \qquad \Theta = \Theta_m$$
$$\text{für} \quad \xi = -\infty \qquad \Theta = 0 \tag{VI, 32a}$$

und der Anschluß beider Teillösungen ist bei $\Theta = 1$ vorzunehmen. In der Gleichung treten somit zwei dimensionslose Parameter $w \cdot d/a$ und $\frac{T_m - T_0}{T_i - T_0} \cdot d^2/a\tau$ und in der Randbedingung ein weiterer Parameter $\Theta_m = \frac{T_m - T_0}{T_i - T_0}$ in Erscheinung. Die ersten beiden Größen stellen jedoch keine Bestimmungsparameter dar, da sie das willkürliche Längenmaß d enthalten. Wird dieses aus den beiden Größen eliminiert, so erhält man $\frac{a}{w^2 \cdot \tau} \cdot \frac{T_m - T_0}{T_i - T_0}$. Daraus wird ersichtlich, daß die Beschreibung des Problems durch die Bestimmungsparameter

$$a/w^2\tau \qquad \text{und} \qquad \frac{T_m - T_0}{T_i - T_0}$$

vorgenommen werden kann. Daraus geht unmittelbar hervor, daß die Bedingung für eine stationäre Fortpflanzung der Flammenfront als ein funktionaler Zusammenhang zwischen den beiden Parametern

$$\frac{a}{w^2 \cdot \tau} = f\left(\frac{T_m - T_0}{T_i - T_0}\right) \tag{VI, 33}$$

dargestellt werden kann, woraus sich für die Fortpflanzungsgeschwindigkeit die Beziehung

$$w = \sqrt{\frac{a}{\tau} \cdot F\left(\frac{T_m - T_0}{T_i - T_0}\right)} = \sqrt{\frac{a}{\tau} \cdot F(\Theta_m)} \tag{VI, 34}$$

ergibt, die als Formel von DANIELL bekannt ist.

Je nach der vorausgesetzten Variante der Theorie, d. h. je nachdem, ob bei $T > T_i$ die Reaktion mit konstanter Geschwindigkeit verläuft oder sich die Verbrennung innerhalb einer sehr kurzen Induktionszeit vollzieht, führt die analytische Behandlung des Problems zu $F(\Theta_m) = \Theta_m - 1$ oder zu $F(\Theta_m) = \ln \Theta_m$.

Die Dicke der Flammenzone ist proportional dem natürlichen Längenmaß

$$d \sim \frac{a}{w} \cdot \Phi(\Theta_m) \sim \sqrt{a\tau} \cdot \varphi(\Theta_m) \tag{VI, 35}$$

bzw.

$$w \cdot d \sim a \cdot \psi(\Theta_m) \tag{VI, 36}$$

Da diese Theorie nicht auf der wirklichen Reaktionskinetik beruht, stimmt sie selbst qualitativ nicht mit den tatsächlichen Beobachtungen überein. So müßte die Fortpflanzungsgeschwindigkeit der Flammenfront nach der Theorie von DANIELL unendlich groß werden, wenn die Ausgangstemperatur des Gasgemisches gleich der Zündtemperatur ist — was in Wirklichkeit keineswegs zutreffend ist. Die chemische Reaktionsgeschwindigkeit ist eine stetige Funktion der Temperatur und hängt von dieser gemäß dem Gesetz von ARRHENIUS ab. Auch steht die „Zündtemperatur" der Theorie von DANIELL in keinem Zusammenhang mit den in vorhergehenden Abschnitten erläuterten kritischen Bedingungen der Selbstentflammung.

Theorie von Seldowitsch

Eine physikalisch fundierte Theorie der Ausbreitung der Flammenfront muß die Abhängigkeit der chemischen Reaktionsgeschwindigkeit von der Temperatur und von der Konzentration der Reaktionsstoffe im Gemisch berücksichtigen.

Es seien n die relative Konzentration des reagierenden Stoffes, und $f(n)$ eine gewisse Funktion, die die Konzentrationsabhängigkeit der Reaktionsgeschwindigkeit beschreiben möge [$f(1) = 1$]; die letzte ist dann durch den Ausdruck $f(n) \cdot z \cdot \exp(-E/RT)$ gegeben und die Gl. (VI, 27) nimmt in diesem Fall die Form

$$a \cdot \frac{d^2 T}{d x^2} - w \cdot \frac{dT}{dx} + \frac{Q}{c\,\varrho} \cdot f(n) \cdot z \cdot \exp(-E/RT) \qquad \text{(VI, 37)}$$

mit den Randbedingungen (VI, 30 b) an.

Die Stoffkonzentration ändert sich in der Flammenfront nicht nur mit dem Reaktionsablauf, sondern auch infolge der dabei stattfindenden *Diffusion*. Aus diesem Grunde muß neben der Gleichung für die Wärmeleitung noch die Diffusionsgleichung herangezogen werden. Diese lautet im stationären Fall

$$D \cdot \frac{d^2 n}{d x^2} - w \cdot \frac{dn}{dx} \frac{1}{\varrho} \cdot f(n) \cdot z \cdot \exp(-E/RT) \qquad \text{(VI, 38)}$$

mit der Diffusionszahl D. Die Grenzbedingungen sind hier:

$$\begin{aligned} &\text{für} \quad x = -\infty \qquad n = 1 \\ &\text{für} \quad x = +\infty \qquad n = 0 \end{aligned} \qquad \text{(VI, 38a)}$$

Wir formen die Gln. (VI, 37) und (VI, 38) mittels der Substitutionen

$$\begin{aligned} \vartheta &= T_m - T \\ \eta &= n \cdot \frac{Q}{c} \end{aligned} \qquad \text{(VI, 38b)}$$

um und erhalten dabei für ϑ und η zwei identische Differentialgleichungen, die sich lediglich durch den ersten Koeffizienten voneinander unterscheiden.

$$-a \cdot \frac{d^2 \vartheta}{d x^2} + w \cdot \frac{d\vartheta}{dx} + \frac{Q}{c\,\varrho} \cdot f\!\left(\frac{c}{Q} \cdot \eta\right) \cdot z \cdot \exp\left[-\frac{E}{R(T_m - \vartheta)}\right] \qquad \text{(VI, 39)}$$

$$-D \cdot \frac{d^2 \eta}{d x^2} + w \cdot \frac{d\eta}{dx} + \frac{Q}{c\,\varrho} \cdot f\!\left(\frac{c}{Q} \cdot \eta\right) \cdot z \cdot \exp\left[-\frac{E}{R(T_m - \vartheta)}\right] \qquad \text{(VI, 39a)}$$

Die Randbedingungen dieses simultanen Gleichungssystemes lauten nunmehr:

$$\begin{aligned} &\text{für} \quad x = -\infty \,; \qquad \vartheta = T_m - T_0 \,; \qquad \eta = Q/c \\ &\text{für} \quad x = +\infty \,; \qquad \vartheta = 0 \,; \qquad \eta = 0 \end{aligned} \qquad \text{(VI, 39b)}$$

In Anbetracht dessen, daß die Diffusionszahl D und die Temperaturleitzahl a bei den Gasen nur unwesentlich voneinander abweichen, wollen wir die entsprechenden Koeffizienten in den beiden Gleichungen einander gleichsetzen. Wird außerdem vorausgesetzt, daß die spezifische Wärme des Gemisches temperaturunabhängig ist, so gilt $Q/c = T_m - T_0$ (VI, 1), so daß die Randbedingungen für beide Veränderlichen ϑ und η auch bei $x = -\infty$ übereinstimmen.

Werden die beiden Gleichungen voneinander subtrahiert, so erhält man mit Rücksicht auf die Linearität der ersten beiden Terme eine homogene Differentialgleichung

$$a \cdot \frac{d^2 y}{dx^2} - w \cdot \frac{dy}{dx} = 0 \qquad \text{(VI, 40)}$$

wobei für y die Definitionsbeziehung

$$y = \vartheta - \eta \qquad \text{(VI, 40a)}$$

gilt. Die Randbedingungen für y lauten dabei:
für

$$x = \pm \infty; \qquad y = 0 \qquad \text{(VI, 40b)}$$

Das allgemeine Integral der Gl. (VI, 40) ist, wie leicht nachgerechnet werden kann:

$$y = C_1 \cdot \exp\left(\frac{w}{a} \cdot x\right) + C_2 \qquad \text{(VI, 41)}$$

Werden die beiden Randbedingungen zur Bestimmung der Integrationskonstanten herangezogen, so liefern sie

$$C_1 = C_2 = 0 \qquad \text{(VI, 41a)}$$

so daß die Funktion y überall identisch verschwindet. Das bedeutet die Identität von ϑ und η

$$\vartheta = \eta \qquad \text{(VI, 42)}$$

Mit (VI, 38b) und (VI, 1) folgt daraus ein Zusammenhang zwischen der lokalen relativen Konzentration n des Reaktionsstoffes und der an gleichem Ort herrschenden Temperatur T:

$$n = \frac{T_m - T}{T_m - T_0}. \qquad \text{(VI, 43)}$$

Dieses Ergebnis kann als eine *Ähnlichkeit des Temperatur- und des Konzentrationsfeldes* aufgefaßt werden. Diese Ähnlichkeit ist hier für den Fall abgeleitet worden, daß die Reaktionsgeschwindigkeit nur von der Konzentration eines einzigen Stoffes abhängt. Es ist jedoch nicht schwer, dieses Ergebnis auch auf den Fall von mehreren Reaktionskomponenten zu erweitern, indem angenommen wird, daß sämtliche Diffusionszahlen gleich der Temperaturleitzahl sind und daß die Konzentrationen den stöchiometrischen Verhältnissen entsprechen.

Die letzte Bedingung ist stets für die Ausgangsstoffe erfüllt. Sie ist auch für die Endprodukte der Reaktion erfüllt, wenn die Reaktion nur nach *einer* stöchiometrischen Gleichung verläuft; hingegen ist sie niemals für die Zwischenprodukte der Reaktion erfüllt.

Mit Rücksicht auf die Identität (VI, 42) kann das ursprüngliche Gleichungssystem (VI, 39) und (VI, 39a) auf eine einzige Differentialgleichung

$$-a \cdot \frac{d^2\vartheta}{dx^2} + w \cdot \frac{d\vartheta}{dx} + \frac{Q}{c\,\varrho} \cdot f\!\left(\frac{c}{Q} \cdot \vartheta\right) \cdot z \cdot \exp\!\left[\frac{-E}{R(T_m - \vartheta)}\right] = 0 \qquad (VI, 44)$$

mit den Randbedingungen (VI, 39b) reduziert werden.

Wegen der außerordentlich starken Abhängigkeit der Reaktionsgeschwindigkeit von der Temperatur fällt der letzte Term der Gl. (VI, 44) nur bei den Temperaturen ins Gewicht, die nahe an T_m liegen; bei bedeutend niedrigerer Temperatur, d.h. bei größeren Werten von ϑ ist dieser Term vernachlässigbar klein. Dieser Umstand bildet überhaupt erst die *Voraussetzung* für das Zustandekommen einer stationären Flammenfront; wäre die Reaktionsgeschwindigkeit bei der Temperatur T_0 nicht vernachlässigbar klein, so würde das Gasgemisch alsbald in seiner Gesamtheit, unabhängig von der Fortpflanzung der Flammenfront, durchreagieren.

Wir zerlegen daher die Exponentialfunktion in eine Reihe, wie dies bereits bei der Behandlung der thermischen Explosion durchgeführt worden ist. Als Nullpunkt der Reihenentwicklung wird hier allerdings nicht T_0, sondern T_m gewählt, und wir brechen die Reihe unter der Annahme $\vartheta \ll T_m$ ab.

Mit der dimensionslosen Temperaturgröße

$$\Theta = \frac{E}{R\,T_m^2} \cdot (T_m - T) = \frac{E}{R\,T_m^2} \cdot \vartheta \qquad (VI, 45)$$

und der dimensionslosen Koordinate

$$\xi = x/d \qquad (VI, 45a)$$

wobei d wiederum ein willkürliches Längenmaß bedeutet, kann die Gl. (VI, 44) auf die dimensionslose Form

$$\left.\begin{aligned} -\frac{d^2\Theta}{d\xi^2} &+ \frac{w \cdot d}{a} \cdot \frac{d\Theta}{d\xi} + \frac{Q}{c\,\varrho} \cdot \frac{E}{R\,T_m^2} \cdot \frac{d^2}{a} \times \\ &\times f\!\left(\frac{c}{Q} \cdot \frac{R\,T_m^2}{E} \cdot \Theta\right) \cdot z \cdot \exp\!\left(-\frac{E}{R\,T_m}\right) \cdot \exp(-\Theta) = 0 \end{aligned}\right\} \quad (VI, 46)$$

mit den Randbedingungen

$$\text{für} \quad \xi = -\infty \qquad \Theta = \frac{Q}{c} \cdot \frac{E}{R\,T_m^2} = (T_m - T_0) \cdot \frac{E}{R\,T_m^2}$$

$$\text{für} \quad \xi = +\infty \qquad \Theta = 0;$$

gebracht werden.

Der Vorgang zeichnet sich durch drei dimensionslose Parameter aus

$$A = \frac{w \cdot d}{a}$$

$$B = \frac{Q}{c} \cdot \frac{E}{R\,T_m^2} \cdot \frac{d^2}{a} \cdot \frac{z}{\varrho} \cdot \exp\!\left(-\frac{E}{R\,T_m}\right)$$

$$C = \frac{Q}{c} \cdot \frac{E}{R\,T_m^2} = \left(\frac{T_m - T_0}{T_m}\right) \cdot \frac{E}{R\,T_m}$$

Frank-Kamenetzki, Kinetik 10

Da A und B das willkürliche Längenmaß d enthalten, bilden wir durch Eliminierung von d einen bestimmenden Parameter

$$D = \frac{a}{w^2} \cdot \frac{Q}{c} \cdot \frac{E}{R\,T_m^2} \cdot \frac{z}{\varrho} \cdot \exp\left(-\frac{E}{R\,T_m}\right)$$

der neben dem Parameter C das Problem charakterisiert.

Die Lösung der Gl. (VI, 46) wird in der Form $\Theta = f(\xi;\,C;\,D)$ gewonnen; analog zur (VI, 33) gilt für die stationäre Fortpflanzungsgeschwindigkeit w der Flammenfront eine Beziehung der Form

$$1/D = \Phi(C)$$

so daß sich für w mit Rücksicht auf (VI, 1) die Formel

$$w = \sqrt{a \cdot \frac{z}{\varrho} \cdot \exp\left(-\frac{E}{R\,T_m}\right) \cdot \frac{Q}{c} \cdot \frac{E}{R\,T_m^2} \cdot \Phi\left(\frac{Q}{c} \cdot \frac{E}{R\,T_m^2}\right)} \qquad \text{(VI, 47)}$$

ergibt. Da die Größe $\frac{\varrho}{z} \cdot \exp(E/R\,T_m)$ die Zeitdauer angibt, innerhalb welcher der ganze Reaktionsstoff verbraucht werden würde, falls die Reaktion mit konstant bleibender Anfangsgeschwindigkeit bei der Temperatur T_m verlaufen würde, stellt sie die bereits an einer früheren Stelle eingeführte charakteristische Reaktionszeit τ_m dar. Der Parameter C ist gleich dem dimensionslosen Temperaturwert Θ_m, so daß die Beziehung (VI, 47) in Analogie zu (VI, 34) auf die Form

$$w = \sqrt{\frac{a}{\tau_m} \cdot F(\Theta_m)} \qquad \text{(VI, 48)}$$

gebracht werden kann.

Wir haben bereits bei der Behandlung der thermischen Explosion gezeigt, daß die typischen Merkmale eines Verbrennungsvorganges erst bei genügend stark exothermen Reaktionen auftreten, deren Ablaufgeschwindigkeit mit der zunehmenden Temperatur rapide ansteigt. Im vorliegenden Fall werden diese Voraussetzungen durch die Bedingungen

$$E/R\,T_m \gg 1;$$
$$\Theta_m \gg 1; \qquad\qquad \text{(VI, 49)}$$

quantitativ formuliert.

Die erste der beiden Bedingungen haben wir bereits bei der Reihenzerlegung und Vernachlässigung der höheren Potenzen berücksichtigt. Die zweite Bedingung wurde von SELDOWITSCH in seiner analytischen Lösung verwertet. Man ist imstande, nach dieser Methode für eine beliebige vorgegebene Funktion $f(n)$, die den Einfluß der Konzentration auf die Reaktionsgeschwindigkeit erfaßt, die ihr zugeordnete Funktion $F(\Theta_m)$ in (VI, 48) zu berechnen. Für den speziellen Fall $f(n) = n^p$, d. h.

für die Reaktionen p-ter Ordnung bezüglich der Reaktionskomponente liefert die Methode von SELDOWITSCH

$$F(\Theta_m) = \frac{2 \cdot (p!)}{\Theta_m^{p+1}} \qquad \text{(VI, 50)}$$

Diffusionsbedingte Ausbreitung der Flamme

Bei den autokatalytischen Reaktionen kann die Ausbreitung der Flamme nicht nur eine Folge der Wärmeübertragung aus der Flammenzone in die benachbarten Bereiche, sondern auch eine Folge der Diffusion der katalytisch wirkenden Reaktionsprodukte sein. Falls die Erwärmung in der Flamme sehr gering ist (*kalte Flamme*), geht ihre Ausbreitung ausschließlich auf Kosten des Diffusionsmechanismus.

Zur Auffindung der Fortpflanzungsgeschwindigkeit der Diffusionsflamme müssen wir von der Diffusionsgleichung ausgehen, die analog zu (VI, 38) auf den stationären Fall zugeschnitten werden muß.

Die Reaktionsgeschwindigkeit geben wir in der Form

$$\frac{dn}{dt} = \varphi \cdot f(n)$$

vor, wobei n die relative Konzentration des aktiven katalytischen Produktes und φ der kinetische Koeffizient (Koeffizient der Selbstbeschleunigung), ein Analogon zu der Geschwindigkeitskonstante, sind.

Da die Temperaturerhöhung im vorliegenden Fall als gering vorausgesetzt wird, braucht die Temperaturabhängigkeit der Reaktionsgeschwindigkeit nicht berücksichtigt zu werden (*isotherme* Diffusionsausbreitung der Flamme).

Unter diesen Vereinfachungen lautet die zu lösende Differentialgleichung

$$D \cdot \frac{d^2 n}{d x^2} - w \cdot \frac{dn}{dx} + \varphi \cdot f(n) = 0 \qquad \text{(VI, 51)}$$

Als Grenzbedingungen gelten

$$\begin{aligned} \text{für} \quad x = -\infty \qquad & n = 0 \\ \text{für} \quad x = +\infty \qquad & n = 1 \quad \text{bzw.} \quad n = 0 \end{aligned} \qquad \text{(VI, 52)}$$

Bei $x = +\infty$ gilt die erste Bedingung, falls die Katalyse durch die *Endprodukte* bewirkt wird; die zweite Bedingung tritt auf, wenn es sich um katalytisch wirkende *Zwischenprodukte* der Reaktion handelt.

Die aufgestellte Gleichung berücksichtigt, wie dies auch bei der Behandlung der thermischen Ausbreitung der Flammenfront der Fall war, nur Diffusion eines einzigen Reaktionsstoffes. Bei der Katalyse durch Zwischenprodukte ist allerdings diese Annahme nicht zulässig und man muß ein Gleichungssystem lösen.

Wir führen die dimensionslose Koordinate $\xi = x/d$ ein und erhalten für die Gl. (VI, 51) eine dimensionslose Form

$$\frac{d^2 n}{d\xi^2} - \frac{w \cdot d}{D} \cdot \frac{dn}{d\xi} + \frac{\varphi \cdot d^2}{D} \cdot f(n) = 0 \qquad (VI, 53)$$

Aus den beiden dimensionslosen Koeffizienten $\frac{w\,d}{D}$ und $\frac{\varphi\,d^2}{D}$ erhalten wir durch Eliminierung des willkürlichen Längenmaßes einen Bestimmungsparameter $\varphi D/w^2$.

Da in der Gleichung und in den Randbedingungen keine weiteren Bestimmungsparameter enthalten sind, muß die *Stationaritätsbedingung* die Form

$$\frac{\varphi\,D}{w^2} = \text{const}$$

haben. Daraus erhält man die Beziehung für die stationäre Ausbreitungsgeschwindigkeit w der Flammenform

$$w = A \cdot \sqrt{\varphi \cdot D} \qquad (VI, 54)$$

Der Koeffizient A hängt von der Art der Funktion $f(n)$ ab; sofern die letztere irgendwelche weiteren dimensionslosen Parameter enthält, gehen sie naturgemäß auch in die Lösung (VI, 54) mit ein.

Schrifttum

[1] VAN'T HOFF: Etudes de dynamique chimique. Amsterdam 1884.

[2] Zitiert nach JOUGUET: Mechanique des explosifs. Paris 1937; ferner: TAFFANEL: C. r. hebd. Séances Acad. Sci. Bd. 156 (1913) S. 1544; Bd. 157 (1913) S. 469, 595, 714.

[3] SEMENOV: Z. physik. Chem. Bd. 48 (1928) S. 571; Cepnye reakcii (Kettenreaktionen), ONTI L., 1934.

[4] TODES: Ž. fiz. chim. Bd. 4 (1933) S. 71; Bd. 13 (1939) S. 868, 1594); Bd. 14 (1940) S. 1026, 1447; Acta physicochim. URSS Bd. 5 (1936) S. 785.

[5] RICE: J. Amer. chem. Soc Bd. 57 (1935) S. 310, 1044, 2212; J. chem. Physics Bd. 7 (1939) S. 701.

[6] FRANK-KAMENECKIJ: Ž. fiz. chim. Bd. 13 (1939) S. 738; Acta physicochim. URSS Bd. 10 (1939) S. 365; Bd. 16 (1942) S. 357; Bd. 20 (1945) S. 729.

[7] TODES, KONTOROVA: Ž. fiz. chim. Bd. 4 (1933) S. 81.

[8] DANIELL: Proc. Roy. Soc., London, Ser. A Bd. 126 (1930) S. 393.

[9] ZEL'DOVIČ, FRANK-KAMENECKIJ: Ž. fiz. chim. Bd. 12 (1938) S. 100.

Kapitel VII

Temperaturverteilung im Reaktionsgefäß und stationäre Theorie der Wärmeexplosion

Stationäre Theorie

In dem vorhergehenden Kapitel wurden die Bedingungen der thermischen Entflammungen vom Standpunkt der *Ähnlichkeitstheorie* untersucht. Wir wollen nunmehr dieses Problem *analytisch* durchrechnen, um entsprechende konkrete Ergebnisse zu gewinnen. Zu diesem Zweck ist es erforderlich, die stationäre Temperaturverteilung im Reaktionsvolumen zu berechnen.

Die grundlegende, von SEMENOW [1] vorgeschlagene Theorie der Wärmeexplosion geht von der Annahme aus, daß der ganze Explosionsraum stets eine gleichmäßige Temperatur hat. Diese Vorstellung von der „*homogenen Entflammung*" steht jedoch im Widerspruch zum Experiment; es ist gut bekannt, daß die Entflammung stets in einem Punkte beginnt und sich die Flamme von diesem Punkt ausgehend über das ganze Volumen ausbreitet. Wie bereits seinerzeit TODES [2] mit Recht bemerkt hat, könnte die Vorstellung von der gleichmäßigen Temperatur im ganzen Explosionsraum nur dann zutreffend sein, wenn sich infolge der sehr intensiven Konvektion das Temperaturgefälle nur auf die unmittelbare Wandnähe beschränken würde. Unter diesen Bedingungen müßten jedoch die kritischen Entflammungsbedingungen in erster Linie von der Dicke und dem Material der Gefäßwände abhängen, was jedoch niemals experimentell beobachtet worden ist. Wird demgegenüber angenommen, daß die Wärmeübertragung innerhalb des Gasgemisches rein konduktiv erfolgt, so muß mit einer bestimmten ungleichmäßigen Temperaturverteilung innerhalb des Reaktionsvolumens gerechnet werden; die höchste Temperatur wird dabei im Mittelpunkt des Gefäßes auftreten, und an dieser Stelle wird der Entflammungsvorgang beginnen. Der Koeffizient des Wärmeüberganges sowie die kritische Bedingung der Entflammung hängen von dem Temperaturfeld ab: die Entflammung tritt in dem Augenblick ein, wo das stationäre Aufrechterhalten eines ungleichmäßigen Temperaturfeldes physikalisch nicht mehr möglich ist. Diese Methode ist ähnlich der von FOK [3] vorgeschlagenen Behandlung des Wärmedurchschlages der Dielektrika und wurde zuerst von TODES und KONTOROWA [4] angewandt. Leider sind die Ergebnisse, da die Autoren eine möglichst allgemeine Lösung des Problems anstrebten, sowohl für die praktische nummerische Auswertung als auch für eine qualitative Diskussion ungeeignet. Die einzige spezielle Schlußfolgerung die von ihnen gezogen werden konnte, betraf den Zusammenhang zwischen dem kritischen Druck und dem Durchmesser des Reaktionsgefäßes, der übrigens auch ohne analytische Lösung aus den Dimensionsüberlegungen unschwer erschlossen werden kann.

Wir wollen die Lösung des Problems unter folgenden Voraussetzungen gewinnen [5]:

1. Die Erwärmung vor dem Explosionsbeginn wird im Vergleich zu der absoluten Temperatur der Wände als klein vorausgesetzt.

2. Die Wärmeleitzahl der Gefäßwände wird als unendlich groß angenommen.

3. Die Temperaturabhängigkeit der Reaktionsgeschwindigkeit wird nur durch die Exponentialfunktion $\exp(-E/RT)$ erfaßt; der vorexponentiale Faktor wird somit als temperaturunabhängig vorausgesetzt. Zugleich wird auch der Dichteunterschied zwischen den einzelnen Punkten des Reaktionsgefäßes außer acht gelassen.

Es wird nachher gezeigt, daß die erste Voraussetzung äquivalent der Bedingung $RT \ll E$ ist und somit eine eindeutige Grenze für den Anwendungsbereich der Theorie darstellt. Diese Bedingung ist auch meistens bei den wirklich homogenen Reaktionen erfüllt. Es ist aber interessant, daß es auch Prozesse gibt, die zwar der thermischen Explosion weitgehend analog sind und durch dieselbe Differentialgleichung beschrieben werden, für die jedoch die erste Voraussetzung keineswegs zutreffend ist: als Beispiel dazu kann die Selbstentzündung eines Kohlenhaufens angeführt werden; bei diesen Vorgängen dürfte allerdings die Temperaturabhängigkeit der Reaktionsgeschwindigkeit eine andere sein, als es das ARRHENIUSsche Gesetz verlangt. Unsere Theorie ist selbstverständlich auf derartige Prozesse mit beträchtlicher Erwärmung vor dem Explosionsbeginn und langer Induktionsperiode nicht anwendbar. Umgekehrt kann die erste Voraussetzung bei sämtlichen üblichen Vorgängen der Wärmeexplosion als zutreffend angenommen werden. Was die zweite Voraussetzung betrifft, so ist es natürlich möglich, eine Explosion unter den Bedingungen durchzuführen, die der Voraussetzung widersprechen würden — etwa in einer Kapillare mit dicken und schlecht wärmeleitenden Wänden. Da jedoch die Wärmekapazität des Gefäßes bedeutend größer ist als die des Gasgemisches, würde die Temperatur der Wände selbst durch die maximale Wärmeentwicklung der Explosion nur unwesentlich erhöht werden. In diesem Lichte muß die Annahme von TODES und KONTOROWA, daß sich in den Gefäßwänden ein stationäers Temperaturfeld einstellt, als unzweckmäßig angesehen werden. Es ist in allen praktischen Fällen vernünftig, lediglich die Anfangstemperatur T_0 an der inneren Seite der Gefäßwände als zeitlich unveränderlich anzugeben.

Wir betrachten zunächst den Fall der *reinen Konduktion*. Die Gleichung der Wärmeleitung für stationären Reaktionsverlauf und stetig verteilte Wärmequellen der Dichte $Q \cdot v$ (Q der Wärmeeffekt, v Reaktions-geschwindigkeit) lautet

$$a \cdot \Delta T = -\frac{Q}{c\,\varrho} \cdot v \qquad\qquad (VII, 1)$$

Es sind hier a die Temperaturleitzahl des Gasgemisches, c die spezi-fische Wärme des Gemisches, ϱ seine Dichte und Δ der LAPLACE-Opera-tor. Entsprechend unserer dritten Voraussetzung gilt für die Reaktions-geschwindigkeit die Beziehung

$$v = z \cdot \exp(-E/R\,T)$$

worin E die Aktivierungsenergie bedeutet. Mit Rücksicht darauf, daß $c\varrho a = \lambda$ die Wärmeleitzahl des Gasgemisches bedeutet, nimmt die Gl. (VII, 1) die Form

$$\Delta T = -\frac{Q}{\lambda} \cdot z \cdot \exp(-E/R\,T) \qquad\qquad (VII, 2)$$

an. Sie ist unter der Grenzbedingung der konstanten, an der Innenseite der Gefäßwand vorgegebenen Temperatur T_0 zu lösen.

In die Lösung der Gl. (VII, 2) wird die vorgegebene Wandtemperatur T_0 als ein Bestimmungsparameter eingehen.

Die Wandtemperatur, bei der eine stationäre Temperaturverteilung innerhalb des Reaktionsraumes nicht mehr möglich ist, werden wir als *kritische Entflammungstemperatur* bezeichnen. Ihre Abhängigkeit von der Wärmetönung der Reaktion, der Reaktionsgeschwindigkeit, der Wärme-leitzahl des Gasgemisches sowie der Größe und der Gestalt des Reaktions-gefäßes wird sich durch die analytische Untersuchung des Problems ergeben.

Wie wir bereits im vorhergehenden Kapitel mit Hilfe der Ähnlichkeits-theorie zeigen konnten, muß das Temperaturfeld einer Beziehung der Form (VI, 15) gehorchen und einen dimensionslosen Parameter δ ent-halten, welcher durch die Formel (VI, 14) definiert ist. Unsere Aufgabe besteht jetzt ausschließlich in der Auffindung der analytischen Form der Beziehung (VI, 15). Im Falle des *ebenen Problems*, d. h. unter der An-nahme, daß sich das Gasgemisch zwischen zwei parallelen unendlich aus-gedehnten Ebenen befindet, kann die Gl. (VII, 1) für eine beliebige Tem-peraturabhängigkeit $v(T)$ integriert werden. In diesem Falle lautet die Gl. (VII, 1):

$$\frac{d^2 T}{d x^2} = -\frac{Q}{\lambda} \cdot v(T) \qquad\qquad (VII, 3)$$

Wir setzen den Koordinatenursprung in die Mitte des Reaktions-raumes und bezeichnen die Breite des Reaktionsraumes mit $2r$. Die Grenzbedingungen lauten dabei: für $x = \pm r$; $T = T_0$. In Anbetracht der Symmetrie kann man sich auf den Halbraum beschränken; in diesem Falle sind die Randbedingungen: $T = T_0$ für $x = r$; und $dT/dx = 0$

für $x = 0$. Wir bezeichnen die in der Mitte des Gefäßes herrschende Temperatur mit T_m; die Gl. (VII,3) wird durch zwei Quadraturen[1] gelöst:

$$x = \int\limits_{T}^{T_m} dT \Big/ \sqrt{2 \cdot \int\limits_{T}^{T_m} \frac{Q}{\lambda} \cdot v(T) \cdot dT} \qquad \text{(VII, 4)}$$

Daraus ergibt sich unmittelbar eine Bestimmungsgleichung für T_m:

$$r = \int\limits_{T_0}^{T_m} dT \Big/ \sqrt{2 \cdot \int\limits_{T}^{T_m} \frac{Q}{\lambda} \cdot v(T) \cdot dT} \qquad \text{(VII, 5)}$$

Wir bezeichnen das in (VII,5) stehende Integral durch $\psi(T_m; T_0)$. Sofern das Integral bei $T_0 = $ const eine monotone Funktion von T_m darstellt, ist ein stationärer Reaktionsverlauf bei jedem Wert von T_m möglich.

Ist dagegen die Funktion $\psi(T_m; T_0)$ derart beschaffen, daß sie ein Extremum aufweist, so stellt dieses den kritischen Punkt der Entflammung dar. Daraus kann unmittelbar die kritische Dimension des Gefäßes, d. h. in diesem Fall der kritische Wert r_{kr} ermittelt werden. Bei den Werten von r, die größer als der kritische Betrag sind, kann die Gl. (VII, 5) bei keinem Wert von T_m erfüllt werden. Da offensichtlich die kritische Dimension das *größte* Gefäß angibt, in welchem der stationäre Verlauf noch physikalisch möglich ist, handelt es sich bei dem oben genannten Extremum der Funktion $\psi(T_m; T_0)$ um ein Maximum.

Die allgemeinste kritische Bedingung für die Entflammung bei dem ebenen Problem lautet somit:

$$\left(\frac{\partial \psi}{\partial T_m}\right)_{T_0 = \text{const}} = 0 \qquad \text{(VII, 6)}$$

Der Extremalcharakter der kritischen Bedingung hat zur Folge, daß jedem r mindestens zwei Werte von T_m, d. h. zwei verschiedene stationäre Temperaturverteilungen entsprechen. Diese Tatsache korrespondiert mit der elementaren Theorie von SEMENOW [*3*]. Aus der Analogie zu dieser Theorie schließen wir zugleich, daß nur jeweils der kleinste Wert von T_m einem *stabilen* Vorgang entspricht. Wir gehen nunmehr zu der praktischen Durchrechnung dieses Sachverhaltes über. Wird für die Temperaturabhängigkeit der Reaktionsgeschwindigkeit die Formel von ARRHENIUS eingesetzt, so lassen sich die Integrale nicht durch elemen-

---

[1] Bei der Integration wird von der Identität $\dfrac{d^2 T}{dx^2} = - \dfrac{d^2 x}{dT^2} \left(\dfrac{dx}{dT}\right)^3$ Gebrauch gemacht. Ferner ist bei der ersten Quadratur zu beachten, daß die dort auftretende Quadratwurzel entsprechend $\dfrac{dT}{dx} \leq 0$ mit einem Minusvorzeichen zu versehen ist (Pa.).

tare Funktionen in geschlossener Form darstellen; sie sind daher für die praktische Verwendung sehr unbequem[1]. Wir können jedoch auf Grund unserer Voraussetzung von der Gl. (VII, 2) zu der Näherungsgleichung (VI, 11) bzw. (VI, 13) übergehen, die für kleine Werte von $R T_0/E$ zutreffend sind. Die Gl. (VII, 3) nimmt nunmehr die Form

$$d^2\vartheta/dx^2 = -\frac{Q}{\lambda} \cdot z \cdot \exp(-E/R\,T_0) \cdot \exp\left(\frac{E}{R\,T_0^2} \cdot \vartheta\right) \qquad (VII, 7)$$

oder nach dem Einführen der dimensionslosen Veränderlichen $\Theta = \frac{E}{R T_0^2} \cdot \vartheta$ und $\xi = x/r$:

$$d^2\Theta/d\xi^2 = -\delta \cdot \exp\Theta \qquad (VII, 8)$$

an, wobei der dimensionslose Parameter δ die Bedeutung

$$\delta = \frac{E}{R\,T_0^2} \cdot \frac{Q}{\lambda} \cdot r^2 \cdot z \cdot \exp(-E/R\,T_0) \qquad (VII, 9)$$

hat. Das allgemeine Integral der Gl. (VII, 8) enthält zwei Integrationskonstanten a, b und lautet

$$\exp\Theta = a/\mathfrak{Cof}^2\left(b \pm \sqrt{\frac{a\,\delta}{2}} \cdot \xi\right) \qquad (VII, 10)$$

Aus der Symmetriebedingung $\Theta(\xi) = \Theta(-\xi)$ geht hervor, daß $b = 0$ ist und das Integral geht jetzt in

$$\exp\Theta = a/\mathfrak{Cof}^2\left(\sqrt{\frac{a\,\delta}{2}} \cdot \xi\right) \qquad (VII, 11)$$

über. Die Randbedingung $\xi = 1$; $\Theta = 0$ liefert eine transzendente Gleichung für die zweite Konstante a in Abhängigkeit vom Bestimmungsparameter δ:

$$a - \mathfrak{Cof}^2\left(\sqrt{\frac{a\,\delta}{2}}\right) = 0 \qquad (VII, 12)$$

Sämtliche Werte des Parameters δ, bei denen eine Lösung dieser Gleichung möglich ist, liefern die entsprechenden stationären Temperaturverteilungen, die sich aus (VII, 11) nach dem Einsetzen von $a\,(\delta)$ ergeben. Hingegen bedeutet der Wertebereich von δ, der keine Lösung von (VII, 12) zuläßt, daß dabei ein stationärer Verlauf nicht möglich ist und es zu einer Explosion kommt. Als kritische Bedingung der Selbstentflammung tritt der Betrag δ_{kr} auf, bei dem die Lösung der Gl. (VII, 8) zu existieren aufhört.

Zwecks bequemerer Diskussion führen wir eine neue Größe σ ein, die durch die Beziehung

$$a = \mathfrak{Cof}^2\sigma \qquad (VII, 12a)$$

<hr>

[1] Außerdem führt das Arrheniussche Gesetz zu einer dritten stationären Lösung der Gleichung, deren Existenzbereich sich über alle Werte von r erstreckt und dem Fall $T_m \sim E/R$ entspricht. Dieser Lösung kommt jedoch keine physikalische Bedeutung zu (Fr.-K.).

definiert ist. Mit dieser Substitution erhält man aus (VII, 12) die Gleichung

$$\sigma/\mathfrak{Co}\mathfrak{f}\,\sigma = \sqrt{\delta/2} \qquad\qquad \text{(VII, 13)}$$

Der charakteristische Verlauf der Funktion $\delta(\sigma)$ ist leicht zu ermitteln; Ihr Maximum entspricht der kritischen Bedingung der Entflammung. Dieser Punkt liegt bei $\sigma_{kr} = 1{,}2$ und liefert in Verbindung mit (VII, 13)

$$\delta_{kr} = 0{,}88 \qquad\qquad \text{(VII, 14)}$$

Die maximale Temperaturerhöhung, die im Gasgemisch vor der Explosion erreicht wird, ergibt sich aus (VII, 11), indem darin $\xi = 0$ und $a_{kr} = \mathfrak{Co}\mathfrak{f}^2\,\sigma_{kr}$ eingesetzt werden:

$$\Theta_m = \ln a_{kr} = \ln\mathfrak{Co}\mathfrak{f}^2\,\sigma_{kr} \simeq 1{,}2 \qquad\qquad \text{(VII, 15)}$$

oder

$$(\varDelta T)_m = 1{,}2 \cdot \frac{R\,T_0^2}{E} \qquad\qquad \text{(VII, 16)}$$

womit das Problem der Entflammung des Gasgemisches in einem Gefäß mit parallelen ebenen Wänden vollständig gelöst ist.

Die analytische Lösung (VII, 11) gibt ferner die stationäre Temperaturverteilung beim unterkritischen Reaktionsverlauf wieder. Wird die dimensionslose Temperatur im Mittelpunkt des Reaktionsgefäßes mit Θ_0 bezeichnet, so folgt aus (VII, 11) die Beziehung

$$\Theta = \Theta_0 - 2\ln\mathfrak{Co}\mathfrak{f}(\sigma\,\xi) \qquad\qquad \text{(VII, 17)}$$

oder

$$\Theta_0 = 2\ln\mathfrak{Co}\mathfrak{f}\,\sigma \qquad\qquad \text{(VII, 18)}$$

Die darin enthaltene Größe σ ist gemäß der Beziehung (VII, 13) eine Funktion des Bestimmungsparameters δ, dessen Wert durch die Eigenschaften des Reaktionssystems (Geschwindigkeit und Wärmetönung der Reaktion, Wärmeleitfähigkeit, Dimension des Reaktionsgefäßes) bedingt ist. In Abb. 19 ist die Funktion $\sigma = f(\delta)$ graphisch dargestellt. Die stabilenTemperaturverteilungen entsprechen — wie bereits erwähnt — nur dem unteren Kurvenast. Bei dem kritischen Wert $\delta = 0{,}88$, der dem Maximum von σ zugeordnet ist, findet die Explosion des Gemisches statt.

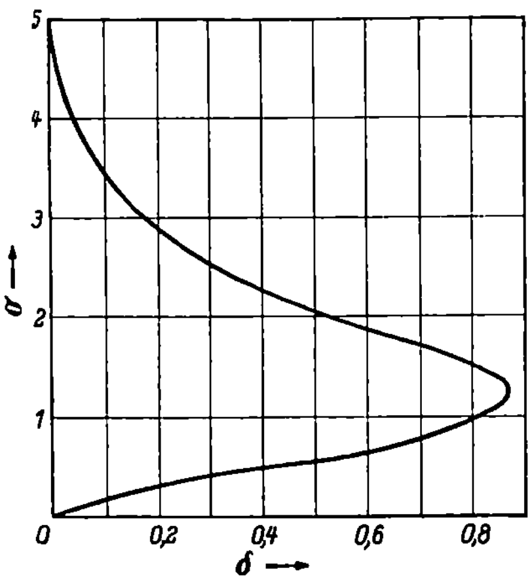

Abb. 19. Graphische Lösung der Gleichung (VII, 13)

Wir wollen nunmehr die entsprechenden Ergebnisse für ein unendlich langes *Zylindergefäß* und für ein *sphärisches* Gefäß gewinnen. Die dazugehörigen Gleichungen lauten:

$$\frac{d^2\Theta}{d\xi^2} + \frac{1}{\xi} \cdot \frac{d\Theta}{d\xi} = -\delta \cdot \exp\Theta \qquad \text{(VII, 19)}$$

$$\frac{d^2\Theta}{d\xi^2} + \frac{2}{\xi} \cdot \frac{d\Theta}{d\xi} = -\delta \cdot \exp\Theta \qquad \text{(VII, 20)}$$

wobei $\xi = x/r$ und r der Radius des jeweiligen Gefäßes sind. Die Lösungen müssen den Randbedingungen

$$\xi = 1; \qquad \Theta = 0;$$
$$\xi = 0 \qquad \frac{d\Theta}{d\xi} = 0 \qquad \text{(VII, 20a)}$$

genügen.

Die beiden Differentialgleichungen lassen sich nicht durch elementare Funktionen lösen. Im übrigen ist auch die Aufsuchung der allgemeinen Integrale dieser Gleichungen auch zwecklos, da sie bei $\xi = 0$ eine Singularität besitzen. Wir interessieren uns jedoch nur für solche Lösungen, die für $\xi = 0$ einen endlichen Wert von Θ ergeben.

Es empfiehlt sich, die Näherungslösungen durch eine nummerische Integration der Differentialgleichungen (VII, 19) und (VII, 20) zu ermitteln, indem die Temperatur Θ_0 im Mittelpunkt des Gefäßes als ein Parameter vorgegeben wird. Man führt zu diesem Zweck neue Veränderlichen

$$z = \xi \cdot \sqrt{\delta \cdot \exp\Theta_0}$$
$$y = \Theta_0 - \Theta \qquad \text{(VII, 21)}$$

ein, so daß die Gln. (VII, 19) und (VII, 20) in

$$d^2 y/dz^2 + \frac{1}{z} \cdot dy/dz = \exp(-y) \qquad \text{(VII, 22)}$$

$$d^2 y/dz^2 + \frac{2}{z} \cdot dy/dz = \exp(-y) \qquad \text{(VII, 22a)}$$

übergehen. Die Integration wird unter der Berücksichtigung der Randbedingung (VII, 20a) nach der Methode von ADAMS nummerisch durchgeführt, wobei man zweckmäßigerweise von den Reihen

$$y = z^2/4 - z^4/64 + z^6/768 \ldots \quad \text{(zylindrisches Gefäß)}$$
$$y = z^2/6 - z^4/120 + z^6/1890 \ldots \quad \text{(sphärisches Gefäß)}$$

ausgeht.

Jedem Wertepaar $(z; y)$ sind entsprechende Werte von Θ_0 und δ zugeordnet, wobei $y(z)$ die Lösung der Gl. (VII, 22) bzw. (VII, 22a) ist:

$$\delta = z^2 \cdot \exp(-y)$$
$$\Theta_0 = y \qquad \text{(VII, 23)}$$

Man erhält sie aus (VII, 21), wenn dort gemäß der Randbedingung VII, 20a) $\xi = 1$ und $\Theta = 0$ gesetzt werden.

Die Ergebnisse der nummerischen Integration sind in den Tab. 4 und 5 zusammengestellt.

Tabelle 4. *Zylindrisches Gefäß*

δ	Θ_0	δ	Θ_0	δ	Θ_0	δ	Θ_0
0.0000	0.0000	0.7909	0.2346	1.7792	0.8102	1.9944	1.5070
0.0100	0.0025	0.9137	0.2809	1.8341	0.8774	1.9845	1.5775
0.0396	0.0100	1.0354	0,3299	1.8803	0.9455	1.9712	1.6477
0.0880	0.0224	1.1531	0.3823	1.9176	1.0146	1.9548	1.7178
0.1538	0.0396	1.2658	0.4372	1.9486	1.0839	1.9351	1.7875
0.2351	0.0615	1.3718	0.4946	1.9706	1.1541	1.9135	1.8565
0.3297	0.0879	1.4705	0.5545	1.9874	1.2243	1.8896	1.9254
0.4361	0 1188	1 5612	0.6158	1.9967	1.2949	1.8646	1.9939
0.5487	0.1538	1.6423	0.6794	2.0008	1.3657	1.8368	2.0618
0.6685	0.1920	1.7155	0.7441	1.9999	1.4365	1.8075	2.1293

Tabelle 5. *Sphärisches Gefäß*

δ	Θ_0	δ	Θ_0	δ	Θ_0	δ	Θ_0
0.0000	0.0000	1.4547	0 2981	3.0027	0.9598	3.3188	1.6702
0.0100	0.0017	1.6062	0.3382	3.0587	1.0114	3.3153	1.7186
0.0397	0.0067	1.7513	0.3797	3.1086	1.0631	3.3086	1.7664
0.0887	0.0150	1.8941	0.4225	3.1521	1.1148	3.3007	1.8138
0.1558	0.0265	2.0308	0.4672	3.1887	1.1665	3.2904	1.8611
0.2399	0,0411	2.1620	0.5127	3.2213	1.2180	3.2782	1.9075
0.3394	0.0590	2.2856	0.5596	3.2484	1.4695	3.2671	1.9536
0.4525	0.0796	2.4021	0.6075	3.2707	1.3206	3.2509	1.9992
0.5771	0.1035	2.5115	0.6561	3.2880	1.3716	3.2375	2.0443
0.7116	0.2295	2.6122	0.7056	3.3020	1.4222	3.2200	2.0889
0.8531	0.1589	2.7060	0,7555	3.3211	1.4726	3.2042	2.1330
1.0005	0.1901	2.7912	0.8052	3.3173	1.5227	3.1854	2.1766
1.1508	0.2241	2.8689	0.8571	3.3216	1.5722	3.1668	2.2197
1.3026	0.2603	2.9393	0.9082	3.3217	1.6214	3.1490	2.2623

Wie auch bei dem ebenen Problem weist die Funktion $\delta(\Theta_0)$, wie es die Tabellen erkennen lassen ein Maximum auf, wobei wiederum dem stabilen Reaktionsverlauf der aufsteigende Ast der Kurve $\delta(\Theta_0)$ entspricht. Das jeweilige Kurvenmaximum liefert für die kritische Bedingung der Selbstentflammung und die maximale stationäre Erwärmung des Gasgemisches folgende Werte:

	zylindrisches Gefäß	sphärisches Gefäß
δ_{kr}	2,00	3,32
max. Erwärm.	$1{,}37 \cdot \dfrac{R\,T_0^2}{E}$	$1{,}60 \cdot \dfrac{R\,T_0^2}{E}$

Wir haben somit die Bedingungen für die Selbstentflammung eines Gasgemisches in einem ebenparallelen, einem zylindrischen und einem sphärischen Gefäß durch die Ermittlung des kritischen Wertes des charakteristischen Parameters gekennzeichnet, welcher für die drei genannten Fälle 0,88; 2,00 und 3,32 beträgt.

Im Kap. VI konnten wir zeigen, daß die kritische Bedingung der Entflammung der stationären Theorie (VI, 16) und der nichtstationären Theorie (VI, 21) bis auf einen konstanten Faktor übereinstimmen.

Diese im wesentlichen adäquaten Aussagen beider Theorien ermöglichen es, ihre Vorzüge zu vereinen und den Stoffverbrauch während der Induktionszeit sowie die äußerst wichtige Selbstbeschleunigung der autokatalytischen Reaktionen quantitativ zu erfassen.

Die *nichtstationäre* Theorie [*1*], [*2*], die von der Annahme einer gleichmäßigen Temperaturverteilung im Reaktionsvolumen ausgeht, liefert für die Konstante in (VI, 21) den Wert $1/e$ ($e = 2{,}72\ldots$). Mit (VI, 14, 19, 19a) erhält man aus (VI, 21) einen Zusammenhang zwischen der effektiven Wärmeübergangszahl α_{eff}, über deren Definition die nichtstationäre Theorie nichts Näheres aussagt, und dem δ-Parameter:

$$\delta_{kr} = \frac{1}{4\,e} \cdot \frac{\alpha_{\text{eff}} \cdot d}{\lambda} \cdot \frac{S \cdot d}{\omega} \qquad (\text{VII, 24})$$

Mit d ist dabei das charakteristische Längenmaß gekennzeichnet[1]. Aus den drei quantitativ errechneten δ_{kr}-Werten folgt beispielsweise für ebenparalleles Gefäß

$$\alpha_{\text{eff}} = 4{,}8 \cdot \frac{\lambda}{d}$$

für zylindrisches Gefäß

$$\alpha_{\text{eff}} = 5{,}4 \cdot \frac{\lambda}{d}$$

und für sphärisches Gefäß

$$\alpha_{\text{eff}} = 6{,}0 \cdot \frac{\lambda}{d}$$

Die eingeführte effektive Wärmeübergangszahl α_{eff} ermöglicht eine vereinfachte Näherungsbehandlung der nichtstationären Verbrennungsvorgänge, so daß die mathematisch komplizierte Integration der partiellen Differentialgleichung des nichtstationären Reaktionsvorganges vermieden wird. Zu diesem Zweck wird eine mittlere, auf die durchschnittliche Temperatur des Reaktionsraumes bezogene Wärmeübergangszahl $\bar{\alpha}$ eingeführt, die nach (VI, 18) bei fehlender Wärmeentwicklung durch die Gleichung

$$\frac{d\bar{\vartheta}}{dt} = -\frac{\bar{\alpha} \cdot S}{c\,\varrho \cdot \omega} \cdot \bar{\vartheta} \qquad (\text{VII, 25})$$

definiert wird; wobei $\bar{\vartheta}$ die durchschnittliche Temperaturdifferenz zwischen dem Reaktionsraum und der Umgebung bedeutet. Wird die Größe $d\bar{\vartheta}/dt$ aus einer quasistationären Lösung der FOURIERschen Wärmeleitungsgleichung ermittelt, so kann daraus die durchschnittliche Wärmeübergangszahl $\bar{\alpha}$ errechnet und anstatt des effektiven Wertes α_{eff} in

---

[1] Im Falle eines ebenen, eines zylindrischen und eines sphärischen Gefäßes ist $d = 2\,r$ zu setzen (Pa.).

(VII, 24) eingesetzt werden. Man erhält dadurch einen Näherungswert des δ-Parameters, welchen wir mit δ^* bezeichnen wollen.

Diese Methode soll hier am Beispiel eines sphärischen und eines zylindrischen Gefäßes durchexerziert werden; die Wärmeleitungsgleichung von FOURIER lautet im ersten Falle

$$\frac{\partial \vartheta}{\partial t} = \frac{a}{r} \cdot \frac{\partial^2}{\partial r^2} (r\,\vartheta)$$

mit $a = \dfrac{\lambda}{c\,\varrho}$ und $\vartheta = T - T_0$.

Die Lösung der Gleichung kann in der Form

$$\vartheta = \sum_k A_k \cdot \exp(-k^2 \cdot at) \cdot \frac{\sin(kr)}{r}$$

angesetzt werden, die auch für $r = 0$ einen endlichen Wert von ϑ liefert. Die Werte des k Parameters müssen so gewählt werden, daß die Randbedingung $\vartheta = 0$ für $r = d/2$ erfüllt wird; diese Bedingung führt zu

$$k = 2\pi\,n/d$$

wobei n eine ganze Zahl ist.

Der *quasistationäre* Zustand liegt definitionsgemäß vor, wenn die Glieder höherer Ordnung vernachlässigbar klein sind. Es folgt dann

$$\vartheta \sim A_1 \cdot \exp\!\left(-\frac{4\pi^2}{d^2} \cdot at\right) \cdot \frac{\sin\!\left(\dfrac{2\pi r}{d}\right)}{r}$$

Wird diese Beziehung nach t differenziert, so erhält man

$$\frac{\partial \vartheta}{\partial t} = -\frac{4\pi^2}{d^2} \cdot a \cdot \vartheta$$

Die Mittelbildung über das Gesamtvolumen und ein Vergleich mit (VII, 25) ergibt

$$\bar\alpha = \frac{4\pi^2}{d^2} \cdot \frac{\omega}{S} \cdot \lambda$$

so daß aus (VII, 24) der angenäherte Wert des δ^*-Parameters

$$\delta^* = \pi^2/e = 3{,}64 \ldots$$

errechnet wird.

Im Falle eines unendlich langen Zylindergefäßes lautet die Lösung der entsprechenden Wärmeleitungsgleichung

$$\vartheta = \sum_k A_k \cdot \exp(-k^2\,at) \cdot J_0(kr)$$

worin J_0 die BESSELsche Funktion nullter Ordnung ist. Die Grenzbedingung führt zu

$$k = \frac{2\mu_k}{d}$$

worin μ_k die Nullstellen der BESSEL-Funktion J_0 sind. Die quasistationäre Lösung lautet

$$\vartheta \simeq A_1 \cdot \exp\left(-\frac{4\mu_1^2}{d^2}\, at\right) \cdot J_0\left(2\mu_1 \cdot \frac{r}{d}\right)$$

mit $\mu_1 = 2{,}4048$. Die weitere Berechnung ergibt entsprechend:

$$\frac{\partial \vartheta}{\partial t} = -\frac{4\mu_1^2\, a}{d^2} \cdot \vartheta$$

$$\bar\alpha = \frac{4\mu_1^2}{d^2} \cdot \frac{\omega}{S} \cdot \lambda$$

daraus errechnen sich nach (VII, 24)

$$\delta^* = \mu_1^2/e = 2{,}14\ldots$$

Das Verhältnis δ^*/δ_{kr} beträgt für das sphärische Gefäß 1,09 und für das zylindrische Gefäß 1,07. Wir setzen daher für eine beliebige Gefäßform annähernd[1]

$$\delta_{kr} = \frac{\delta^*}{1{,}08} = \frac{1}{1{,}08} \cdot \frac{1}{4e} \cdot \frac{\bar\alpha \cdot d}{\lambda} \cdot \frac{S \cdot d}{\omega} \qquad\qquad \text{(VII, 26)}$$

Im Falle eines zylindrischen Gefäßes von endlicher Länge L lautet die Lösung der FOURIER-Gleichung

$$\vartheta = \sum_l \sum_m A_{ml} \cdot \exp[-(l^2 + m^2)\, at] \cdot \cos(l z) \cdot J_0(m\, r)$$

Die Grenzbedingungen liefern

$$l \cdot \frac{L}{2} = (n + \tfrac{1}{2}) \cdot \pi; \qquad \frac{m \cdot d}{2} = \mu_m; \qquad (n = 1, 2, \ldots)$$

Die quasistationäre Lösung lautet daher

$$\vartheta \simeq A_{11} \cdot \exp\left[-\left(\frac{\pi^2}{L^2} + \frac{4\mu_1^2}{d^2}\right) \cdot at\right] \cdot \cos\left(\frac{\pi z}{L}\right) \cdot J_0\left(2\mu_1 \cdot \frac{r}{d}\right)$$

so daß sich daraus die Beziehungen

$$\frac{\partial \vartheta}{\partial t} = -\left(\frac{\pi^2}{L^2} + \frac{4\mu_1^2}{d^2}\right) \cdot a \cdot \vartheta$$

$$\bar\alpha = \left(\frac{\pi^2}{L^2} + \frac{4\mu_1^2}{d^2}\right) \cdot \frac{\omega}{S} \cdot \lambda$$

und somit der kritische Wert des δ-Parameters

$$\delta_{kr} = \frac{1}{1{,}08} \cdot \frac{1}{4e} \cdot \left(4\mu_1^2 + \pi^2 \cdot \frac{d^2}{L^2}\right) = 2{,}00 + 0{,}843\left(\frac{d}{L}\right)^2 \quad \text{(VII, 27)}$$

ergeben.

Wir werden diese Formel bei der Auswertung der Entflammungsvorgänge in den zylindrischen Gefäßen benutzen, deren Verhältnis d/L

---

[1] Die praktische Bedeutung dieser Beziehung liegt darin, daß hier die Ermittlung des kritischen Wertes von δ auf eine experimentelle Bestimmung der Wärmeübergangszahl $\bar\alpha$ zurückgeführt wird (Pa.).

nicht zu vernachlässigen ist. Die Längenkorrektur beträgt bei $L/d = 2$ etwa 10% und sinkt bei $L/d = 6$ bereits auf 1% herab.

In den vorangegangenen Betrachtungen wurde angenommen, daß die Wärmeübertragung ausschließlich durch die Wärmeleitung besorgt wird und daß die Konvektion völlig fehlt. Diese Annahme entspricht nur dem Grenzfall sehr kleiner Abmessungen des Reaktionsgefäßes und sehr geringer Anfangsdrucke des Gasgemisches. Die Frage, inwiefern diese idealisierte Annahme verwirklicht werden kann, läßt sich durch den Vergleich der theoretisch zu erwartenden Ergebnisse mit dem experimentellen Befund durchführen.

Korrektur für den Stoffverbrauch während der Induktionsperiode

Als Entflammungsbedingung haben wir diejenige Bedingung formuliert, bei der eine stationäre Temperaturverteilung in dem Reaktionsgemisch nicht mehr möglich ist. Dabei wurde die Konzentration der Reaktionskomponenten gleich der Anfangskonzentration gesetzt. In Wirklichkeit jedoch findet die Explosion erst nach dem Ablauf einer gewissen Induktionszeit statt, innerhalb welcher sich die Konzentration der Reaktionskomponenten bereits geändert hat. Die dadurch bedingte Verschiebung der kritischen Entflammungsbedingungen wurden neulich von uns [17] theoretisch berechnet.

In dieser Arbeit ist gezeigt worden, daß die Änderung der relativen Reaktionsgeschwindigkeit an der Entflammungsgrenze infolge des inzwischen aufgetretenen Stoffverbrauches durch die Formel

$$\varepsilon = \sqrt[3]{\frac{2 \cdot \pi^3 \cdot m^2}{e^2 \cdot B^2}} = 1{,}39 \cdot \left(\frac{m}{B}\right)^{\frac{2}{3}} \qquad (VII, 28)$$

dargestellt werden kann, wobei m die Reaktionsordnung und B die dimensionslose Maximaltemperatur der Explosion gemäß (VI, 25) bedeuten.

Der entsprechend korrigierte kritische Wert des δ-Parameters lautet

$$\delta_{korr} = \delta(1 + \varepsilon) \qquad (VII, 29)$$

Die Änderung der Entflammungstemperatur bei konstantem Druck und vorgegebener Zusammensetzung des Gasgemisches ändert sich dabei um den Betrag

$$\Delta T = \frac{R\,T_0^2}{E} \cdot \varepsilon \qquad (VII, 30)$$

Wärmeexplosion bei autokatalytischen Reaktionen

Bei den autokatalytischen Reaktionen sind die thermische und die chemische (autokatalytische) Induktionsperiode voneinander zu unterscheiden.

Unter der thermischen Induktionsperiode wird wie immer diejenige Zeitdauer verstanden, innerhalb welcher die durch die Reaktion bedingte Wärmeentwicklung und die zur Auslösung der Explosion erforderliche Temperaturerhöhung des Gasgemisches erfolgen. Hingegen handelt es sich bei der chemischen Induktionsperiode um die Anreicherung der aktiven Reaktionsprodukte, die die maximale Reaktionsgeschwindigkeit hervorrufen.

Die Entflammungsbedingungen bei den autokatalytischen Reaktionen hängen im allgemeinen von der Dauer der thermischen Induktion ab. Je größer die Induktionsperiode ist, desto stärker kann während dieser Zeitspanne das aktive Reaktionsprodukt angereichert werden, desto höher ist die Reaktionsgeschwindigkeit und somit desto leichter kann eine Explosion stattfinden. Die Entflammungstemperatur kann daher als eine Funktion der thermischen Induktionsperiode dargestellt werden, wobei sie um so niedriger liegt, je größer diese Periode ist.

Man muß jedoch bedenken, daß mit der Erhöhung der Induktionsperiode ein Zustand erreicht werden kann, der der maximalen Reaktionsgeschwindigkeit entspricht und dessen Überschreiten nunmehr eine Herabsetzung dieser Reaktionsgeschwindigkeit infolge des übermäßigen Verbrauchs der Reaktionskomponenten nach sich zieht. Im einfachen Falle der Autokatalyse erster Ordnung sowohl durch die Ausgangsstoffe als auch durch die Reaktionsprodukte wird die maximale Reaktionsgeschwindigkeit beim Verbrauch der Hälfte des Ausgangsstoffes erreicht.

Die absolut niedrigste Entflammungsgrenze bei autokatalytischen Reaktionen ergibt sich, wenn in der abgeleiteten Bedingung für die Entflammung die maximale Reaktionsgeschwindigkeit eingesetzt wird. Diese Grenze entspricht der niedrigsten Temperatur, unterhalb welcher die Entflammung unter keinen Umständen mehr zu erreichen ist. In diesem Fall muß die thermische Induktionsperiode gleich der Zeit sein, in welcher die maximale Reaktionsgeschwindigkeit infolge der Anreicherung des aktiven Produktes erreicht wird. Bei der Berechnung dieses absoluten Entflammungspunktes braucht die Korrektur für den inzwischen aufgetretenen Stoffverbrauch — wie dies im vorhergehenden Abschnitt behandelt worden ist — nicht vorgenommen zu werden, da bei der Berechnung der maximalen Reaktionsgeschwindigkeit die zeitliche Änderung der Zusammensetzung des Gasgemisches bereits berücksichtigt ist.

Experimentelle Prüfung der Wärmeexplosions-Theorie

Die erläuterte Theorie ermöglicht die Vorausberechnung der Entflammungsgrenze bei den Reaktionen mit bekannter Kinetik. Sie wurde von einer Reihe der Autoren in der UdSSR und im Ausland auf mehrere Probleme angewandt. Diese Theorie wurde zuerst von uns [5] an einigen

Reaktionen geprüft, deren Entflammungspunkt und die übrigen erforderlichen Daten aus der Literatur bekannt waren und bei denen bereits früher stichhaltige Gründe zur Annahme bestanden, daß es sich um thermische Explosionsvorgänge handelt. Es waren die von RICE [6] studierte Zersetzung von *Azomethan* und *Äthylazid*; Zerfall von *Methylnitrat* (APIN und CHARITON [7]) und die Oxydation des *Schwefelwasserstoffes* (JAKOWLEW). Während die ersten drei Reaktionen monomolekularer Natur sind, handelt es sich bei der vierten Reaktion um einen recht komplizierten autokatalytischen Vorgang. In drei Fällen stimmte die theoretische Berechnung mit dem experimentellen Befund sehr gut überein; für Äthylazid hat sich hingegen eine Diskrepanz ergeben, deren Ursache unklar geblieben ist.

Tabelle 6. *Zerfall von Azomethan* (RICE)
$(CH_3)_2N_2 = C_2H_6 + N_2$

p_{mm}	$T_{ber.}$ °K	$T_{beob.}$ °K
191	619	614
102	629	620
67	635	626,3
55	638	630,7
38	644	636,4
31	647	643,4
28	649	644,9
22,5	653	651,2
18	656	659

Tabelle 7. *Zerfall von Methylnitrat*
(APIN und CHARITON)
$2\,CH_3ONO_2 = CH_3OH + CH_2O + 2\,NO_2$

p_{mm}	$T_{ber.}$ °K	$T_{beob.}$ °K
4,2	590	597
5,5	586	584
8,5	578	567
12,5	572	553
16,5	566	546
33,5	556	534
45,4	551	529
87,0	541	522,5
107,0	538	521
163,0	531	519,5

Ferner wurde die Theorie zur Voraussage des Entflammungspunktes benutzt; so konnte beispielsweise die bis dahin nie beobachtete Entflammung des *Stickoxyduls* theoretisch vorausgesagt werden.

Der von SELDOWITSCH und JAKOWLEW [8] experimentell ermittelte Entflammungspunkt zeigte eine gute Übereinstimmung mit der durchgeführten Berechnung. Der Vergleich der theoretischen Berechnung mit den Versuchsdaten ist für die angeführten Reaktionen in den Tab. 6, 7, 8 und 9 durchgeführt.

Es empfiehlt sich, die berechnete und die beobachtete Entflammungstemperatur miteinander zu vergleichen, da sowohl der δ-Parameter als auch der kritische Druck infolge ihrer exponentiellen Abhängigkeit von der Temperatur sehr empfindlich gegenüber den geringfügigen Fehlern der Temperaturbestimmung sind und daher stark streuende Werte ergeben.

Die Entflammungstemperatur für ein vorgegebenes Reaktionsgefäß und einen bestimmten Druck wird aus der Gl. (VI, 14) mit $\delta = \delta_{kr}$ berechnet. Da der Temperatureinfluß auf den Wert des vorexponentialen

Faktors der linken Seite der Gleichung im Vergleich zu dem Exponenten vernachlässigbar klein ist, kann diese Gleichung durch sukzessive Verfahren mühelos gelöst werden.

Die Werte der thermischen und der kinetischen Konstanten wurden, soweit es möglich war, den Originalarbeiten entnommen. Die Wärmeleitzahl für Azomethan, Äthylazid und Methylnitrat ist gleich $1{,}0 \cdot 10^{-4}$ kal/Grad.s.cm angenommen. Im Gegensatz zu den in den Tab. 6 bis 9 zusammengefaßten Reaktionen ergab der Zerfall von Äthylazid für den

Tabelle 8. *Oxydation des Schwefelwasserstoffes*
(JAKOWLEW)
$$2 H_2S + 3 O_2 = 2 H_2O + 2 SO_2$$

p_{mm} gesamt	p_{mm} H_2S	$T_{ber.}$ °K	$T_{beob.}$ °K
244	98	544	578
400	160	523	552
745	298	499	525

δ-Parameter einen kritischen Wert von etwa 20, während theoretisch mit einem Wert von 3,32 zu rechnen war. In Anbetracht dieser erheblichen Diskrepanz war eine entsprechende tabellarische Zusammenstellung der Vergleichswerte nicht mehr sinnvoll.

Wie bereits erwähnt, verläuft der Zerfall von Azomethan, Methylnitrat, Äthylazid und Stickoxydul gemäß der monomolekularen Kinetik. Bei der Berechnung dieser Reaktionen blieb der Stoffverbrauch während der Induktionsperiode unberücksichtigt.

Die Rechtmäßigkeit dieser Vernachlässigung geht aus den Formeln (VII, 28—30) hervor: Für den Zerfall von Azomethan ist nach RICE [6]

Tabelle 9. *Zerfall des Stickoxyduls*
(SELDOWITSCH u. JAKOWLEW)
$$2 N_2O = 2 N_2 + O_2$$

p_{mm}	$T_{ber.}$ °K	$T_{beob.}$ °K
170	1255	1285
330	1175	1195
590	1110	1100

$Q = 43000$ kal/Mol; $E = 51200$ kal/Mol; $c_v = 25{,}7$ kal/Mol · Grad. Es wurde ein Temperaturbereich zwischen 614 bis 659° K erfaßt. Für die mittlere Temperatur von 636° K erhält man $B = 106$ und nach (VII 28) $\varepsilon = 6{,}2 \cdot 10^{-2}$. Die Temperaturänderung infolge des Stoffverbrauches in der Induktionsperiode beträgt demnach

$$\Delta T = \frac{R\,T_0^2}{E} \cdot \varepsilon = 0{,}97°\,C$$

Für Äthylazid gilt nach RICE: $Q = 55000$; $E = 39000$; $c_v = 25{,}3$; das Temperaturintervall beträgt 533 bis 563° K. Daraus ergeben sich für die mittlere Temperatur von 548° K die Werte $B = 141$; $\varepsilon = 5{,}1 \cdot 10^{-2}$ und $\Delta T = 0{,}78°\,C$.

Für den Zerfall des Stickoxyduls gelten die Werte: $Q = 19\,500$; $E = 53\,000$; Temperaturintervall 1100 bis 1285° K; mittlere Temperatur 1192° K. Die Molwärme schätzen wir für diese Temperatur nach der PLANCK-EINSTEINschen Formel ab: das lineare Molekül N_2O hat zwei Eigenfrequenzen bei 589 cm^{-1}, und je eine bei 1285 und 2224 cm^{-1}. Nach der Formel von PLANCK-EINSTEIN beträgt die Molwärme

$$c_v = \tfrac{5}{2} \cdot R + 2\varPhi(0{,}705) + \varPhi(1{,}541) + \varPhi(2{,}67) = 11{,}56 \text{ kal/Mol} \cdot \text{Grad}$$

($\varPhi$ die PLANCK-EINSTEINsche Funktion). Daraus folgen die Werte: $B = 32$; $\varepsilon = 0{,}14$; $\varDelta T = 7{,}4°$ C. Lediglich in diesem Falle liegt die Korrektur außerhalb der Fehlergrenze. Sie würde, wie man es der Tab. 9 entnimmt, die Übereinstimmung der theoretischen und der experimentellen Werte etwas verbessern. Die Oxydation des Schwefelwasserstoffes hat einen kraß ausgeprägten katalytischen Charakter. Hier wurde die Berechnung nach der maximalen Reaktionsgeschwindigkeit durchgeführt.

Nicht minder erfolgreich war auch das Ergebnis im Falle des sogenannten dritten Entflammungspunktes des *Sauerstoff-Wasserstoffgemisches*. In der Literatur wurden diesbezüglich unterschiedliche, einander widersprechende Ansichten vertreten. Unter anderem nahm eine Reihe von Autoren an, daß es sich um eine Kettenreaktion handle. Selbst die genaue Lage dieses Entflammungspunktes war bis vor kurzem wegen einiger experimenteller Schwierigkeiten nicht bekannt. Wir haben, ausgehend von den Daten von TSCHIRKOW [9] über die Reaktionskinetik unterhalb der kritischen Grenze, die Lage des Entflammungspunktes unter der Annahme, daß es sich um reine thermische Explosion handelt, berechnet. In Anbetracht des autokatalytischen Reaktionsverlaufs wurde dabei der Berechnung die maximale Reaktionsgeschwindigkeit zugrunde gelegt. Aus den Versuchen von TSCHIRKOW ging zwar hervor, daß unterhalb der von uns errechneten Grenze jedenfalls keine Explosion stattfindet, es fehlten jedoch nähere Angaben darüber, so daß eine experimentelle Prüfung unserer theoretischen Voraussage längere Zeit nicht möglich war. Später haben OLDENBERG und SOMMERS [10] die Versuchsdaten veröffentlicht, woraus hervorging, daß die Explosion jedenfalls unterhalb einer Grenze stattfindet, die nur ein wenig über unserer Berechnung liegt.

Während TSCHIRKOW seine Versuche in Gefäßen aus dem Glas „Durabax" mit dem Durchmesser von 5 cm durchführte, arbeiteten OLDENBERG und SOMMERS mit Gefäßen, die mit Kaliumchlorid behandelt wurden. In derartigen Gefäßen ist die Reaktionsgeschwindigkeit, wie dies WOJEWODSKI nachwies, wesentlich geringer als in den unbehandelten Gefäßen, so daß dort eine Verschiebung des Entflammungspunktes in Richtung der höheren Temperatur und des höheren Druckes auftreten kann. Es war daher fraglich, ob unsere theoretischen Berechnungen, denen die Versuche an unbehandelten Gefäßen zugrunde lagen, mit den Ergebnissen von OLDENBERG und SOMMERS sinnvoll verglichen werden können. Erst in der letzten Zeit hat SISKIN [*11*] eine genaue Bestimmung des tiefsten Entflammungspunktes beim atmosphärischen Druck durchgeführt. Die erwähnten experimentellen Schwierigkeiten wurden bei diesen Versuchen umgangen, indem die Messungen an durchströmten Rohren verschiedenen Durchmessers durchgeführt wurden.

Die Übereinstimmung des Befundes von SISKIN mit unserer theoretischen Berechnung ließ nichts zu wünschen übrig. Auch in einer früher erschienenen Arbeit von PEASE [*12*] ist ein Hinweis auf die Lage des Entflammungspunktes enthalten, der sich mit unseren Berechnungen ebenfalls deckt.

In Abb. 20, die der zitierten Arbeit von SISKIN entnommen ist, sind die Versuchsergebnisse von SISKIN (O) und von PEASE (+) sowie die nach unserer Formel berechnete Kurve aufgetragen. Die Abszisse gibt den Durchmesser

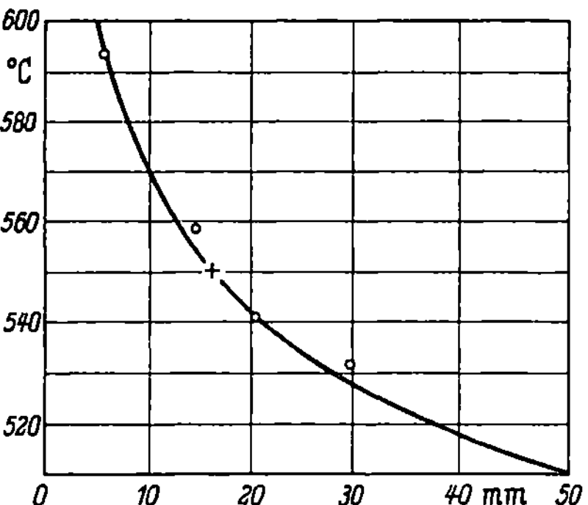

Abb. 20. Einfluß des Gefäßdurchmessers auf die Entflammungstemperatur des Knallgases. (Nach SISKIN). Die Meßergebnisse von SISKIN sind mit Kreisen und die von PEASE mit einem Kreuz dargestellt. Die ausgezogene Kurve entspricht der theoretischen Beziehung (VII, 16)

des Reaktionsgefäßes und die Ordinate die Entflammungstemperatur bei Normaldruck an. Diese außerordentlich gute Übereinstimmung der Versuchsdaten mit den Ergebnissen der stationären Theorie hängt vermutlich mit dem autokatalytischen Charakter dieser Reaktion zusammen, da hier eine Korrektur für den in der Induktionsperiode verbrauchten Reaktionsstoff nicht erforderlich ist. Die Explosion findet statt, sobald die Reaktionsgeschwindigkeit ihr Maximum erreicht hat, wobei in der Induktionszeit die erforderliche Erwärmung des Gasgemisches vor sich geht.

KOKOTSCHASCHWILI hat in seiner Dissertation den Entflammungspunkt des *Brom-Wasserstoffgemisches* an Hand der bekannten Daten der Reaktionskinetik berechnet und anschließend durch einen Versuch bestätigt. Neben der guten Übereinstimmung der Theorie und des Experimentes ist dabei die Deutung der Abhängigkeit des Entflammungspunktes von der Zusammensetzung des Gemisches interessant, die nach dem Verfasser durch die entsprechende Änderung der Wärmeleitzahl des Gemisches bedingt ist.

HARRIS [*13*] hat unsere Theorie zur Klärung der Natur der Explosion von *Äthylenperoxyd* angewandt. Diese Frage ist von wesentlicher Bedeutung für die allgemeine Theorie der Oxydation von Kohlenwasserstoffen, da man früher annahm [*14*], daß die Peroxydexplosion Kettencharakter besitzt und die in großer Menge entstehenden Radikale zur Entflammung von Kohlenwasserstoff führen; auch die Entstehung der kalten Flamme wurde als Entflammung des Peroxydes gedeutet, die nach dem Erreichen der kritischen Konzentration eintritt. HARRIS konnte recht überzeugend zeigen, daß diese Vorstellungen irrig sind, indem er nachwies, daß die Entflammung des Peroxydes nur wenig von der Berechnung nach unserer Theorie abweicht, die ja von der rein thermischen Natur der Explosion ausgeht. RICE [*6*] benutzte zum Vergleich der Theorie der Wärmeexplosion mit dem Experiment eine ganz andere Methode, die auf der Berechnung der Induktionsdauer beruht. Wir haben gezeigt [*16*], daß diese Berechnungsmethode einige Unzulänglichkeiten aufweist und daher weder theoretisch, noch experimentell akzeptiert werden kann. Im Verlauf der Diskussion schloß sich RICE [*16*] unserer Ansicht im wesentlichen an und übernahm unsere Berechnungsmethode, wobei er an einer Reihe von Beispielen eine gute Übereinstimmung mit dem Experiment erzielte.

In unserer letzten Arbeit mit BLUMBERG [*18*] wurde der Entflammungspunkt bei explosivem Zerfall von *Azetylen* bestimmt. Die Druckveränderung während der Induktionsperiode zeigte, daß die Explosion durch die thermische Dimerisation des Azetylens, deren Kinetik wir eingehend untersucht hatten, hervorgerufen wird und daß die Explosion ebenfalls rein thermischer Natur ist. Die Vorausberechnung des Entflammungspunktes konnte in diesem Falle nicht durchgeführt werden, da die Wärmetönung der Reaktion unbekannt war. Wir haben daher ausgehend von dem experimentell ermittelten Entflammungspunkt und der bekannten Reaktionskinetik die Wärmetönung der Dimerisation berechnet und fanden dabei den Wärmeeffekt von 64 600 kal/Mol des Dimeren. Die in diesem Falle ins Gewicht fallende Korrektur für den Stoffverbrauch in der Induktionsperiode ergab schließlich den korrigierten Wert von 78 500 kal/Mol des Dimeren.

Nach den bekannten thermochemischen Regeln für organische Verbindungen kamen wir zu der Schlußfolgerung, daß das dimere Azetylen, dem wir eine provisorische Bezeichnung „*Polygen*" gaben, zyklische Struktur besitzen und das Molekül zwei einfache und eine Doppelbindung aufweisen muß. Als wahrscheinlichste Struktur erscheint dabei die des Zyklobutadiens. Ausgehend von diesen Ergebnissen haben wir die „Polygentheorie" vorgeschlagen, wonach dem „Polygen" eine wesentliche Rolle bei allen pyrogenetischen Prozessen, als dem primären Polymerisationsprodukt und dem Ausgangsstoff bei der Bildung von Harzen und der Kohle zukommt. Als praktische Folgerung wurde von uns ein geringfügiger Zusatz an Stickoxyd zur Verhinderung der Polygenbil-

dung, Beseitigung von Harzen und Erhöhung der Ausbeute an ungesättigten Gasen bei der Pyrolyse vorgeschlagen.

Schrifttum

[1] SEMENOV: Z. physik. Chem. Bd. 42 (1928) S. 571; Cepnye reakcii (Kettenreaktionen), ONTI, L. 1934.
[2] TODES: Ž. fiz. chim. Bd. 4 (1933) S. 78.
[3] FOK: Trudy Leningr. fiz.-techn. labor. Bd. 5 (1928) S. 52.
[4] TODES, KONTOROVA: Ž. fiz. chim. Bd. 4 (1933) S. 81.
[5] FRANK-KAMENECKIJ: Ž. fiz. chim. Bd. 13 (1939) S. 738.
[6] RICE: J. Amer. chem. Soc. Bd. 57 (1935) S. 310, 1044, 2212; J. chem. Physics
Bd. 7 (1939) S. 701.
[7] APIN, TODES, CHARITON: Ž. fiz. chim. Bd. 8 (1936) S. 866.
[8] ZEL'DOVIČ, JAKOVLEV: Dokl. AN SSSR Bd. 19 (1938) S. 699.
[9] ČIRKOV: Acta physicochim. URSS Bd. 6 (1937) S. 915.
[10] OLDENBERG, SOMMERS: J. chem. Physics Bd. 7 (1939) S. 279.
[11] ZISKIN: Dokl. AN SSSR Bd. 34 (1942) S. 279.
[12] PEASE: J. Amer. chem. Soc. Bd. 52 (1930) S. 5107.
[13] HARRIS: Proc. Roy. Soc., London, Ser. A Bd. 175 (1940) S. 254.
[14] NEJMAN: Usp. chim. Bd. 7 (1938) S. 341.
[15] FRANK-KAMENECKIJ: J. chem. Physics Bd. 8 (1940) S. 125.
[16] RICE: J. chem. Physics Bd. 8 (1940) S. 727.
[17] FRANK-KAMENECKIJ: Ž. fiz. chim. Bd. 20 (1946) S. 139.
[18] BLJUMBERG, FRANK-KAMENECKIJ: Ž. fiz. chim. Bd. 20 (1945) S. 1301.

Kapitel VIII

Ausbreitung der Flamme

Der Verbrennungsvorgang, der in einem Punkt des Gasgemisches beginnt, kann sich über das ganze Volumen ausbreiten, das von dem Gasgemisch eingenommen wird. Es gibt zwei verschiedene Ausbreitungs-
mechanismen — die sogenannte *normale* oder *stille Ausbreitung* der
Flamme und die *Detonation*.

Der erste Mechanismus beruht entweder auf der konduktiven Wärmeübertragung oder auf dem Weiterdiffundieren der aktiven Reaktionsprodukte; bei der Detonation handelt es sich dagegen um die Zündung
des Gasgemisches durch den Verdichtungsstoß (die Stoßwelle).

Die Theorie der Detonation ist eng mit der Gasdynamik verknüpft
und soll im weiteren nicht näher behandelt werden. Hingegen stellt die
normale Ausbreitung der Flamme ein typisches Problem im Sinne unserer Erörterungen dar und läuft auf die simultane Lösung der Gleichungen der *chemischen Kinetik* und der Gleichungen der *Wärme-* bzw.
der *Stoffübertragung* hinaus.

Die Gleichung und die Grenzbedingungen

Da die thermische und die Diffusionsausbreitung der Flamme in mathematischer Hinsicht einander durchaus ähnlich sind, sollen sie im weiteren gemeinsam behandelt werden.

Wir bezeichnen mit x die Hauptvariable, die bei der thermischen Ausbreitung die Temperatur und bei der Diffusionsausbreitung die Konzentration des aktiven Produktes zum Ausdruck bringt:

$$x = \frac{T - T_0}{T_m - T_0} \qquad \text{(VIII, 1)}$$

bzw.

$$x = \frac{C - C_0}{C_m - C_0} \qquad \text{(VIII, 1a)}$$

Der 0-Index bezieht sich auf den Anfangszustand, während T_m die maximale adiabatische Temperatur der Reaktion und C_m die maximale Konzentration des aktiven Produktes nach dem beendeten Reaktionsablauf bedeuten.

Wir drücken die Reaktionsgeschwindigkeit durch die Beziehung

$$v = \frac{Q(x)}{\tau_m} \qquad \text{(VIII, 2)}$$

aus, worin τ_m die charakteristische Reaktionszeit bei der maximalen Temperatur bzw. bei der maximalen Konzentration des aktiven Reaktionsproduktes, und $Q(x)$ eine von Temperatur bzw. der Konzentration abhängige Funktion bedeuten. Sie ist durch die chemische Kinetik des Prozesses festgelegt.

Wir führen die dimensionslose Koordinate ξ ein, indem die Größen

$$\sqrt{a \cdot \tau_m} \qquad \text{bzw.} \qquad \sqrt{D \cdot \tau_m}$$

als jeweiliges natürliches Längenmaß verwendet werden. Wird die Ableitung $dx/d\xi$ mit y bezeichnet, so nimmt die Gl. (VI, 30c) bzw. ihr Analogon für die Diffusionsausbreitung die dimensionslose Gestalt

$$y \cdot \frac{dy}{dx} - \mu \cdot y + Q(x) = 0 \qquad \text{(VIII, 3)}$$

an, worin μ die dimensionslose Ausbreitungsgeschwindigkeit der Flamme ist, die mit der physikalischen Geschwindigkeit w gemäß den Beziehungen

$$\mu = w \cdot \sqrt{\tau_m/a} \qquad \text{(VIII, 4)}$$

bzw.

$$\mu = w \cdot \sqrt{\tau_m/D} \qquad \text{(VIII, 5)}$$

zusammenhängt. Die analytische Aufgabe besteht darin, für μ solche Werte zu finden, bei denen die Lösungen der Gln. (VIII, 3) den Randbedingungen

$$y(0) = y(1) = 0 \qquad \text{(VIII, 6)}$$

genügen.

Eindeutigkeit der Lösung

Es soll zunächst die Frage der Eindeutigkeit des Problems näher untersucht werden.

Mehrere Forscher [1], [2], [3] haben für gewisse konkrete Funktionen $Q(x)$ die entsprechenden Werte von μ ermittelt, bei denen die Randbedingungen (VIII, 6) erfüllt sind. In all diesen Fällen wurde jedoch der Eindeutigkeitsbeweis nicht erbracht, so daß es auch nicht sicher war, ob die mathematisch errechnete Ausbreitungsgeschwindigkeit dem physikalischen Sachverhalt notwendigerweise entsprach.

Die Tatsache, daß in einigen Fällen sogar eine unendliche, kontinuierliche Menge der μ-Werte vorliegen kann, wurde zum erstenmal in den mathematischen Arbeiten von KOLOMGOROW, PETROWSKI und PISKUNOW [4] gezeigt.

Eine derartige unendliche Mannigfaltigkeit der Lösungen, die jedoch keine physikalische Realität hat, erhält man, falls die Funktion $Q(x)$ bei $x = 0$ null wird, dabei aber eine positive Ableitung dQ/dx besitzt. Physikalisch würde das bedeuten, daß der Anfangszustand ($x = 0$) nicht stabil ist und ein beliebig schwacher Zündungsimpuls die Reaktion bereits auslösen würde.

Zur Erlangung einer mathematisch eindeutigen Lösung genügt es, von der Funktion $Q(x)$ zu verlangen, daß ihre Nullstellen entweder bei $x > 0$ liegen oder aber, daß im Punkte $x = 0$ ihre Ableitung dQ/dx negativ ist. Bei der Eindeutigkeit der mathematischen Lösung haben wir dann auch die Gewähr, daß es sich, sofern die $Q(x)$-Funktion dem physikalischen Sachverhalt entspricht, um eine physikalische Realität handelt.

Andererseits bedeutet die Voraussetzung $Q(0) \neq 0$, daß bereits beim Anfangszustand eine endliche Reaktionsgeschwindigkeit vorliegt und daß daher die Verbrennung schon unter den Anfangsbedingungen vor sich geht. Das hat zur Folge, daß in jedem Punkte des Gasgemisches der Verbrennungsvorgang zu irgendeinem, von der fortschreitenden Flammenfront völlig unabhängigen Zeitpunkt einsetzt. In diesem Falle ist eine stationäre Ausbreitung der Flammenfront überhaupt nicht möglich.

Es muß daher von der Funktion $Q(x)$ verlangt werden, daß sie — damit es zu einem stationären Ausbreitungsvorgang kommt — für $x = 0$ verschwindet, zugleich aber eine negative Ableitung besitzt. Bei der thermischen Ausbreitung der Flammenfront wird die Temperaturabhängigkeit der Reaktionsgeschwindigkeit durch das ARRHENIUSsche Gesetz beschrieben, welches auch für die Anfangstemperatur T_0 eine endliche Reaktionsgeschwindigkeit vorschreibt. Man kann jedoch in Anbetracht des steilen Anstieges der Exponentialfunktion die Reaktionsgeschwindigkeit bei der Anfangstemperatur völlig vernachlässigen, womit die Eindeutigkeit der mathematischen Lösung gesichert wird.

Hier sei noch die physikalische Deutung für den Fall erläutert, daß die Funktion $Q(x)$ für $x = 0$ zwar verschwindet, jedoch dort eine positive Ableitung besitzt: das bedeutet, daß bereits bei einer beliebig kleinen Abweichung von dem Anfangszustand sich eine endliche Reaktionsgeschwindigkeit einstellt; es bedarf demnach nur eines verschwindend schwachen Zündimpulses in irgendeinem Punkte des Gasgemisches, um dort die Reaktion auszulösen. Da die gedankliche Hinzunahme eines derartigen unendlich schwachen Initialimpulses weder der Differentialgleichung (VIII, 3) noch den Randbedingungen (III, 6) widerspricht, könnte man sich vorstellen, daß dieser Initialzünder im Gasraume mit beliebiger Geschwindigkeit fortbewegt wird, was ja formal auf die entsprechend schnelle Ausbreitung der Flammenfront hinauslaufen würde. Dieses wäre die physikalische Interpretation der unendlich großen Mannigfaltigkeit der mathematischen Lösungen der Gl. (VIII, 3). Die Frage der Wahl der Funktion $Q(x)$ ist mit Rücksicht auf die Eindeutigkeit der Lösung und entsprechend den Vernunfterwägungen zu treffen. Bei der Verwendung des ARRHENIUSschen Gesetzes kann die Frage der Eindeutigkeit der Lösung jedenfalls als gesichert angesehen werden, wenn die Reaktionsgeschwindigkeit in einem gewissen Bereiche um den Anfangswert T_0 zwar positiv, jedoch so klein ist, daß sie praktisch vernachlässigt werden kann.

Thermische Ausbreitung der Flamme

Die für die Praxis besonders wichtige thermische Ausbreitung der Flammenfront zeichnet sich durch die außerordentlich rapide Zunahme der Reaktionsgeschwindigkeit bei steigender Temperatur aus. SELDOWITSCH [5] hat gezeigt, daß man bereits zu einem Näherungsergebnis kommt, wenn von der Q-Funktion weiter nichts als dieser rapide Temperaturanstieg vorausgesetzt wird.

Zu diesem Zwecke wird das Integrationsintervall in zwei Bereiche zerlegt: In dem ersten Bereich in der Nähe des Punktes $x = 0$ wird die Reaktionsgeschwindigkeit vernachlässigt. In dem zweiten Bereich um den Punkt $x = 1$ wird dagegen Q sehr groß. In diesem Bereiche müßte y, damit die Gl. (VIII, 3) befriedigt wird, ebenfalls recht hohe Werte besitzen. Dabei wird der erste Term der Gleichung, da er quadratisch in y ist, bedeutend größer als der zweite, so daß dieser zweite Term näherungsweise vernachlässigt werden kann. In unmittelbarer Nähe von $x = 1$ fällt y zwar sehr schnell gegen Null ab, in gleichem Maße nimmt aber die Ableitung dy/dx zu.

Die Differentialgleichung (VIII, 3) kann daher nach SELDOWITSCH durch zwei vereinfachte Gleichungen ersetzt werden: In der Nähe von $x = 0$:

$$y \cdot dy/dx \simeq \mu\, y \qquad\qquad\qquad (\text{VIII}, 7)$$

und in der Nähe von $x = 1$

$$y \cdot dy/dx \simeq - Q(x) \qquad \text{(VIII, 8)}$$

Die Lösung von (VIII, 7) ist

$$y_1 = \mu \cdot x \qquad \text{(VIII, 9)}$$

während die Lösung für (VIII, 8)

$$y_2 = \sqrt{2 \cdot \int_x^1 Q \, dx} \qquad \text{(VIII, 10)}$$

lautet

Beide Teillösungen müssen an der Grenze zwischen den beiden Bereichen der Anschlußbedingung $y_1 = y_2$ genügen.

Die Lage dieser Grenze ist zwar prinzipiell unbestimmbar, man kann jedoch dank der vorausgesetzten rapiden Veränderung der Q-Funktion auch in diesem Punkte ein Näherungsverfahren anwenden, welches mit Hilfe der Abb. 21 erläutert werden soll: Es handelt sich dabei um die gegenseitige Anpassung der geneigten Geraden y_1 und der zum Teil gestrichelt gezeichneten Kurve y_2, deren charakteristische Gestalt schematisch skizziert ist. Zu diesem Zweck wird von dem Punkt A, dessen Lage durch $Q(x)$ festgelegt ist, eine Waagerechte bis zum Abszissenwert $x = 1$

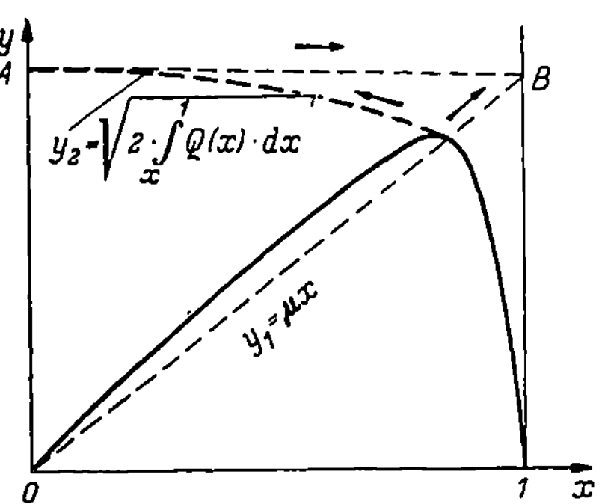

Abb. 21. Näherungslösung der Gleichung der thermischen Flammenausbreitung

gezogen und der Punkt B zum Durchlegen der Geraden y_1 näherungsweise benutzt. Der genaue Verlauf der Funktion $y(x)$ ist im Bilde durch die ausgezogene Kurve angedeutet. Dieses Verfahren liefert eine Bestimmungsgleichung für μ:

$$\mu \approx \sqrt{2 \cdot \int_0^1 Q \, dx} \qquad \text{(VIII, 11)}$$

Das Gesagte soll am Beispiel der *Reaktionskinetik p-ter Ordnung* erläutert werden. Wird der Exponent in der ARRHENIUSschen Formel nach dem Muster (VI, 46) zerlegt, so nimmt die Funktion $Q(x)$ die Form

$$Q = n^p \cdot \exp\left[- \frac{E}{R\,T_m} \cdot \frac{T_m - T}{T_m} \right] \qquad \text{(VIII, 12)}$$

an, worin n die relative Konzentration des reagierenden Stoffes bedeutet. Diese kann auf Grund der Ähnlichkeit zwischen dem Konzentrations-

und dem Temperaturfeld gemäß (VI, 43) durch Temperaturdaten ausgedrückt werden:

$$Q = \left(\frac{T_m - T}{T_m - T_0}\right)^p \cdot \exp\left[-\frac{E}{R\,T_m} \cdot \frac{T_m - T}{T_m}\right] \qquad \text{(VIII, 13)}$$

woraus mit (VIII, 1) die Funktion

$$Q(x) = (1 - x)^p \cdot \exp[-\Theta_m \cdot (1 - x)] \qquad \text{(VIII, 14)}$$

folgt; mit Θ_m ist dabei die maximale dimensionslose Temperatur der Flamme

$$\Theta_m = \frac{E}{R\,T_m} \cdot \frac{T_m - T_0}{T_m} \qquad \text{(VIII, 15)}$$

bezeichnet. Wird (VIII, 14) in (VIII, 11) eingesetzt und dabei berücksichtigt, daß an der unteren Integrationsgrenze die Funktion Q vernachlässigbar klein ist,

$$Q(O) = \exp(-\Theta_m) \ll 1$$

so erhält man

$$\mu = \sqrt{2 \cdot \frac{p!}{\Theta_m^{p+1}}} \qquad \text{(VIII, 16)}$$

so daß in Verbindung mit (VIII, 4) die Fortpflanzungsgeschwindigkeit der Flamme durch die Formel

$$w = \sqrt{2 \cdot \frac{p!}{\Theta_m^{p+1}} \cdot \frac{a}{\tau_m}} \qquad \text{(VIII, 17)}$$

ausgedrückt wird.

Dieses Ergebnis haben wir bereits im Kap. VI [Formeln (VI, 48) und (VI, 50)] angeführt. Die Entwicklung und die Anwendung dieser Theorie ist in den Arbeiten von SELDOWITSCH und SEMENOW [6], [12] durchgeführt worden.

Die Wärmestrom-Methode

Man kann die wesentlichen Ergebnisse dieser Theorie durch ganz einfache Überlegungen ohne Integration der Differentialgleichungen erhalten, wenn man den aus der Flammenzone heraustretenden Wärmestrom betrachtet. Wir bezeichnen mit y_m den Temperaturgradienten in der Flammenfront. Der Wärmestrom quer durch die Flammenfront kann durch die Beziehung

$$q = -\lambda \cdot y_m \qquad \text{(VIII, 18)}$$

angegeben werden, wobei λ die Wärmeleitzahl des Gasgemisches ist. Dieser Wärmestrom dient zur Erwärmung des unmittelbar vor der Flammenfront befindlichen Gasgemisches von der Anfangstemperatur T_0 bis zur Verbrennungstemperatur T_m

$$q = c\,\varrho \cdot w \cdot (T_m - T_0) \qquad \text{(VIII, 19)}$$

Es sind hier c die spezifische Wärme des Gasgemisches, ϱ die Dichte des Gasgemisches und w die Fortpflanzungsgeschwindigkeit der Flammenfront. Die exakte Bestimmung von y_m wird mit Hilfe der Gl. (VIII, 8) vorgenommen und das Ergebnis führt ebenfalls zu (VIII, 11).

Man kann jedoch auch von der anschaulichen Vorstellung der Breite ξ_1 der Flammenfront ausgehen, deren Definition durch die Gleichung

$$y_m = - \frac{T_m - T_0}{\xi_1} \qquad \text{(VIII, 20)}$$

gegeben sei. Der physikalische Sinn dieser Größe besteht darin, daß die tatsächliche Temperaturverteilung in der Flammenfront durch einen gebrochenen Linienzug ersetzt wird, wobei der Temperaturverlauf in der Flammenfront durch eine Gerade dargestellt wird, deren Neigung mit der Tangente im Wendepunkt der tatsächlichen Temperaturkurve übereinstimmt.

Aus (VIII, 18—20) folgt dann die Beziehung

$$w = \frac{\lambda}{c \varrho \xi_1} = \frac{a}{\xi_1} \qquad \text{(VIII, 21)}$$

worin a die Temperaturleitzahl des Gasgemisches ist.

Neben der thermischen Breite der Flammenfront kann noch die chemische Breite definiert werden, innerhalb welcher sich die chemischen Vorgänge bei der maximalen Verbrennungstemperatur abspielen würden, falls die Diffusion und die Wärmeübertragung den Vorgang nicht beeinflussen würden. Die chemische Breite ξ_2 der Flammenfront steht in einem Zusammenhang mit der bereits eingeführten charakteristischen Reaktionszeit:

$$\xi_2 = w \cdot \tau_m \qquad \text{(VIII, 22)}$$

Während sich die Breite der thermischen Flammenfront auf die Temperaturänderung bezieht, korrespondiert die Breite der chemischen Flammenfront mit dem chemischen Verbrennungsvorgang. Es ist einleuchtend, daß die Breite der thermischen Front unter keinen Umständen kleiner sein kann als die der chemischen, da die chemischen Vorgänge mit der Wärmeentwicklung verbunden sind und bereits eine gewisse Temperaturerhöhung für ihren Ablauf voraussetzen. Außerdem wird die Breite der thermischen Front durch Diffusion und Wärmeleitung noch mehr ausgedehnt.

Es sei

$$\xi_2 = F \cdot \xi_1 \qquad \text{(VIII, 23)}$$

wobei F ein dimensionsloser Bruch ist, dessen genauer Wert durch die chemische Kinetik des Verbrennungsvorganges, d. h. durch die Abhängigkeit der Reaktionsgeschwindigkeit von der Temperatur und der

Konzentration der Reaktionskomponenten bedingt ist. Aus (VIII, 22, 24) folgt für die Ausbreitungsgeschwindigkeit endgültig

$$w = \sqrt{F \cdot \frac{a}{\tau_m}} \qquad \text{(VIII, 24)}$$

Diese Formel stimmt mit (VI, 48) und (VIII, 4) überein, wenn $\mu = \sqrt{F}$ gesetzt wird. Zugleich haben wir auch den physikalischen Sinn dieser dimensionslosen Ausbreitungsgeschwindigkeit der Flammenfront ermittelt: Sie ist ein Ausdruck für das Verhältnis der Breite der chemischen Front zu der der thermischen.

Diffusionsbedingte Ausbreitung (Kettenausbreitung) der Flammenfront bei der Autokatalyse zweiter Ordnung

Unter der diffusions- oder kettenartigen Ausbreitung der Flamme verstehen wir den Prozeß, dessen Fortpflanzung nicht mit der Wärmeübertragung, sondern mit der Diffusion des aktiven Produktes der autokatalytischen Reaktion zusammenhängt. Dieses darf nicht mit der sogenannten „Diffusionsverbrennung" verwechselt werden, die gelegentlich in der Literatur zu finden ist, und bei der gemeint ist, daß die Reaktionskomponenten, beispielsweise Brennstoff und die Luft, nicht miteinander vermischt sind und daher die Verbrennungsgeschwindigkeit von dem Ineinanderdiffundieren der beiden Komponenten abhängig ist.

In dem hier uns interessierenden Falle ist die Funktion Q in (VIII, 3) durch die Reaktionskinetik des Vorganges bedingt und man kann hierüber keine allgemeinen Aussagen machen. Es ist zwar prinzipiell möglich, die verschiedenen Q-Funktionen in Rechnung zu setzen, es gelingt jedoch praktisch nicht, die Werte des Parameters μ zu finden, bei denen die Grenzbedingungen (VIII, 6) erfüllt werden. Wir haben den einfachsten Fall der Autokatalyse 2. Ordnung untersucht und dabei ein *umgekehrtes* Verfahren angewandt [5], indem wir für $y(x)$ eine einfache und plausible Funktion angenommen und die mit ihr korrespondierende Funktion $Q(x)$ bestimmt haben.

Als einfachste, mit den Randbedingungen (VIII, 6) verträgliche Funktion $y(x)$ wählten wir

$$y = x(1 - x) \qquad \text{(VIII, 25)}$$

Wird dieser Ausdruck in (VIII, 3) eingesetzt, so erhält man für $Q(x)$ den Ausdruck

$$Q = 2 \cdot x^2 \cdot (1 - x) - (1 - \mu) \cdot x \cdot (1 - x) \qquad \text{(VIII, 26)}$$

Die korrespondierende Reaktionsgeschwindigkeit beträgt nach (VIII, 2)

$$v = \varphi \cdot x^2 \cdot (1 - x) - b \cdot \varphi \cdot x \cdot (1 - x) \qquad \text{(VIII, 27)}$$

mit den Abkürzungen

$$\varphi = 2/\tau_m; \qquad b = \frac{1 - \mu}{2} \qquad \text{(VIII, 28)}$$

Die Gl. (VIII, 27) entspricht der Kinetik einer autokatalytischen Reaktion zweiter Ordnung mit der Konstante φ, die zugleich mit dem Verbrauch des aktiven Produktes nach der Reaktionskinetik erster Ordnung verknüpft ist. Die Reaktionsgeschwindigkeiten beider Vorgänge sind proportional der Konzentration des Ausgangsstoffes. Das Verhältnis der Geschwindigkeitskonstante der zweiten Reaktion zu der Konstante der ersten Reaktion ist gleich der Konstante b. Nach der Terminologie von Semenow, die er in seiner Theorie der Kettenreaktionen verwendet, handelt es sich bei der ersten Reaktion um eine Verzweigung zweiter Ordnung und bei der zweiten Reaktion um das Abreißen der Reaktionskette.

Mit (VIII, 28) folgt aus (VIII, 5) für w der Ausdruck

$$w = (1 - 2b) \cdot \sqrt{\varphi \cdot D/2} \qquad \text{(VIII, 29)}$$

der von Woronkow und Semenow [7] bei der Auswertung der Versuchsdaten über die Ausbreitung der kalten Flamme in sehr armen Schwefelkohlenstoff-Luftgemischen verwendet wurde.

Verbrennung im strömenden Gas

Wir sind bis jetzt von der Annahme ausgegangen, daß sich die Flamme in unbeweglichem Gas ausbreitet. Der tatsächliche Verbrennungsprozeß ist jedoch stets mit einer Bewegung von Gasmassen verbunden, die, sofern sie nicht künstlich erzeugt wird, unweigerlich infolge der thermischen Ausdehnung des Gasgemisches auftritt.

Jede Durchkrümmung der Flammenfront infolge der Gasbewegung erhöht die Ausbreitungsgeschwindigkeit der Flamme. Bewegt sich eine ebene Flammenfront, deren Fläche σ beträgt, mit einer Geschwindigkeit v, die auf der Frontebene senkrecht steht, so gibt die Größe

$$\omega = \sigma \cdot v \qquad \text{(VIII, 30)}$$

das Gasvolumen an, welches in einer Zeiteinheit umgesetzt wird.

Eine ehedem ebene Flammenfront erfährt infolge der Gasströmung eine allmähliche Durchkrümmung; sie wird in der Fortpflanzungsrichtung der Flamme ausgebeult. Das gleiche Gasvolumen wird nunmehr an der gekrümmten Grenzfläche S, die sich mit der Geschwindigkeit w ausbreitet, von der Verbrennung erfaßt; es ist daher

$$\omega = S \cdot w \qquad \text{(VIII, 30 a)}$$

Aus (VIII, 30, 30 a) erhält man die Beziehung

$$v = w \cdot \frac{S}{\sigma} \qquad \text{(VIII, 31)}$$

die den sogenannten *Flächensatz* zum Ausdruck bringt; bei der Durchkrümmung der Flammenfront nimmt ihre Ausbreitungsgeschwindigkeit mit der Vergrößerung der Grenzfläche zu.

Es ist ferner ersichtlich, daß das Verhältnis w/v gleich dem Cosinus des Winkels zwischen dem Vektor der Gasgeschwindigkeit und der Flächennormale der Flammenfront ist (Cosinus-Satz).

Turbulente Verbrennung

Von großer technischer Bedeutung ist die Erzielung der Verbrennung in einer turbulenten Gasströmung. Durch die Turbulenz wird die Ausbreitungsgeschwindigkeit der Flamme erhöht, und man hat somit eine Möglichkeit, den Verbrennungsprozeß wesentlich zu intensivieren.

Die Beschleunigung der Verbrennungsprozesse infolge der turbulenten Strömung kann durch zweierlei Ursachen bedingt sein: man kann zunächst annehmen, daß die Turbulenz den beschleunigten Wärmeaustausch begünstigt, ohne die eigentliche Reaktionsgeschwindigkeit zu beeinflussen. Diese Vorstellung setzt natürlich voraus, daß der Verbrennungsvorgang in einem Gasgemisch stattfindet, dessen Komponenten vollkommen miteinander vermischt sind. Diese Annahme wird gewöhnlich in der einschlägigen Literatur gemacht [8], [9]. In der Praxis begegnet man jedoch öfter den Verbrennungsvorgängen, bei denen eine gleichzeitige Vermischung der Reaktionskomponenten, etwa des Brennstoffes und der Luft, vor sich geht. Der extreme Fall ist durch die Diffusionsverbrennung gegeben, wenn die beiden Komponenten völlig getrennt sind und nur eine zusammenhängende Berührungsfläche aufweisen. Solche Vorgänge gehorchen im wesentlichen den Diffusionsgesetzen. Entsprechende Theorien sind in der Literatur bekannt [10].

Wir haben gemeinsam mit MINSKIJ [11] zum erstenmal eine Abart der turbulenten Verbrennung untersucht, bei der der Brennstoff bereits in kleinere Volumina zerteilt ist, die von der Luft umgeben sind und bezeichneten einen derartigen Prozeß als *turbulente Mikrodiffusionsverbrennung*. Hier ist die Intensivierung des Verbrennungsvorganges im wesentlichen durch die Beschleunigung der chemischen Reaktion in der Flammenfront bedingt. Die chemische Reaktionsgeschwindigkeit hängt von der Durchmischung der Reaktionskomponenten ab und wird durch die turbulente Bewegung erhöht.

Gewöhnlich lokalisiert sich ein derartiger Verbrennungsprozeß in der Strömungsspur hinter irgendwelchen Strömungshindernissen, die von dem Gasgemisch umströmt werden. Solche Hindernisse wirken als Flammenstabilisatoren, da die Flamme nur in unmittelbarer Nähe dieser Hindernisse auf die Dauer stabil ist und an ihnen hängen bleibt.

Wir neigen zu der Ansicht, daß in allen Fällen, bei denen die turbulente Gasströmung zu einer wesentlichen Intensivierung des Verbrennungsvorganges führt, es sich um einen Mikrodiffusionsverbrennungsvorgang handelt, bei dem die Intensivierung des Wärmeaustausches nur von untergeordneter Bedeutung ist. Die Weiterentwicklung unserer Vorstellungen führte uns zu den Begriffen des Diffusionsgebietes und des reaktionskinetischen Gebietes, die sich bei der Behandlung der Diffusionskinetik der heterogenen Reaktionen als sehr fruchtbar erwiesen haben.

In Anbetracht dessen, daß die Vermischung des Brennstoffes und der Luft nie vollkommen ist, kann man praktisch damit rechnen, daß die Verbrennungsvorgänge stets dann den Charakter des Mikro-Diffusionsprozesses haben, wenn die Geschwindigkeit der Mikrovermischung im Vergleich zu der eigentlichen chemischen Reaktion gering ist. Durch die Änderung der physikalischen Bedingungen kann man erreichen, daß entweder die Diffusion oder die chemische Kinetik den Vorgang maßgeblich beeinflussen, was in Analogie zu den heterogenen Prozessen steht.

Die Frage, welche Vermischungsgüte bereits ausreichend ist, um das Verbrennungsgemisch als praktisch homogen zu bezeichnen, kann nur unter den jeweils gegebenen Bedingungen physikalischer und strömungstechnischer Natur beantwortet werden.

Die Intensivierung des Verbrennungsvorganges durch die Turbulenz kann nicht beliebig betrieben werden und hat ihre natürliche Grenze in der Reaktionsgeschwindigkeit des eigentlichen chemischen Vorganges; die Turbulenz hört auf, den Verbrennungsvorgang zu intensivieren, sobald der Prozeß in das kinetische Gebiet übergeht.

Die Vorstellung der Mikrodiffusionsverbrennung führt zu einer anschaulichen und zwanglosen Deutung der bestehenden Proportionalität zwischen der Verbrennungsgeschwindigkeit und der Schwankungs- bzw. Strömungsgeschwindigkeit des Gasgemisches, was bekanntlich eines der wesentlichen Merkmale der turbulenten Verbrennung ist.

Schrifttum

[1] NUSSELT: Z. Ver. dtsch. Ing. Bd. 59 (1915) S. 872.
[2] JOUGUET: C. R. hebd. Séances Acad. Sci. Bd. 156 (1913) S. 872; Bd. 168 (1919) S. 820.
[3] DANIELL: Proc. Rox. Soc., London, Ser. A Bd. 126 (1930) S. 393.
[4] KOLMOGOROV, PETROVSKI, PISKUNOV: Bjull. Mosk. gos. univ., A 1, vyp. 6, ONTI, M. 1937.
[5] ŽEL'DOVIČ, FRANK-KAMENECKIJ: Dokl. AN SSSR Bd. 19 (1938) S. 693.
[6] ŽEL'DOVIČ: Teorija gorenija i detonacii gasov (Theorie der Gasverbrennung und der Gasdetonation), AN SSSR, M. 1944.
[7] VORONKOV, SEMENOV: Ž. fiz. chim. Bd. 13 (1939) S. 1695.
[8] DAMKÖHLER: Z. Elektrochem. angew. physik. Chem. Bd. 46 (1940) S. 601.
[9] ŠČELKIN: Ž. techn. fiz. Bd. 13 (1943) S. 520.
[10] BURKE, SCHUMANN: Ind. Engng. Chem. Bd. 20 (1928) S. 998.
[11] MINSKIJ, FRANK-KAMENECKIJ: Dokl. AN SSSR Bd. 50 (1945) S. 353.
[12] ŽEL'DOVIČ, SEMENOV: Ž. eksp.-teor. fiz. Bd. 10 (1940) S. 1116.

Kapitel IX

Wärmehaushalt bei heterogenen exothermen Reaktionen

In den vorhergehenden Kapiteln wurde der Ablauf von chemischen Reaktionen behandelt, bei denen entweder nur der Stofftransport (Diffusionskinetik) oder nur die Wärmeübertragung (Theorie der Verbrennung) von Bedeutung waren.

Wir gehen nunmehr zum Studium von Reaktionen über, deren Ablauf durch beide Transportvorgänge bestimmt wird. Solchen Fällen begegnet man bei den *exothermen heterogenen* Reaktionen. Ist der chemische Umsatz mit einer stärkeren Wärmetönung verbunden, so nimmt die Oberfläche, an der die Reaktion stattfindet, im allgemeinen eine Temperatur an, die höher ist, als die der Umgebung, etwa des strömenden Gases.

Die Wärmemenge, die an der Reaktionsfläche *freigegeben wird*, ist durch die makroskopische Reaktionsgeschwindigkeit bedingt. Sie hängt insbesondere bei den Reaktionen, die im Diffusionsgebiet verlaufen, von der Diffusionsgeschwindigkeit der Reaktionskomponenten ab. Die Intensität, mit der die entstehende Wärme von der Reaktionsfläche *abgeführt wird*, hängt andererseits von den Bedingungen ab, unter welchen die Wärmeübertragung vor sich geht. Die stationäre Temperatur der Reaktionsfläche zeichnet sich durch die ausgeglichene Wärmebilanz aus und hängt somit von dem Verhältnis der Reaktionsgeschwindigkeit zu der Intensität der Wärmeübertragung ab. Man muß daher bei der Berechnung der stationären Temperatur sowohl die Diffusionsvorgänge als auch den Prozeß der Wärmeübertragung zugleich berücksichtigen. Bei der Behandlung dieser Fragen hat man offensichtlich von den im Kap. IV erörterten Gleichungen auszugehen, die das gleichzeitige Auftreten der Diffusion und der Wärmeleitung berücksichtigen. Hier können insbesondere die Vorgänge von Bedeutung sein, die mit der Thermodiffusion verknüpft sind.

Während die *endothermen* Reaktionen in thermischer Hinsicht selbstregelnd sind und stets stabil verlaufen, besteht bei den *exothermen* Reaktionen durchaus die Möglichkeit, daß ihr Verlauf labil wird; es kann in solchen Fällen ein sprungartiger Übergang von einem Reaktionsverlauf zu einem anderen eintreten, wie dies in unserer Arbeit [*1*] gezeigt worden ist.

Wir wenden hier dieselben Methoden an, die wir bereits in der Theorie der thermischen Entflammung bei homogenen Reaktionen benutzt haben. Im Unterschied zu diesen homogenen Reaktionen kann die Reaktionsgeschwindigkeit bei den heterogenen Reaktionen nicht mehr praktisch unbeschränkt mit der Temperatur ansteigen, da sie durch die Intensität der molekularen und der konvektiven Diffusion, die das Heranführen der Reaktionskomponenten an die Reaktionsfläche besorgen, bedingt ist. Im Bereiche der niedrigen Temperaturen, wo die kinetische Reaktionsgeschwindigkeit im Vergleich zu der Diffusionsgeschwindigkeit gering ist (kinetisches Gebiet) wird die makroskopische Reaktionsgeschwindigkeit durch die echte Kinetik bestimmt und nimmt daher, entsprechend dem Gesetz von ARRHENIUS, mit der steigenden Temperatur exponential zu. Eine derartige Intensivierung des Reaktionsablaufes kann jedoch nur solange vor sich gehen, bis der Diffusionswiderstand die Größenordnung des reaktionskinetischen Widerstandes erreicht hat. Hier wechselt der Prozeß in das Diffusionsgebiet über, wo die Reaktion im wesentlichen durch die Diffusionsgeschwindigkeit limitiert wird. In diesem Bereiche bringt die weitere Temperaturerhöhung eine nur unwesentliche Beschleunigung des Reaktionsablaufes mit sich.

Es sind dabei unter gewissen Bedingungen drei verschiedene stationäre thermische Betriebszustände möglich, von denen beide extremen Fälle stabil sind und im kinetischen bzw. im Diffusionsgebiet liegen, während der mittlere Betriebszustand labil ist.

Die bekannten Erscheinungen des *Zündens* und des *Löschens der Oberfläche* hängen, wie dies noch näher behandelt wird, mit der sprunghaften Änderung des Reaktionsverlaufes vom unteren Betriebszustand zum oberen und umgekehrt zusammen.

Während das Zünden der Reaktionsfläche bei einer heterogenen Reaktion durchaus analog der Entflammung bei einer homogenen Reaktion ist, stellt der Löschvorgang eine prinzipiell neue Erscheinung dar, die nur bei den stationären Prozessen eintreten kann. Im Bereiche der homogenen Reaktionen findet diese Erscheinung ein entsprechendes Analogon nur unter ganz speziellen Bedingungen, die SELDOWITSCH [15] im Anschluß an unsere Theorie ermittelt hat.

Die Bestimmung der kritischen Bedingungen, unter denen das sprungartige Zünden oder Löschen stattfindet, ermöglicht das Studium der Reaktionskinetik von stark exothermen heterogenen Reaktionen, bei denen die unmittelbare Bestimmung der Reaktionsgeschwindigkeit recht schwierig ist.

Die stationäre Temperatur der Reaktionsfläche beim oberen Betriebszustand hängt ausschließlich von den Diffusionsvorgängen ab. Wenn die Diffusionszahl des reagierenden Gases mit der Temperaturleitzahl des Gasgemisches nummerisch übereinstimmt, so ist die Temperatur der Reaktionsfläche gleich der *theoetischen Verbrennungstemperatur*, was jedoch keineswegs etwa die Folge der Adiabasie ist, da es sich nicht um ein abgeschlossenes stationäres System handelt. Eine Differenz zwischen der Diffusionszahl und der Temperaturleitzahl sowie die Thermodiffusion können eine erhebliche Abweichung der Oberflächentemperatur von der theoretischen Verbrennungstemperatur zur Folge haben. Ist insbesondere das Molekulargewicht des reagierenden Gases kleiner als das mittlere Molekulargewicht des Gasgemisches, so ist die Oberflächentemperatur höher als die theoretische Verbrennungstemperatur. Dieses wurde von BUBEN [3] in seiner Dissertation bei der katalytischen Oxydation des Wasserstoffes an Platin nachgewiesen.

Die von uns entwickelte Theorie des Betriebszustandes der heterogenen exothermen Reaktionen wurde auf einen wichtigen Fall — die Verbrennung der Kohle — angewandt [1]. Auf diesem Wege war es gelungen, zu zeigen, daß die von GRODSOWSKI und TSCHUCHANOW [12] beobachtete Oxydation und die Verbrennung der Kohle nicht auf zwei verschiedenen chemischen Reaktionen beruht, wie sie es annahmen, sondern daß es sich lediglich um zwei verschiedene Betriebszustände ein und derselben chemischen Reaktion handelt. Ferner führte die experimentelle Ermittlung der Bedingungen, unter denen das Zünden eines Kohlenfadens im Luftstrom stattfindet, zu einer Reihe von Schlußfolgerungen über die Reaktionskinetik der Oxydation bei hohen Temperaturen [18].

Als ein weiteres Beispiel sei die Anwendung der Theorie auf den wichtigen technischen Prozeß der katalytischen Oxydation des Isopropylalkohols zum Azeton erwähnt, die die Wege zur Verbesserung dieses Prozesses aufzeigte [9].

BRESLER und SINOWJEW [10] sind beim Konstruieren der elektrischen, auf der Messung der Erwärmung der katalytischen Oberfläche beruhenden Gasanalysegeräte ebenfalls von unserer Theorie ausgegangen.

Qualitative Erörterung des Zünd- und des Löschvorganges bei beliebiger Reaktionskinetik

Wir wollen in diesem Abschnitt eine anschauliche Deutung für das Zünden und das Löschen der Reaktionsfläche geben, wobei zunächst über die Kinetik der chemischen Reaktion keine speziellen Angaben gemacht werden, außer daß die Reaktionsgeschwindigkeit monoton und hinreichend schnell mit zunehmender Temperatur ansteigt. Wir bedienen uns dabei der Methode, die SEMENOW in der Theorie der thermischen Entflammung bei homogenen Reaktionen (s. Kap. VI und VII) angewandt hat.

Zu diesem Zweck wenden wir uns der Abb. 22 zu, deren Abszisse die stationäre Temperatur der Reaktionsfläche angibt. Die stark ausgezogene Kurve B soll die pro Zeit- und Flächeneinheit der Reaktionsfläche *entstehende* Wärmemenge q_1 darstellen. Da diese Wärmemenge proportional der Reaktionsgeschwindigkeit ist, kann die Kurve B zugleich als effektive Reaktionsgeschwindigkeit in Abhängigkeit von der Temperatur der Oberfläche aufgefaßt werden.

Der bei niedrigen Temperaturen beginnende und dann steil ansteigende Abschnitt dieser Kurve entspricht dem kinetischen Reaktionsgebiet und bringt die exponentielle Abhängigkeit der Reaktionsgeschwindigkeit von der Temperatur zum Ausdruck. Mit steigender Reaktionsgeschwindigkeit macht sich der Diffusionswiderstand in zunehmendem Maße bemerkbar und die Reaktion wechselt allmählich in das Diffusionsgebiet über, wo der Temperatureinfluß weitgehend abgeschwächt ist.

Während der dem kinetischen Gebiet zugeordnete Abschnitt der erläuterten Kurve nur von der Temperatur der Oberfläche abhängt, kann der obere Abschnitt der Kurve durch die Änderung der Diffusionsbedingungen beeinflußt werden, was im Bilde durch die gestrichelten Kurven A und C angedeutet ist.

Neben der Wärmeerzeugungskurve sind im Bild weitere Kurven ($a - e$) eingezeichnet, die der *Wärmeabführung* q_2 von der Reaktionsfläche an das sie umströmende Gas unter unterschiedlichen Wärmeübergangsverhältnissen entsprechen.

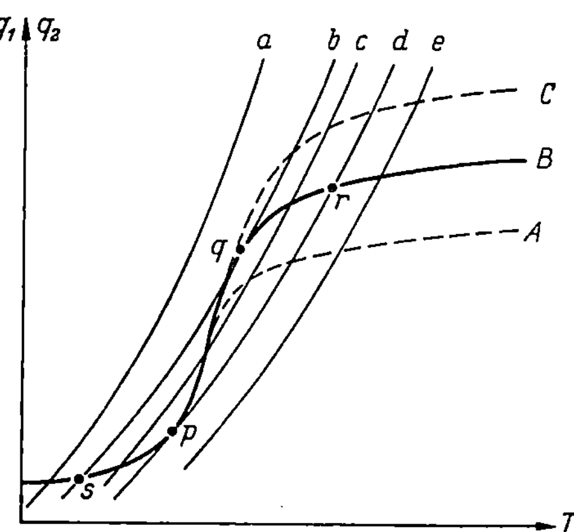

Abb. 22. Bestimmung des stationären thermischen Zustandes der Reaktionsfläche. Abszisse = Temperatur der Reaktionsfläche. Kurven ($A - C$) entsprechen der pro Zeit- und Flächeneinheit erzeugten Reaktionswärme bei verschiedener Geschwindigkeit der Gasströmung. Kurven ($a - e$) geben die Wärmeabgabe pro Zeit- und Flächeneinheit unter verschiedenen Bedingungen wieder. Der Schnittpunkt zweier Kurven bestimmt den jeweiligen stationären Zustand. In den Punkten p und q treten die kritischen Erscheinungen des Zündens bzw. des Löschens auf

In Anbetracht dessen, daß die Temperaturabhängigkeit der Reaktionsgeschwindigkeit meistens wesentlich stärker ausgeprägt ist als solche der Wärmeabgabe — dieses trifft selbst auf die Wärmestrahlung zu — können die Kurven $a - e$, ohne daß sich dadurch der Sachverhalt qualitativ ändern würde, durch Geraden ersetzt werden.

Wir setzen ferner voraus, daß die Temperatur des Gases in unmittelbarer Nähe von der Oberfläche mit der Temperatur der Fläche selbst übereinstimmt, so daß die Abszisse für beide Kurvenscharen gleichbedeutend ist (von dem Akkommodationseffekt, der erst bei sehr stark verdünnten Gasen von Bedeutung ist, sehen wir ab). Wir nehmen außerdem an, daß der Wärmetransport von der Reaktionsfläche an den Kern der Gasströmung erfolgt, dessen Temperatur konstant ist. Den Fall der Wärmeabgabe durch die Strahlung an die Flächen, deren Temperatur niedriger ist als die des strömenden Gases, wollen wir hier nicht betrachten; er läßt sich jedoch ohne besondere Schwierigkeiten in ähnlicher Weise behandeln.

Ein stationärer Zustand ist durch einen Schnittpunkt der Kurve der Wärmeerzeugung mit der der Wärmeabführung gegeben. Es können sich dabei drei verschiedene Fälle ergeben:

1. der *untere stationäre Betriebspunkt* im reaktionskinetischen Gebiet (Kurven B und a);

2. der *obere stationäre Betriebspunkt* im Diffusionsgebiet (Kurven B und e);

3. die gegenseitige Lage beider Kurven weist drei Schnittpunkte auf, von denen der mittlere einem *labilen* Betriebszustand entspricht und daher in der Praxis nicht vorkommt (Kurven B und c). Die Einstellung des unteren oder des oberen Betriebspunktes hängt in diesem Falle davon ab, ob die Oberfläche im unterkühlten oder im überhitzten Zustand den betreffenden Bedingungen ausgesetzt wird.

Eine Sonderstellung kommt den Fällen (B, b) und (B, d) zu, wo sich die beiden Kurven berühren.

Wird etwa der untere Betriebspunkt durch eine stetige Veränderung der Intensität der Wärmeabführung allmählich entlang der Kurve B verschoben, d. h. die Oberflächentemperatur allmählich erhöht, so tritt im Punkt p ein plötzlicher Sprung nach r auf; die Reaktionsoberfläche ändert schlagartig ihren Betriebszustand, sie *zündet*.

In ähnlicher Weise endet eine allmähliche Verschiebung des oberen Betriebspunktes mit einem Sprung von q nach s. Die Temperatur der Oberfläche fällt plötzlich ab, es tritt das sogenannte *Löschen* ein.

Die Bedingungen, bei denen sich die beiden Kurven berühren, werden als *kritische Bedingungen des Zündens und des Löschens* bezeichnet. Wie ersichtlich, unterscheiden sich die beiden kritischen Bedingungen voneinander.

Mathematische Theorie des Zündens und des Löschens bei Reaktionen erster Ordnung[1]

Wir wollen nunmehr die im vorhergehenden Abschnitt skizzenhaft gegebene Deutung der Zünd- und Löschvorgänge am Beispiel einer *Reaktion erster Ordnung* mathematisch durcharbeiten [2].

In diesem Fall ist die makroskopische Reaktionsgeschwindigkeit durch die Beziehung (II, 5)

$$q = \frac{k \cdot \beta}{k + \beta} \cdot C$$

---

[1] Der hier eingeschlagene mathematische Weg weicht von dem des Originalbuches in einigen Punkten ab, ohne daß sich jedoch an den Ergebnissen etwas ändern würde. Die Abb. 24 ist im Original nicht enthalten (Pa.).

gegeben. Es bedeuten hier: q den chemischen Umsatz, bezogen auf die Zeit- und Flächeneinheit; C die Konzentration der Reaktionskomponente im Volumen; k die reaktionskinetische Konstante, die dem Gesetz von ARRHENIUS

$$k = z \cdot \exp(-E/R\,T) \qquad (IX, 1)$$

gehorcht, und β die Stoffübergangszahl. Die letzte Größe ist durch die Formel

$$\beta = Nu' \cdot \frac{D}{d} \qquad (IX, 2)$$

mit der NUSSELT-Zahl Nu', der Diffusionszahl D der reagierenden Komponente und dem charakteristischen Längenmaß d des Systems definiert. Die NUSSELT-Zahl hängt von der geometrischen Gestalt des Systems und der Konvektion in dem strömenden Gas ab.

Die pro Zeit- und Flächeneinheit entwickelte Reaktionswärme q_1 ist durch den Ausdruck

$$q_1 = Q \cdot q = Q \cdot \frac{k \cdot \beta}{k + \beta} \cdot C \qquad (IX, 3)$$

gegeben, wobei Q die *Wärmetönung* der Reaktion ist.

Die Wärmeabführung wird durch die Beziehung

$$q_2 = \alpha \cdot (T - T_0) \qquad (IX, 4)$$

mit der Wärmeübergangszahl α und der Temperatur T_0 des strömenden Gases angegeben. Die stationäre Temperatur der Reaktionsoberfläche ergibt sich als Lösung der Gleichung der Wärmebilanz

$$Q \cdot \frac{\beta \cdot z \cdot \exp(-E/R\,T)}{\beta + z \cdot \exp(-E/R\,T)} \cdot C = \alpha \cdot (T - T_0) \qquad (IX, 5)$$

Wir wollen die Näherungslösung für den Fall $E \gg RT$ suchen. Zu diesem Zweck ziehen wir die Umformung des ARRHENIUS-Gesetzes hinzu, die bereits in Verbindung mit der Theorie der Entflammung bei homogenen Reaktionen benutzt worden ist (s. Kap. VI):

$$k = z \cdot \exp(-E/R\,T) \simeq z \cdot \exp(-E/R\,T_0) \cdot \exp\Theta \qquad (IX, 6)$$

Mit Θ ist hier die dimensionslos gemachte Temperatur

$$\Theta = \frac{E}{R\,T_0} \cdot \frac{T - T_0}{T_0} \qquad (IX, 6a)$$

bezeichnet.

Die Näherung setzt voraus, daß $T - T_0 \ll T_0$ ist, d. h. daß die Erwärmung der Reaktionsfläche nur gering ist. Unsere Ergebnisse werden daher bei der Behandlung des Löschvorganges in stärkerem Maße verfälscht, als bei der Behandlung des Zündvorganges, da das Löschen nur an einer bereits stark erwärmten Oberfläche eintreten kann.

Mit Hilfe der Beziehung (IX, 6) bringen wir den Ausdruck (IX, 5) auf die Form

$$f(\Theta) \equiv \Theta \cdot [\mu + \exp(-\Theta)] = \delta \qquad (IX, 7)$$

die eine Bestimmungsgleichung für die stationäre Oberflächentemperatur Θ darstellt. Die eingeführten dimensionslosen Parameter sind:

$$\delta = \frac{Q}{\alpha} \cdot \frac{E}{R\,T_0^2} \cdot z \cdot \exp(-E/R\,T_0) \cdot C \qquad \text{(IX, 7a)}$$

$$\mu = \frac{z}{\beta} \cdot \exp(-E/R\,T_0) \qquad \text{(IX, 7b)}$$

Da die Gl. (IX, 7) lediglich diese zwei Parameter enthält, müssen die kritischen Bedingungen des Zündens und des Löschens offensichtlich der Form

$$\delta_{kr} = F(\mu) \qquad \text{(IX, 8)}$$

genügen, wobei die F-Funktion in den beiden Fällen verschieden ist. Der Parameter δ ist durchaus analog dem entsprechenden Parameter der Theorie der thermischen Entflammung bei homogenen Reaktionen, der im Kap. VI eingeführt wurde.

Der Verlauf der Funktion $f(\Theta)$ ist in der Abb. 23 schematisch dargestellt; die Neigung der gestrichelten Geraden hängt von dem jeweiligen Wert des μ-Parameters ab.

Die Temperatur Θ der Oberfläche, d. h. der betreffende Betriebspunkt des stationären Reaktionsablaufes ist durch den entsprechenden Wert des zweiten Parameters δ bedingt.

Die hinsichtlich der Abb. 22 durchgeführten Erläuterungen haben auch hier ihre sinngemäße Anwendung: Die in Abb. 23 markierten

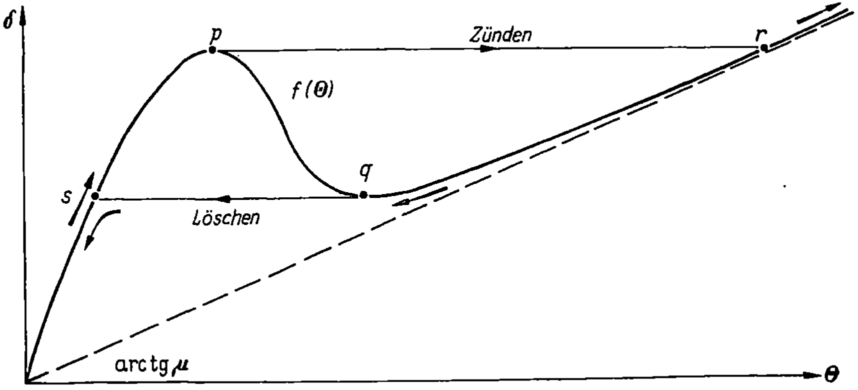

Abb. 23. Verlauf der Funktion $f(\Theta) \equiv \Theta \cdot [\mu + \exp(-\Theta)]$ und Bestimmung des thermischen Zustandes [Gl. (IX, 7)]

Punkte s, p, q, r korrespondieren mit den entsprechenden Punkten der Abb. 22. Bei allmählicher Vergrößerung des δ-Parameters wandert der Betriebspunkt auf dem linken Ast der Kurve bis zum Punkt p herauf, wo die Oberfläche plötzlich zündet und der Betriebspunkt nach r hinüberspringt, um bei weiterer Zunahme des δ-Parameters entlang der

Kurve stetig weiter zu wandern. Bei umgekehrter Bewegung rutscht der Zustandspunkt bei allmählicher Verkleinerung des δ-Parameters entlang des rechten Kurvenastes bis zum Punkt q herunter, wo ein plötzlicher Sprung nach s stattfindet, welcher von dem Löschen der Oberfläche begleitet wird.

Die Lage der beiden kritischen Punkte p und q hängt von dem Parameter μ ab, welcher die Neigung der gestrichelt gezeichneten Gerade bedingt. Analytisch bekommt man die beiden kritischen Punkte, wenn die Ableitung der Funktion $f(\Theta)$ gleich Null gesetzt wird. Man erhält dann die Beziehung

$$\mu = (\Theta_{kr} - 1) \cdot \exp(-\Theta_{kr}) \qquad \text{(IX, 9)}$$

die den Zusammenhang zwischen dem μ-Parameter und den Werten der dimensionslosen Temperatur liefert, bei denen das Zünden bzw. das Löschen stattfindet.

Wird der so gewonnene Ausdruck für μ in (IX, 7) eingesetzt, so erhält man die dazugehörigen kritischen Werte des δ-Parameters:

$$\delta_{kr} = \Theta_{kr}^2 \cdot \exp(-\Theta_{kr}) \qquad \text{(IX, 10)}$$

In der Abb. 24 sind die Beziehungen (IX, 9) und (IX, 10) (für positive μ) graphisch dargestellt. Wird dem μ-Parameter irgendein Wert erteilt (Gerade a), so werden diesem Wert zwei kritische Temperaturen $\Theta_{\text{Zünd}}$ und $\Theta_{\text{Lösch}}$ zugeordnet, denen wiederum zwei kritische Werte des δ-Parameters (Punkt p und q) entsprechen.

Das Auftreten von kritischen Zuständen setzt voraus, daß der μ-Parameter der Bedingung $\mu < 1/e^2$ genügt. Die Zünd- und die Löschtemperaturen gehorchen der Bedingung $1 < \Theta_{\text{Zünd}}$

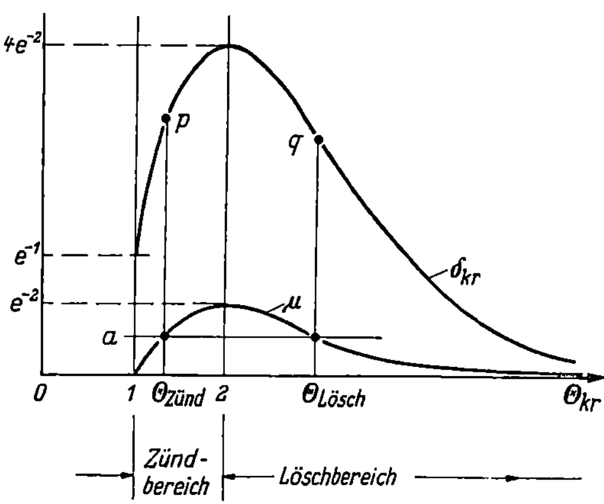

Abb. 24. Bestimmung der kritischen Bedingungen des Zündens und des Löschens. [Gl. (IX, 9, 10)]

$< 2 < \Theta_{\text{Lösch}}$. Die kritischen Werte des δ-Parameters bewegen sich bei der Zündung im Bereiche $1/e < \delta_{\text{Zünd}} < 4/e^2$ und beim Löschen im Bereiche $0 < \delta_{\text{Lösch}} < 4/e^2$.

Es empfiehlt sich, einen neuen, von der Reaktionsgeschwindigkeit unabhängigen Parameter

$$\xi = \frac{\delta}{\mu} = \frac{Q}{\alpha} \cdot \frac{E}{R\,T_0^2} \cdot \beta \cdot C \qquad \text{(IX, 11)}$$

einzuführen, dessen kritische Werte gemäß (IX, 9) und (IX, 10) mit der dimensionslosen Temperatur Θ_{kr} in Beziehung

$$\xi_{kr} = \frac{\Theta_{kr}^2}{\Theta_{kr} - 1} \tag{IX, 12}$$

stehen. In der Abb. 25 sind die kritischen Werte von δ in Abhängigkeit von ξ aufgetragen.

Im Falle $\Theta \gg 1$, und dieses trifft beim Löschen im reinen Diffusionsgebiet zu, gilt näherungsweise $\xi_{\text{Lösch}} \approx \Theta_{\text{Lösch}}$. Diese formale Folgerung aus (IX, 12) kann auf eine anschauliche Weise verifiziert werden:

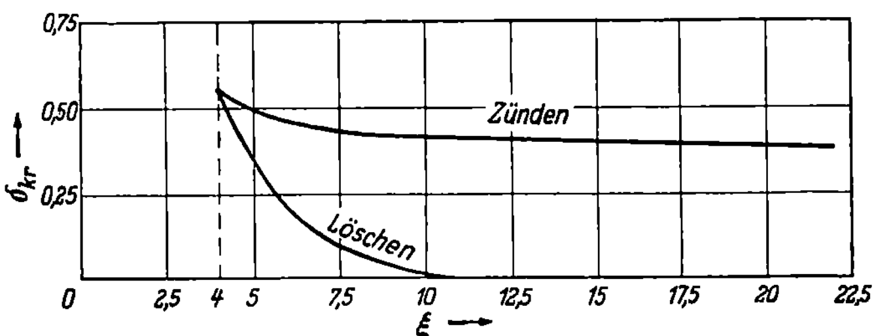

Abb. 25. Kritische Zünd- und Löschbedingungen für Reaktionen erster Ordnung

Bei einem Reaktionsverlauf im reinen Diffusionsgebiet wird die Reaktionsgeschwindigkeit, somit auch die entwickelte Wärmemenge nur von der Diffusionsintensität bedingt; die Reaktionswärme beträgt in diesem Falle $Q \cdot \beta \cdot C$ und die Wärmebilanz (IX, 5) lautet hier

$$Q \cdot \beta \cdot C = \alpha \cdot (T - T_0)$$

Wird die Temperatur durch den dimensionslosen Ausdruck Θ ersetzt, so erhält man die Beziehung

$$\Theta = \frac{E}{R\,T_0^2} \cdot \frac{Q \cdot \beta \cdot C}{\alpha}$$

die mit der Definitionsgleichung (IX, 11) für ξ übereinstimmt.

Die Ungenauigkeit, die bei der Näherungsdarstellung (IX, 6) in Kauf genommen wurde, kann bei der Bestimmung der kritischen Bedingung des Löschens weitgehend rückgängig gemacht werden.

Wird der Ausdruck (IX, 12) ins Quadrat erhoben und darin Θ^2 mit Hilfe (IX, 10) eliminiert, so erhält man die Beziehung

$$\delta_{kr} \cdot \exp \Theta_{kr} = \left(\frac{\Theta_{kr} - 1}{\Theta_{kr}} \right)^2 \cdot \xi_{kr}^2 \tag{IX, 13}$$

Bei $\Theta_{kr} \gg 1$ (Diffusionsgebiet) ist der erste Faktor rechts nahezu gleich 1. Wird für δ der Ausdruck (IX, 7a) eingesetzt, so ergibt sich die Beziehung

$$\frac{Q}{\alpha} \cdot \frac{E}{R\,T_0^2} \cdot C \cdot z \cdot \exp(- E/R\,T_0) \cdot \exp(\Theta_{\text{Lösch}}) \simeq \xi_{\text{Lösch}}^2$$

Wir machen nunmehr an dieser Stelle die Näherung (IX, 6) wieder rückgängig und schreiben

$$\frac{Q}{\alpha} \cdot \frac{E}{R\,T_0^2} \cdot C \cdot z \cdot \exp\left(-\frac{E}{R\,T_{\text{Lösch}}}\right) \simeq \xi_{\text{Lösch}}^2$$

Mit (IX, 11) erhält man als kritische Löschbedingung den Ausdruck

$$\xi_{\text{Lösch}} \simeq \frac{z}{\beta} \cdot \exp(-E/R\,T_{\text{Lösch}}) \qquad\qquad (IX, 14)$$

oder

$$z \cdot \exp(-E/R\,T_{\text{Lösch}}) \simeq \frac{E}{R\,T_0^2} \cdot \frac{Q \cdot \beta^2 \cdot C}{\alpha} \qquad\qquad (IX, 15)$$

Es bedeuten hier $T_{\text{Lösch}}$ die Temperatur der Oberfläche, bei welcher der Löschvorgang eintritt und T_0 die Temperatur des umgebenen Gasgemisches. Die beiden letzten Beziehungen sind selbst bei höheren Temperaturen der Oberfläche nur mit einem geringen Fehler behaftet.

Auch die kritischen *Zündbedingungen* lassen sich für große ξ-Werte entsprechend umformen. Da dabei $\Theta_{kr} \sim 1$ ist, folgt aus (IX, 12) die Beziehung

$$\xi_{\text{Zünd}} \sim \frac{1}{\Theta_{\text{Zünd}} - 1}$$

Wird daraus mit Hilfe des Ausdruckes (IX, 9) $\Theta_{\text{Zünd}} - 1$ eliminiert, so erhält man die Beziehung

$$\xi_{\text{Zünd}} \sim \frac{1}{e^{\Theta_{\text{Zünd}}} \cdot \mu} = \frac{\beta}{z \cdot \exp(-E/R\,T_0) \cdot e^{\Theta_{\text{Zünd}}}}$$

die in Verbindung mit (IX, 6, 11) zu dem Ausdruck

$$z \cdot \exp(-E/R\,T_{\text{Zünd}}) \sim \frac{R\,T_0^2}{E} \cdot \frac{\alpha}{Q\,C} \qquad\qquad (IX, 16)$$

führt.

Man kann die kritischen Bedingungen der Zündung und der Löschung der Oberfläche für große ξ-Werte mit Rücksicht auf (IX, 15, 16) in folgender symmetrischer Form hinschreiben:

$$z \cdot \exp(-E/R\,T) = \frac{\beta}{\xi_{\text{Zünd}}} \qquad\qquad (IX, 17)$$

$$z \cdot \exp(-E/R\,T) = \beta \cdot \xi_{\text{Lösch}} \qquad\qquad (IX, 18)$$

T bedeutet hier die Temperatur der Reaktionsoberfläche. Wie ersichtlich, ist die Reaktionsgeschwindigkeit im Zündpunkt $\xi_{\text{Zünd}}$-mal kleiner als die Diffusionszahl β, während sie im Löschpunkt $\xi_{\text{Lösch}}$-mal größer als die letztere ist.

Die entwickelte Theorie bezieht sich auf die einfachste Reaktion erster Ordnung und gibt außerdem in Anbetracht der verwendeten Zerlegung (IX, 6) nur Näherungslösungen an.

Die Verallgemeinerung der Aufgabe für eine Reaktion beliebiger Ordnung ist in der letzten Arbeit von BUBEN [8] durchgeführt worden, wobei sie auch von dem erwähnten Näherungsfehler frei ist. Das *wichtigste Ergebnis* seiner Untersuchungen bildet die Erkenntnis, daß bei hinreichend großer Aktivierungsenergie die kritischen Erscheinungen nur für $\xi > \left(1 + \sqrt{m}\right)^2$ möglich sind, worin m die Reaktionsordnung bedeutet.

Stationäre Erwärmung der Reaktionsfläche

Wie wir gesehen haben, zeichnen sich die stark exothermen heterogenen Reaktionen, deren Geschwindigkeit mit steigender Temperatur schnell zunimmt (dieser Fall liegt bei größeren Werten des ξ-Parameters vor) durch zwei unterschiedliche Temperaturzustände aus.

Während im unteren Betriebszustand die Temperatur der Oberfläche mit der Temperatur des strömenden Gases nahezu übereinstimmt, tritt im oberen Betriebszustand im allgemeinen eine starke stationäre Erwärmung der Reaktionsfläche ein. Sie hängt nicht von der wahren Reaktionskinetik ab, da sich der Reaktionsverlauf im Diffusionsgebiet abspielt und ist ausschließlich durch den Stoff- und Wärmetransport bedingt.

Die Frage der theoretischen Berechnung der Oberflächentemperatur im Diffusionsgebiet wurde von BUBEN [3] unter unserer Anleitung im Institut für Chemische Physik eingehend behandelt.

Im stationären Zustand muß die entwickelte Wärmemenge gleich der abgeführten Wärmemenge sein. Wir führen zunächst die Rechnung ohne Berücksichtigung der Thermodiffusion und des STEPHAN-Stromes durch. Die Reaktionsgeschwindigkeit im Diffusionsgebiet ist nach (VI, 8) durch den Ausdruck

$$q = \beta \cdot C$$

gegeben, worin C die Konzentration des reagierenden Stoffes im Volumen und β die Stoffübergangszahl bedeuten. Wir nehmen an, daß die Wärmeabgabe nur an das Gasgemisch erfolgt und daß die Wärmeabstrahlung sowie die Wärmeleitung durch die festen Körper außer acht gelassen werden können. Unter diesen Voraussetzungen lautet die Wärmebilanz:

$$Q \cdot \beta \cdot C = \alpha \cdot (T_1 - T_0) \qquad (\text{IX, 19})$$

Es bedeuten hier: Q die Wärmetönung der Reaktion, α die Wärmeübergangszahl, T_1 die Temperatur der Oberfläche, T_0 die Temperatur des Gasgemisches in hinreichender Entfernung davon.

Die Wärme- und Stoffübergangszahlen α und β können gemäß (I, 18) und I, 19) durch die entsprechenden NUSSELT-Zahlen erster und zweiter Art ausgedrückt werden:

$$\alpha = Nu \cdot \frac{\lambda}{d}$$

$$\beta = Nu' \cdot \frac{D}{d}$$

wobei λ die Wärmeleitzahl des Gasgemisches, d ein charakteristisches Längenmaß des Systems und D die Diffusionszahl der den Reaktionsablauf *limitierenden* Komponenten (s. Kap. II) bedeuten.

Man erhält daher aus (IX, 19) den Ausdruck

$$T_1 - T_0 = \frac{Nu'}{Nu} \cdot \frac{D}{\lambda} \cdot Q \cdot C \qquad (\text{IX, 20})$$

oder wenn man die Beziehung (I, 12) $\lambda = c \varrho\, a$ berücksichtigt:

$$T_1 - T_0 = \frac{Nu'}{Nu} \cdot \frac{Q\,C}{c\,\varrho} \cdot \frac{D}{a} \qquad (\text{IX, 21})$$

Die darin enthaltene Größe $Q\,C/c\varrho$ stellt nichts anderes als die maximale Temperaturerhöhung T^* des Gasgemisches dar, falls die Reaktion adiabatisch verlaufen würde. Im Einklang mit der vorübergehend geltenden Vernachlässigung des STEPHAN-Stromes sehen wir hier konsequenterweise auch von der Änderung der Molzahlen bei stöchiometrischer Umsetzung sowie von den Differenzen in spezifischer Wärme der Ausgangsgase und der Reaktionsprodukte ab. Es gilt daher die Beziehung

$$T^* - T_0 = \frac{Q\,C}{c\,\varrho} \qquad (\text{IX, 22})$$

so daß die Formel (IX, 21) in

$$T_1 - T_0 = \frac{Nu'}{Nu} \cdot \frac{D}{a} \cdot (T^* - T_0) \qquad (\text{IX, 23})$$

umgeschrieben werden kann. Sofern alle Komponenten der Gasmischung annähernd gleiches Molekulargewicht besitzen, weichen die Diffusionszahl D und die Temperaturleitzahl a nur wenig voneinander ab. Wir betrachten daher den interessanten Fall

$$D = a \qquad (\text{IX, 24})$$

In diesem Falle sind die PRANDTL-Zahl und die SCHMIDT-Zahl einander gleich, so daß auch die entsprechenden NUSSELT-Zahlen nummerisch übereinstimmen. Aus (IX, 23) folgt dann:

$$T_1 = T^* \qquad (\text{IX, 25})$$

In diesem Spezialfall ist somit die Temperatur der Oberfläche gleich der theoretischen Temperatur, die beim adiabatischen Reaktionsverlauf zu erreichen wäre. Auf diesen Umstand ist bei der Behandlung verschiedener chemischer Vorgänge, wie beispielsweise bei der katalytischen Oxydation von Ammoniak [4] bereits öfters hingewiesen worden, wobei man allerdings der Meinung war, daß es sich um eine unmittelbare Folge der thermochemischen Gesichtspunkte handeln würde. Dieses trifft jedoch keineswegs zu; die Temperatur der Oberfläche wird sowohl durch *thermochemische* als auch durch *strömungstechnische* Umstände bedingt.

Die beobachtete Identität der Temperatur der Oberfläche mit der maximalen adiabatischen Temperatur tritt ja ausschließlich unter der Voraussetzung (IX, 24) ein, daß die Gleichungen der Wärmeleitungen und der Diffusion übereinstimmen und daher das Temperaturfeld und das Konzentrationsfeld bei identischen Randbedingungen ebenfalls einander ähnlich sind.

Bei *fehlender Konvektion* hängen die NUSSELT-Zahlen nur von der geometrischen Gestalt des Systems ab, so daß in diesem Falle die NUSSELT-Zahl erster Art und die zweiter Art übereinstimmen. Aus (IX, 23) folgt dann die Beziehung

$$T_1 - T_0 = \frac{D}{a} \cdot (T^* - T_0) \qquad\qquad \text{(IX, 26)}$$

In Wirklichkeit wird der Vorgang durch die *Konvektion* beeinflußt. Man kann die NUSSELT-Zahl gemäß (I, 41) als Funktion von Re und Pr bzw. Sc darstellen

$$Nu = k \cdot Re^m \cdot Pr^n$$

Innerhalb der Fehlergrenzen, mit denen diese Darstellung grundsätzlich behaftet ist, kann man voraussetzen, daß die Konstanten k, m und n für NUSSELT-Zahlen beider Art entsprechend übereinstimmen.

[Das bedeutet, daß die Formel (I, 41) in einem breiten Intervall der PRANDTL- und SCHMIDT-Zahlen, wie diese bei der Wärmeübertragung und der Diffusion vorkommen, als gültig vorausgesetzt wird.]

Aus den Beziehungen

$$\left.\begin{aligned}
Nu &= k \cdot Re^m \cdot Pr^n = k \cdot Re^m \cdot \left(\frac{v}{a}\right)^n \\
Nu' &= k \cdot Re^m \cdot Sc^n = k \cdot Re^m \cdot \left(\frac{v}{D}\right)^n
\end{aligned}\right\} \qquad \text{(IX, 27)}$$

erhält man für das Verhältnis beider NUSSELT-Zahlen den Ausdruck

$$\frac{Nu'}{Nu} = \left(\frac{a}{D}\right)^n \qquad\qquad \text{(IX, 27a)}$$

so daß sich die Beziehung (IX, 24) auf die Form

$$T_1 - T_0 = \left(\frac{D}{a}\right)^{1-n} \cdot (T^* - T_0) \qquad\qquad \text{(IX, 28)}$$

bringen läßt. Wie wir im Kap. 1 gesehen haben, liegt der Exponent n in den meisten Fällen bei $\frac{1}{3}$.

Man entnimmt somit der Beziehung (IX, 28), daß die Oberflächentemperatur T_1 je nach der Größe des Verhältnisses D/a oberhalb oder auch unterhalb der maximalen adiabatischen Reaktionstemperatur T^* liegen kann; ist die Diffusionszahl D der den Vorgang limitierenden Reaktionskomponente, d. h. derjenigen Komponente, für die der Ausdruck $\beta_i\, c_i/v_i$ (s. hierzu Kap. II) den kleinsten Wert hat, größer als a, so liegt die Temperatur der Oberfläche höher als die maximale adiabatische Temperatur.

Diese Folgerung wurde von BUBEN [3] bei der Untersuchung der katalytischen Oxydation des Wasserstoffes an Platin in sauerstoffarmen Gemischen experimentell bestätigt.

Berücksichtigung der Thermodiffusion und der Diffusionsleitfähigkeit

Bei der Ableitung der Formel (IX, 28) wurde die äußere Wärmeübertragung sowie der Einfluß der Thermodiffusion und des STEPHAN-Stromes, die die Temperatur der Oberfläche beeinflussen, vernachlässigt. Unter der äußeren Wärmeabgabe verstehen wir die Wärmeübertragung, die entweder durch die unmittelbare Abstrahlung oder durch die konduktive Wärmeabgabe an feste Gegenstände (Wände usw.) erfolgt. Die äußere Wärmeübertragung läßt sich durch Hinzunahme entsprechender Terme in der Wärmebilanzgleichung (IX, 19) leicht berücksichtigen. Sie hängt offensichtlich von den speziellen Bedingungen des Experimentes ab und kann daher in allgemeiner Form nicht weiter diskutiert werden. Hingegen lassen sich die mit der Thermodiffusion und dem STEPHAN-Strom verknüpften Korrekturen in allgemeiner Form behandeln.

Die Vernachlässigung der Thermodiffusion ist zulässig, wenn sich die Molekulargewichte der einzelnen Gaskomponenten nur wenig voneinander unterscheiden. Diese Voraussetzung ist z. B. bei der katalytischen Oxydation des Wasserstoffes keineswegs zutreffend.

Die Vernachlässigung des STEPHAN-Stromes kann vorgenommen werden, falls das Gasgemisch in höherem Maße durch inerte Gase verdünnt ist; sie ist daher bei Gasgemischen mit hoher Konzentration der reagierenden Komponente nicht mehr zulässig. Die Berechnung der Temperatur der Oberfläche unter Berücksichtigung der Thermodiffusion und des STEPHAN-Stromes ist in der Arbeit von BUBEN [3] eingehend behandelt.

Der Einfluß des STEPHAN-Stromes auf die stationäre Temperatur der Oberfläche wurde seinerzeit von ACKERMAN [5] untersucht; seine Ergebnisse sind jedoch insofern unvollständig, als er zwar den Einfluß des STEPHAN-Stromes auf die Diffusion, nicht aber auf die Wärmeübertragung in Erwägung gezogen hat. In Wirklichkeit besorgt der STEPHAN-Strom, wie auch jeder konvektive Strom, zugleich den Stoff- und den Wärmetransport.

Wir berücksichtigen zunächst die Thermodiffusion und die Diffusionswärmeleitung. Beim Auftreten dieser Erscheinungen hat man anstatt der Gesetze von FICK und FOURIER die Gln. (IV, 8) und (IV, 12) für den Wärme- und den Diffusionsstrom anzuwenden.

Ausgehend von der Vorstellung einer Grenzschicht für Diffusions- und Wärmeleitungsvorgänge können $\operatorname{grad} p$ und $\operatorname{grad} T$ angenähert durch die Ausdrücke

$$(\operatorname{grad} p_1)_n \simeq p_1^0/\delta_D$$

$$(\operatorname{grad} T)_n \simeq -(T_1 - T_0)/\delta_\lambda$$

ersetzt werden; es bedeuten hier δ_D und δ_λ die Dicken der Grenzschicht bei Diffusions- bzw. Wärmeübertragungsvorgängen; p_1^0 den Partialdruck des die Reaktion limitierenden Gases in größerer Entfernung von der Oberfläche, T_1 die Temperatur der Oberfläche, T_0 die Temperatur des Gasgemisches in größerer Entfernung von der Oberfläche. Die Formeln (IV, 8) und (IV, 12) gehen dann in

$$q_D = -\frac{D}{RT} \cdot \left(\frac{p_1^0}{\delta_D} - \frac{P}{T} \cdot k_T \cdot \frac{T_1 - T_0}{\delta_\lambda} \right) \tag{IX, 29}$$

$$q_\lambda = \lambda \cdot \frac{T_1 - T_0}{\delta_\lambda} - D \cdot k_T \cdot \frac{P^2}{p_1 p_2} \cdot \frac{p_1^0}{\delta_D} \tag{IX, 30}$$

über, wobei die Normalkomponente v_n der Massenströmung gleich Null gesetzt ist, da der Einfluß des STEPHAN-Stromes gesondert behandelt wird. Die Dicke der beiden Grenzschichten hängt von der entsprechenden NUSSELT-Zahl ab und kann daher in den beiden Fällen verschieden groß sein[1].

Im stationären Zustand wird die gesamte entwickelte Wärme durch die Wärmeleitung wieder abgeführt, so daß die Wärmebilanzgleichung

$$q_\lambda = - Q \cdot q_D \tag{IX, 31}$$

mit der Wärmetönung Q der Reaktion besteht. Mit Rücksicht auf (IX, 29) und (IX, 30) folgt aus (IX, 31) der Ausdruck

$$T_1 - T_0 = \frac{\delta_\lambda}{\delta_D} \cdot \frac{Q \cdot D \cdot \dfrac{p_1^0}{RT} + D \cdot k_T \cdot \dfrac{P^2}{p_1 p_2} \cdot p_1^0}{\lambda + \dfrac{QDP}{RT^2} \cdot k_T} \tag{IX, 32}$$

welcher die Erwärmung der Oberfläche unter Berücksichtigung der Thermodiffusion und der Diffusionswärmeleitung angibt. Nach Formel (I, 28a) besteht zwischen der Dicke der Grenzschicht und der betreffenden NUSSELT-Zahl die Beziehung

$$\delta = d/Nu$$

so daß in der Formel (IX, 32) das Verhältnis δ_λ/δ_D durch Nu'/Nu ersetzt werden kann.

Bei fehlender Konvektion sind die beiden NUSSELT-Zahlen einander gleich; im Falle der Konvektion gilt für sie die Beziehung (I, 41), so daß

---

[1] Vgl. hierzu den Abschnitt „Diffusionsschicht", Kapitel V (Pa.).

sich die Gleichung

$$\delta_\lambda/\delta_D = Nu'/Nu = (a/D)^n \qquad\qquad \text{(IX, 33)}$$

ergibt.

Wird ferner das Gasgesetz $p_1/RT = C$ berücksichtigt, wobei C die Konzentration des limitierenden Stoffes im Gasgemisch bedeutet, so erhält man endgültig die Formel

$$T_1 - T_0 = \left(\frac{a}{D}\right)^n \cdot \frac{QDC + D \cdot k_T \cdot \frac{P^2}{p_1\,p_2} \cdot p_1^0}{\lambda + \frac{QDP}{RT^2} \cdot k_T} \qquad\qquad \text{(IX, 34)}$$

Die Größen T, p_1 und p_2 sowie die physikalischen Konstanten, die in dieser Formel enthalten sind, beziehen sich auf die mittleren Verhältnisse in der Grenzschicht.

Wird ferner die theoretische adiabatische Temperatur T^* (IX, 22) eingeführt, so geht (IX, 34) mit Rücksicht auf die Beziehung (I, 12) in

$$T_1 - T_0 = \left(\frac{D}{a}\right)^{1-n} \cdot (T^* - T_0) \cdot \frac{1 + \frac{k_T}{QC} \cdot \frac{P^2}{p_1\,p_2} \cdot p_1^0}{1 + \left(\frac{D}{a}\right) \cdot \frac{T^* - T_0}{T} \cdot \frac{P}{CRT} \cdot k_T} \qquad\qquad \text{(IX, 35)}$$

über.

Diese Formel unterscheidet sich von (IX, 28) durch die Zusatzterme im Zähler und im Nenner; der erste liefert die Korrektur für die *Diffusionswärmeleitung*, der zweite für die *Thermodiffusion*.

Führt man den Molbruch x des diffundierenden Reaktionsstoffes im Gasgemisch ein:

$$x = C/\sum C = C\,RT/P \qquad\qquad \text{(IX, 36)}$$

so folgt aus (IX, 35) die endgültige Beziehung für die stationäre Erwärmung der Oberfläche unter Berücksichtigung der Thermodiffusion und der Diffusionswärmeleitung bei vorhandener Konvektion.

$$T_1 - T_0 = \left(\frac{D}{a}\right)^{1-n} \cdot (T^* - T_0) \cdot \frac{1 + \frac{RT}{Q} \cdot k_T \cdot \frac{P^2}{p_1\,p_2}}{1 + \left(\frac{D}{a}\right) \cdot \frac{T^* - T_0}{T} \cdot \frac{k_T}{x}} \qquad\qquad \text{(IX, 37)}$$

Ist das Gasgemisch durch ein inertes Gas *stark verdünnt*, so läßt sich diese Formel vereinfachen. Es gelten dann angenähert die Beziehungen

$$p_2 \approx P$$

$$p_1/P \simeq x$$

sowie die Beziehung (IV, 3)

$$k_T = b \cdot x$$

worin b eine Konstante ist. Die Formel (IX, 37) vereinfacht sich in diesem Fall zu dem Ausdruck

$$T_1 - T_0 = \left(\frac{D}{a}\right)^{1-n} \cdot (T^* - T_0) \cdot \frac{1 + \dfrac{R\,T\,b}{Q}}{1 + \dfrac{D}{a} \cdot \dfrac{T^* - T_0}{T} \cdot b} \cdot \qquad \text{(IX, 38)}$$

Bei den Reaktionen, die einen großen Wärmeeffekt haben, kann der Zusatzterm im Zähler vernachlässigt werden, so daß die stationäre Erwärmung der Oberfläche praktisch nur durch die Thermodiffusion beeinflußt wird.

Je nach dem Vorzeichen des Thermodiffusionskoeffizienten wirkt die Thermodiffusion temperaturerhöhend oder temperaturerniedrigend; wenn der ganze Diffusionsprozeß durch Diffusion der *schwereren* Komponente limitiert wird, setzt die Thermodiffusion die Temperatur der Oberfläche etwas *herab*. Diese theoretische Aussage hat BUBEN [*3*] bei der Untersuchung der katalytischen Untersuchung des Wasserstoffes an Platin experimentell bestätigt.

Bei unseren Ausführungen sind wir von der Annahme ausgegangen, daß die physikalischen Konstanten als temperaturunabhängige Größen angesehen werden können, was freilich nur für ein nicht allzu großes Temperaturintervall $T_1 - T_0$ akzeptiert werden kann. Eine genaue Berechnung für stärkere Erwärmungen setzt die Berücksichtigung der Temperaturabhängigkeit des Thermodiffusionskoeffizienten k_T und der übrigen Stoffkonstanten voraus und ist nur mit einem größeren Rechenaufwand durchzuführen.

Berücksichtigung des Stephan-Stromes

Wenn die Wärmeübertragung, wie dies bereits vorausgesetzt worden ist, nur über das Gasgemisch erfolgt, kann die Wärmebilanz in der Form

$$-\lambda(\operatorname{grad} T)_n + \sum_i q_i \cdot J_i = 0 \qquad \text{(IX, 39)}$$

geschrieben werden, worin q_i Diffusionsströme der einzelnen Komponenten des Gasgemisches und J_i ihre Enthalpien sind. Dieser Ausdruck ist der Formel (IX, 31) völlig äquivalent, eignet sich jedoch besser für die Behandlung des STEPHAN-Stromes. Mit Hilfe der Bedingung der Strömungsstöchiometrie (III, 1) geht (IX, 39) in

$$-\lambda(\operatorname{grad} T)_n + \frac{q_1}{\nu_1} \cdot \sum_i \nu_i \cdot J_i = 0 \qquad \text{(IX, 40)}$$

über. Die stöchiometrischen Koeffizienten ν_i sind für die Ausgangsstoffe mit positivem Vorzeichen und für die Endprodukte mit negativem Vorzeichen zu nehmen. Index 1 bezieht sich auf denjenigen Stoff, für den die Größe $\beta_i \cdot C_i/\nu_i$ den kleinsten Wert besitzt und der somit den gesamten Prozeß limitiert.

Wir spalten die Enthalpie der einzelnen Gaskomponenten in zwei Terme auf:

$$J_i = J_i^0 + c_i \cdot (T - T^0)$$

es bedeuten dabei: T_i^0 eine willkürlich gewählte Temperatur und J_i^0 die dazugehörige Enthalpie. Sowohl die Wärmekapazität c_i als auch die Enthalpie sind auf ein Mol bezogen. Es folgt damit aus (IX, 40) der Ausdruck

$$-\lambda (\mathrm{grad}\, T)_n + q_1 \cdot \left[Q^0 + (T - T^0) \cdot \frac{1}{\nu_1} \cdot \sum_i \nu_i \cdot c_i \right] = 0 \qquad (IX, 41)$$

mit

$$Q^0 = \sum_i \nu_i \cdot J_i^0 \qquad (IX, 41\,a)$$

Die Größe Q^0 stellt die Wärmetönung der Reaktion bei der Temperatur T_0 und konstantem Druck dar und bezieht sich auf ein Mol der limitierenden Komponente. Formt man die Beziehung (IX, 41) zu

$$-Q^0 \cdot q_1 = -\lambda (\mathrm{grad}\, T)_n + q_1 \cdot \frac{T - T^0}{\nu_1} \cdot \sum_i \nu_i \cdot c_i$$

um, so zeigt der Vergleich mit (IX, 31), daß der zusätzliche, von dem STEPHAN-Strom herrührende Wärmestrom durch den Ausdruck

$$q_1 \cdot \frac{T - T^0}{\nu_1} \cdot \sum_i \nu_i \cdot c_i$$

gegeben ist. Integriert man die Gl. (IX, 41) über die Dicke der Grenzschicht, so folgt daraus die Beziehung

$$q_1 = \frac{\lambda}{\delta_\lambda} \cdot \frac{\nu_1}{\sum_i \nu_i c_i} \cdot \ln \frac{Q^0 + \dfrac{1}{\nu_1} \cdot \sum_i \nu_i c_i (T_1 - T^0)}{Q^0 + \dfrac{1}{\nu_1} \cdot \sum \nu_i c_i (T_0 - T^0)} \qquad (IX, 42)$$

wobei T_1 die Temperatur an der Oberfläche und T_0 die Temperatur des Gasgemisches in hinreichender Entfernung von der Oberfläche bedeuten. Wenn man berücksichtigt, daß nach dem KIRCHHOFFschen Gesetz die Abhängigkeit der Wärmetönung von der Temperatur durch die Beziehung

$$\frac{dQ}{dT} = \frac{1}{\nu_1} \cdot \sum_i \nu_i c_i$$

ausgedrückt wird, so kann die Formel (IX, 42) in

$$q_1 = \frac{\lambda}{\delta_\lambda} \cdot \frac{\nu_1}{\sum_i \nu_i c_i} \cdot \ln \frac{Q(T_1)}{Q(T_0)} \qquad (IX, 43)$$

übergeführt werden. Die Größen $Q(T_0)$ und $Q(T_1)$ geben die Wärmetönung der Reaktion bei entsprechenden Temperaturen an. Die Formel

(IX, 43) zeigt, daß die in (IX, 42) enthaltene willkürliche Temperatur T^0 auf das Ergebnis keinen Einfluß hat.

Zur Bestimmung der Temperatur T_1 der Oberfläche muß in (IX, 42) bzw. (IX, 43) der Ausdruck für q_1 gemäß der Formel (III, 15) eingesetzt und die sich dabei ergebende Gleichung

$$q_1 = -\frac{D}{\delta_D} \cdot \frac{P}{\gamma R T} \cdot \ln(1 - \gamma\, x_1)$$

nach T_1 aufgelöst werden. Aus (IX, 42) und dem letzten Ausdruck erhält man für $T^0 = T_0$ die Gleichung

$$-\frac{D}{\delta_D} \cdot \frac{P}{\gamma R T} \cdot \ln(1 - \gamma\, x_1) = \frac{\lambda}{\delta_\lambda} \cdot \frac{\nu_1}{\sum_i \nu_i c_i} \cdot \ln\left[1 + \frac{\sum_i \nu_i c_i}{\nu_1 \cdot Q(T_0)} \cdot (T_1 - T_0)\right] \quad \text{(IX, 44)}$$

Wir führen die Abkürzungen

$$\sigma = \frac{\sum_i \nu_i c_i}{\nu_1 \cdot Q(T_0)} \quad\quad\quad \text{(IX, 45)}$$

$$\tau = \frac{\sum_i \nu_i c_i}{\nu_1 \cdot \gamma \cdot \bar c} = \frac{\sum_i \nu_i c_i}{\bar D \cdot \bar c \cdot \sum \frac{\nu_i}{D_i}} \quad\quad \text{(IX, 46)}$$

ein, wobei die Größe $\bar c$ die mittlere Molwärme des Gasgemisches bedeutet und der Beziehung

$$\lambda = \bar c \cdot a \cdot \sum C$$

genügt. Mit den eingeführten Abkürzungen lautet die Gl. (IX, 44)

$$\ln[1 + \sigma \cdot (T_1 - T_0)] = -\left(\frac{D}{a}\right)^{1-n} \cdot \tau \cdot \ln(1 - \gamma\, x_1) \quad \text{(IX, 47)}$$

oder

$$1 + \sigma(T_1 - T_0) = (1 - \gamma\, x_1)^{-\tau\left(\frac{D}{a}\right)^{1-n}} \quad\quad \text{(IX, 48)}$$

Mit x_1 ist hier der Molbruch der limitierenden Gaskomponente im Gasgemisch bezeichnet. In allen Formeln dieses Abschnittes ist unter der Molwärme der mittlere Wert für den Temperaturbereich zwischen T_0 und T_1 zu verstehen. Für γ gilt die Beziehung (III, 10)

$$\gamma = \frac{\bar D}{\nu_1} \cdot \sum_i \frac{\nu_i}{D_i}$$

Der Ausdruck (IX, 48) stellt die gesuchte Formel für die Berechnung der Temperatur der Oberfläche unter der Berücksichtigung des STEPHAN-Stromes dar. Es ist unschwer zu erkennen, daß die Temperatur der Oberfläche herabgesetzt wird, falls der STEPHAN-Strom von der Oberfläche weggerichtet ist. Im entgegengesetzten Falle kann die Temperatur der Oberfläche den theoretischen Wert übersteigen.

Bei der Ableitung unserer Formeln wurde vorausgesetzt, daß an der Reaktion nur gasförmige Komponenten beteiligt sind. Ist dagegen der Reaktionsablauf mit der Bildung oder dem Verbrauch von *Feststoff* verbunden, so muß bei der Aufstellung der Wärmebilanz die entsprechende Wärmemenge berücksichtigt werden, die beim Entstehen des Feststoffes gebunden oder bei dessen Verbrauch freigegeben wird.

An Stelle der Gl. (IX, 40) tritt nun die Energiebilanz

$$-\lambda \cdot (\operatorname{grad} T)_n + \frac{q_1}{\nu_1} \cdot \sum_i \nu_i J_i = -q_1 \cdot \frac{\nu_f \cdot J_f}{\nu_1} \qquad (\mathrm{IX}, 49)$$

worin ν_f den stöchiometrischen Koeffizienten des Feststoffes und J_f die Enthalpie des Feststoffes bedeuten. Wir betrachten den quasistationären Ablauf und setzen die Temperatur des Feststoffes gleich der zeitlich unveränderlichen Temperatur T_1 der Oberfläche. Es gilt dann für die Enthalpie der Ausdruck

$$J_f = c_f \cdot (T_1 - T_0)$$

Die dem Vorhergehenden ähnlich verlaufende Berechnung führt zu der Beziehung

$$T_1 - T_0 = \frac{\left[(1 - \gamma\, x_1)^{-\tau\left(\frac{D}{a}\right)^{1-n}} - 1\right] \cdot \nu_1 \cdot Q(T_0)}{\sum_i \nu_i\, c_i + \nu_f\, c_f \cdot \left[1 - (1 - \gamma\, x_1)^{-\tau\left(\frac{D}{a}\right)^{1-n}}\right]} \qquad (\mathrm{IX}, 50)$$

die mit der Beziehung (IX, 48) korrespondiert. Bei der Berechnung von σ, τ und γ geht der stöchiometrische Koeffizient des Feststoffes nicht mehr ein.

Wir wollen jetzt einige Spezialfälle näher betrachten. Am einfachsten läßt sich die Oberflächentemperatur berechnen, wenn das Reaktionsgemisch stark mit einem inerten Gas oder mit einer der Reaktionskomponenten *verdünnt* ist. In diesem Falle gilt $x_1 \ll 1$; da γ die Größenordnung von 1 hat, ist auch $x_1\, \gamma \ll 1$. Wird die rechte Seite von (IX, 48) in eine Reihe nach x_1 zerlegt, so erhält man unter der getroffenen Voraussetzung angenähert

$$1 + \sigma(T_1 - T_0) = 1 + \left(\frac{D}{a}\right)^{1-n} \cdot \tau \cdot \gamma \cdot x_1$$
$$+ \frac{1}{2}\left(\frac{D}{a}\right)^{1-n} \cdot \tau \cdot \left[\left(\frac{D}{a}\right)^{1-n} \cdot \tau + 1\right] \cdot \gamma^2\, x_1^2 + \cdots$$

woraus sich die Beziehung

$$T_1 - T_0 = \left(\frac{D}{a}\right)^{1-n} \cdot \frac{\tau\, \gamma\, x_1}{\sigma}$$
$$+ \frac{1}{2}\left(\frac{D}{a}\right)^{1-n} \cdot \tau \cdot \left[\left(\frac{D}{a}\right)^{1-n} \cdot \tau + 1\right] \cdot \frac{\gamma^2\, x_1^2}{\sigma} + \cdots \qquad (\mathrm{IX}, 51)$$

ergibt. Aus (III, 10), (IX, 45) und (IX, 46) erhält man mit Rücksicht auf (IX, 22) die Beziehung

$$\frac{\tau\,\gamma\,x_1}{\sigma} = \frac{\sum\limits_i \nu_i\,c_i}{\nu_1\cdot\bar{c}}\cdot\frac{x_1\,\nu_1\,Q(T_0)}{\sum\limits_i \nu_i\,c_i} = \frac{Q(T_0)\cdot x_1}{\bar{c}} = \frac{Q(T_0)\cdot C_1}{\bar{c}\cdot\sum C} = T^* - T_0$$

Ist das Gasgemisch durch ein inertes Gas oder eine Reaktionskomponente stark verdünnt, so kann anstatt der spezifischen Wärme des Gemisches die spezifische Wärme der entsprechenden dominierenden Komponente eingesetzt werden. Zugleich kann der Unterschied der spezifischen Wärmen der Ausgangsstoffe und der Reaktionsprodukte im Vergleich zu der dominierenden Gaskomponente vernachlässigt werden, und man kann daher annehmen, daß die theoretische Temperatur T^* des adiabatischen Reaktionsablaufes durch die Formel (IX, 22) ausgedrückt wird. Man kann daher die Beziehung (IX, 51) auf die Form

$$T_1 - T_0 = \left(\frac{D}{a}\right)^{1-n}\cdot(T^* - T_0)\cdot\left\{1 + \frac{1}{2}\left[\left(\frac{D}{a}\right)^{1-n}\cdot\tau + 1\right]\cdot\gamma\,x_1\right\} \qquad (IX, 52)$$

bringen. Wird in diesem Ausdruck das zweite Glied in der geschwungenen Klammer vernachlässigt, so geht der Ausdruck in die Beziehung (IX, 28) über. Damit wird unsere Behauptung bestätigt, daß bei dem Reaktionsablauf in stark verdünnten Gasgemischen der Einfluß des STEPHAN-Stromes vernachlässigbar ist. In zweiter Näherung gibt die Formel (IX, 52) die entsprechende Korrektur für den STEPHAN-Strom an.

Nimmt an der Reaktion auch ein *Feststoff* teil, so lautet die zweite Näherung der Formel (IX, 50) für $x_1 \ll 1$

$$T_1 - T_0 = \left(\frac{D}{a}\right)^{1-n}\cdot(T^* - T_0)\cdot\frac{1 + \dfrac{1}{2}\left[\left(\dfrac{D}{a}\right)^{1-n}\cdot\tau + 1\right]\cdot\gamma\,x_1}{1 - \dfrac{\nu_f\,c_f}{\nu_1\,\bar{c}}\cdot\left(\dfrac{D}{a}\right)^{1-n}\cdot x_1} \qquad (IX, 53)$$

Wie ersichtlich, macht sich die Beteiligung der Feststoffkomponente an der Reaktion nur in dem Zusatzterm des Nenners bemerkbar und ist dort proportional der Größe x_1.

Einen anderen interessanten und einfachen Fall erhält man, wenn die Diffusionszahlen sämtlicher Gaskomponenten einander gleich sind und mit der Temperaturleitzahl des Gasgemisches nummerisch übereinstimmen und außerdem die spezifischen Wärmen sämtlicher Komponenten untereinander gleich sind. Es folgt dann aus den Beziehungen (III, 10) (IX, 45) und (IX, 46)

$$\gamma = \frac{\sum \nu_i}{\nu_1}$$

$$\tau = 1$$

$$\sigma = \frac{\sum \nu_i}{\nu_1}\cdot\frac{\bar{c}}{Q(T_0)}$$

Unter diesen Voraussetzungen geht die Formel (IX, 50), die die Beteiligung einer Feststoffkomponente berücksichtigt, in

$$T_1 - T_0 = \cdot \frac{\dfrac{Q(T_0)}{c} \cdot x_1}{1 + \dfrac{x_1}{v_1}\left(\sum_i v_i + \dfrac{v_f \cdot c_f}{c}\right)} \qquad (IX, 54)$$

über.

Obgleich die Größe $\dfrac{Q(T_0) \cdot x_1}{c}$ mit der Definition für $T^* - T_0$ übereinstimmt, bedeutet hier jedoch die so errechnete Größe T^* nicht die theoretische Temperatur des adiabatischen Reaktionsablaufes, da bei der Aufstellung der Beziehung (IX, 22) die etwaige Beteiligung einer Feststoffkomponente nicht berücksichtigt wurde.

Bei der Anwendung und kritischen Diskussion der abgeleiteten Formeln muß berücksichtigt werden, daß im allgemeinen bei hohen Temperaturen der Oberfläche, insbesondere bei der heterogenen Verbrennung noch verschiedene Nebenreaktionen im Gasvolumen ablaufen. Einerseits macht sich die Dissoziation der Verbrennungsprodukte bemerkbar, so daß die Endprodukte der Reaktion erst nach der Abkühlung der Oberfläche gebildet werden. Andererseits kann der Temperaturanstieg in der Umgebung der Oberfläche auch verschiedene homogene Reaktionen auslösen. All dies macht naturgemäß eine exakte Erfassung des Reaktionsablaufes wesentlich komplizierter. Unsere Berechnungen gelten nur für die einfachsten Fälle, wo keine homogenen Nebenreaktionen vor sich gehen. Diese Voraussetzung kann bei den meisten wirklichen Prozessen nur dadurch realisiert werden, daß das Reaktionsgemisch stark verdünnt und auf diese Weise die Temperatur der Oberfläche herabgesetzt wird. In diesem Falle sind allerdings alle Korrekturen mit Ausnahme der für die Thermodiffusion für die Berechnung recht belanglos. Aus diesem Grunde ist die Formel (IX, 28) bzw. bei erheblichem Unterschied der Molekulargewichte der einzelnen Komponenten die Beziehung (IX, 38) von zentraler Bedeutung.

Experimentelles Material

Experimentelle Untersuchungen des stationären Verlaufes der heterogenen exothermen Reaktionen wurden an der katalytischen Oxydation des Wasserstoffes und anderer brennbarer Gase an Platindrähten von DAVIES [7] und etwas eingehender von BUBEN [3] durchgeführt. Auf den Abb. 26 bis 29 sind einige Versuchsdaten von BUBEN graphisch dargestellt.

In Abb. 26 und 27 ist auf der Abszisse die Stromstärke des durch den Draht fließenden elektrischen Stromes und als Ordinate die Temperatur des Drahtes aufgetragen. Die Abb. 26 bezieht sich auf die Vorgänge im

Luft-Wasserstoffgemisch, während die Abb. 27 den Temperaturverlauf im *Luft-Ammoniakgemisch* wiedergibt. Die untere Kurve entspricht jeweils dem unteren Betriebszustand und hängt nicht von der Konzentration des brennbaren Gases ab. Die Temperatur des Platindrahtes wird hier praktisch ausschließlich durch die JOULEsche Wärme bedingt.

Erst beim Überschreiten einer gewissen Temperatur (für Wasserstoff etwa 100°, für Ammoniak etwa 200° C) tritt ein plötzlicher Temperatur-

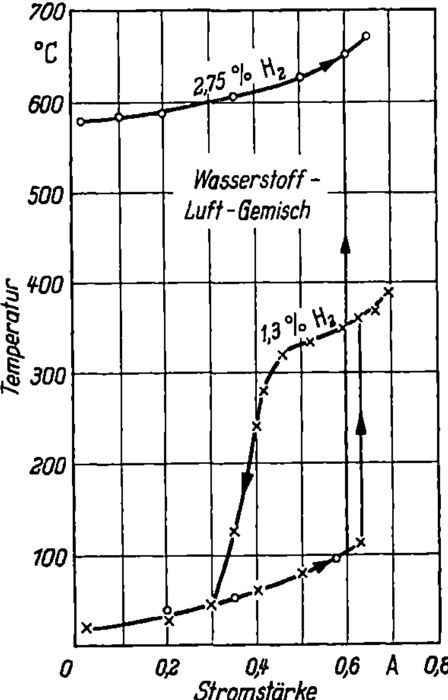

Abb. 26. Temperatur des Platindrahtes in Abhängigkeit vom elektrischen Heizstrom bei katalytischer Oxydation des Wasserstoffes. (Nach BUBEN). Abszisse = Stromstärke in *A*; Ordinate = Temperatur des Drahtes in ° C. Die Meßpunkte beziehen sich auf zwei Luft-Wasserstoffgemische unterschiedlicher Zusammensetzung

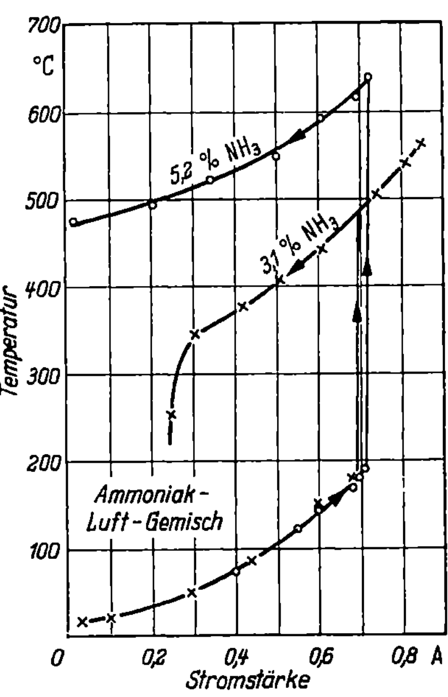

Abb. 27. Temperatur des Platindrahtes in Abhängigkeit vom elektrischen Heizstrom bei katalytischer Oxydation des Ammoniaks. (Nach BUBEN). Erläuterungen wie in Abb. 26

anstieg auf. Dieser Punkt entspricht dem Zünden der Drahtoberfläche.

Im Gegensatz zu dem unteren Temperaturverlauf hängt der obere Betriebszustand von der Konzentration der Reaktionskomponente ab. In jedem Bild sind je zwei Temperaturkurven für zwei verschiedene Konzentrationen aufgetragen. Wird nun, nach dem Zünden des Drahtes seine Temperatur durch eine entsprechende Verminderung der Stromstärke allmählich herabgesetzt, so bleibt der obere Betriebszustand auch bei den Stromstärken erhalten, die weit unterhalb der kritischen, das Zünden auslösenden Stromstärke liegen. Eine weitere Herabsetzung der Stromstärke führt schließlich zu einem mehr oder weniger schlagartigen Übergang zu der unteren Temperaturkurve, wobei das Löschen der Drahtoberfläche bei bedeutend höherer Temperatur eintritt als das Zünden. Bei Wasserstoff-Luftgemisch liegt diese Temperatur in der Nähe von 300° C und bei Ammoniak-Luftgemisch um 350° C.

Bei hinreichend hohem Gehalt des Reaktionsstoffes verharrt der Draht, selbst ohne Stromdurchgang, weiterhin im oberen Betriebszustand. Man kann in solchen Fällen die stationäre Erwärmung der Oberfläche infolge des Reaktionsablaufes unmittelbar bestimmen. Bei mageren Gemischen, bei denen die Stromausschaltung das Löschen des Drahtes verursacht, ist die stationäre Erwärmung der Reaktionsfläche als Folge des Reaktionsablaufes durch die Temperaturdifferenz zwischen der oberen und der unteren Temperaturkurve gegeben.

In den Abb. 28 und 29 ist die stationäre Erwärmung der Oberfläche als Funktion der Zusammensetzung des Gasgemisches aufgetragen. Die erste Darstellung bezieht sich auf *wasserstoffarme* Gemische, bei denen die Reaktion *durch die Wasserstoffdiffusion limitiert* wird. In der Abb. 29 sind dagegen die Versuche zusammengefaßt, die in wasserstoffreichen Gemischen

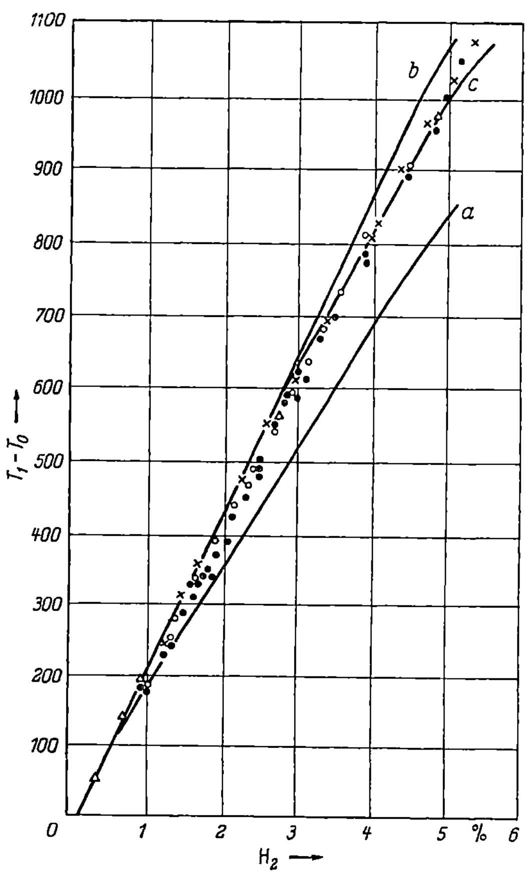

Abb. 28. Stationäre Erwärmung des Platinkatalysators bei Oxydation des Wasserstoffes in mageren Luft-Wasserstoffgemischen. (Nach Buben). Die Kurven *a*, *b* und *c* sind unter schrittweiser Berücksichtigung der Korrekturen für Stephan-Strom, Thermodiffusion und Wärmestrahlung theoretisch berechnet worden. Unterschiedliche Zeichen beziehen sich auf verschiedene Strömungsgeschwindigkeiten

durchgeführt wurden, und bei denen die *Sauerstoffdiffusion den Prozeß limitierte*. Im Gegensatz zur Abb. 28 ist hier auf der Abszisse nicht der Wasserstoffgehalt, sondern die Luftkonzentration angegeben. Die in den beiden Darstellungen mit *a* gekennzeichneten Kurven entsprechen der theoretischen Berechnung unter der Berücksichtigung des STEPHAN-Stromes; der Einfluß der Thermodiffusion und der Wärmestrahlung ist dabei unberücksichtigt geblieben. Die Kurven *b* geben den theoretischen Temperaturverlauf nach entsprechender Berücksichtigung der Thermodiffusion an. In den Gemischen, wo der Prozeß durch Diffusion der *leichteren* Gaskomponente limitiert wird, wirkt die Thermodiffusion temperaturerhöhend, weil in diesem Falle der

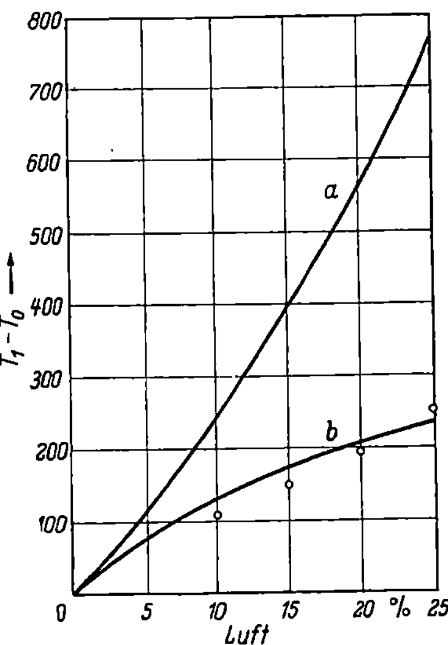

Abb. 29. Stationäre Erwärmung des Platinkatalysators bei Oxydation des Wasserstoffes in Luft-Wasserstoffgemischen mit Wasserstoffüberschuß. (Nach BUBEN). Erläuterungen wie in Abb. 28

Thermodiffusionsstrom und der gewöhnliche Diffusionsstrom gleichgerichtet sind, so daß die Gesamtdiffusion verstärkt wird. Bei den Gemischen hingegen, in denen der Prozeß durch Diffusion der *schwereren* Komponente limitiert wird (wasserstoffreiche Gemische) ist der Thermodiffusionsstrom dem gewöhnlichen Diffusionsstrom entgegengesetzt gerichtet und ruft eine Herabsetzung der Oberflächentemperatur hervor. Die Kurve *c* der Abb. 28 berücksichtigt auch die Strahlungsverluste. Bei den Gemischen mit Wasserstoffüberfluß kann diese Korrektur vernachlässigt werden, da die Erwärmung der Oberfläche sehr gering und daher die Abstrahlung unwesentlich ist.

Die unterschiedlichen Zeichen, mit denen die Versuchswerte dargestellt sind, beziehen sich auf verschiedene Strömungsgeschwindigkeiten des Gasgemisches. Wie ersichtlich, hängt die stationäre Erwärmung der Oberfläche praktisch kaum von der Strömungsgeschwindigkeit ab[1] und zeigt eine befriedigende Übereinstimmung mit den theoretisch errechneten Werten.

Bemerkenswert ist der außerordentlich große Einfluß der Thermodiffusion in wasserstoffreichen Gemischen, was auf einen erheblichen Unterschied im Molekulargewicht der einzelnen Gaskomponenten zurückzuführen ist. Dieser Einfluß ist bei den anderen Brennstoffen bedeutend schwächer ausgeprägt.

---

[1] Dieser Sachverhalt ist damit zu erklären, daß durch die Änderung der Strömungsgeschwindigkeit des Gasgemisches zwar die makroskopische Reaktionsgeschwindigkeit erhöht, zugleich aber auch die Intensität der Wärmeabführung gesteigert wird. Hiermit wird die Annahme, daß die Exponenten *m* und *n* in (IX, 26) für beide Transportvorgänge einander gleich seien, experimentell bestätigt (Pa.).

Ähnliche experimentelle Untersuchungen sind schon früher von DAVIES [7] durchgeführt worden, wobei der Verfasser schon damals zu qualitativer Schlußfolgerung kam, daß der Reaktionsablauf durch die Intensität der Diffusionsvorgänge bestimmt wird.

Stationärer Reaktionsverlauf in einer Schicht und in einem Kanal

Bei der theoretischen Behandlung des stationären Reaktionsablaufes haben wir vorausgesetzt, daß es sich hinsichtlich der Wärme- und der Stoffübertragung um eine gleichmäßig zugängliche Reaktionsoberfläche handelte.

In der Praxis sind jedoch *solche* Prozesse von großer Bedeutung, bei denen das Gas entweder durch eine Schicht oder durch einen Kanal erheblicher Länge hindurchströmt, so daß sich im Bereich dieser Schicht oder des Kanals sowohl die Temperatur als auch die Zusammensetzung des Gasgemisches ändern. Obwohl auch hier die beiden stationären Betriebszustände sowie die kritischen Übergänge im wesentlichen erhalten bleiben, bringt eine detaillierte Betrachtung dieser Vorgänge eine Reihe von Komplikationen mit sich, die mit der in die Tiefe des Körpers gerichteten Wärmeübertragung und der evtl. Ausbreitung der Reaktionszone in der Schicht bzw. im Kanal zusammenhängen.

Eine vollständige Theorie derartiger Prozesse besteht zur Zeit noch nicht. Es sind Näherungsberechnungen für einige der einfachsten Sonderfälle bekannt; so hat MAYERS [17] den thermischen Zustand an brennender Kohle und TODES und MARGOLIS [16] den thermischen Zustand in einer Katalysatorschicht für zwei Grenzfälle behandelt. Im ersten Falle vernachlässigen die Autoren die Wärmeübertragung innerhalb des porösen Kontaktes (der sog. Fall der „*dicken Kontaktschicht*") und beschränken sich nur auf die Konzentrationsänderungen innerhalb des Kontaktkörpers. Das Temperaturfeld innerhalb des Kontaktkörpers erscheint bei ihnen nur als eine Folge der Reaktionsintensität. Bei dem zweiten Grenzfall wird eine „*dünne Kontaktschicht*" vorausgesetzt, innerhalb welcher die Temperatur als konstant vorausgesetzt wird.

Wir verzichten hier auf eine detaillierte, quantitative Erfassung der Vorgänge und beschränken uns auf grundsätzliche qualitative Überlegungen. Zunächst sei hervorgehoben, daß es hier *zwei verschiedene Arten* der kritischen Bedingung der Zündung und der Löschung möglich sind. Die erste Art solcher Bedingungen, die wir bereits näher erörtert haben, hängt mit dem konduktiven Wärmetransport zusammen. Ist die in die Schicht hineingerichtete Wärmeleitfähigkeit des Festkörpers hinreichend groß, so daß es innerhalb der Schicht zum Temperaturausgleich kommt, so können die kritischen Bedingungen zweiter Art wirksam werden, die mit dem Wärmetransport zusammenhängen, welcher durch die Reaktionsprodukte besorgt wird. Kritische Bedingungen zweiter Art können auch bei homogenen, isothermen Reaktionen in einem Strahl auftreten, falls sich das frisch hinzutretende Gasgemisch mit den bereits reagierenden Komponenten vollständig vermischt. Der Gedanke, daß es derartige kritische Bedingungen geben kann, wurde zuerst von SELDOWITSCH [15] geäußert und in den Arbeiten von SELDOWITSCH und SYSIN in Verbindung mit den homogenen Reaktionen weiter entwickelt.

Wie auch bei den kritischen Erscheinungen erster Art, liegt die physikalische Ursache des Löschens und der Überführung der Reaktion in den unteren Betriebszustand darin, daß der chemische Umsatz innerhalb der Kontaktmasse bei der Temperaturerhöhung nicht beliebig intensiviert werden kann und am Mangel an Reaktionskomponenten zum Erliegen kommt[1].

Diese Vorgänge sind mit den kritischen Erscheinungen verwandt, die SELDOWITSCH [15] für homogene Reaktionen formuliert hat.

Das Auftreten der kritischen Erscheinungen innerhalb des *Schichtkatalysators* beim kinetischen Reaktionsverlauf wurde von TODES und MARGOLIS [16] am Beispiel der katalytischen Oxydation von *Isooktan* in einem Strahl nachgewiesen. Noch früher haben wir bei der Untersuchung der Verbrennung im *Kohlenschacht* auf die Möglichkeit des Auftretens derartiger Vorgänge hingewiesen. Wir wollen die von uns vorgeschlagene mathematische Theorie der kritischen Erscheinungen zweiter Art an einem sehr stark idealisierten Schema erläutern, wobei es uns in erster Linie um qualitative Diskussion der Vorgänge geht.

Wir setzen die Temperatur T der Reaktionsoberfläche über die ganze Schichttiefe bzw. Kanallänge als gleichmäßig voraus und bestimmen sie aus der Wärmebilanzgleichung

$$Q\,V\,S \cdot (C_0 - C) = \alpha \cdot \sigma \cdot (T - T_0) \qquad (IX, 55)$$

Es sind darin Q die Wärmetönung der Reaktion, V die lineare Geschwindigkeit der Gasströmung, S der freie Querschnitt der Schicht bzw. des Kanals, C_0 und C Konzentrationen des reagierenden Gases an der Ein- und Austrittseite der Schicht bzw. des Kanals, σ die Größe der Reaktionsfläche, α die Wärmeübergangszahl an das umgebende Mittel und T_0 die Temperatur dieses Mittels.

Wir nehmen ferner den einfachsten Fall an, daß die kritischen Bedingungen im kinetischen Reaktionsgebiet liegen und daß die Reaktionskinetik nach der ersten Ordnung verläuft. In diesem Falle ist die Ände-

---

[1] Diese Vorgänge können im Sinne der Diffusionskinetik in porösen Körpern (s. Kap. II) dahingehend gedeutet werden, daß infolge der Veränderung der Temperaturbedingen im Inneren des porösen Körpers die Reaktion aus dem inneren kinetischen Gebiet in das innere Diffusionsgebiet übergeht wobei sich die Eindringtiefe des oberen Betriebszustandes schlagartig ändert (Pa.).

rung der Konzentration des reagierenden Gases entlang der Schicht oder des Kanals durch die Beziehung

$$\ln\frac{C}{C_0} = -\frac{k\,\sigma}{V\,S} \qquad\qquad (IX, 56)$$

gegeben, wobei k die Reaktionskonstante bedeutet, deren Temperaturabhängigkeit dem Gesetz von ARRHENIUS gehorcht:

$$k = z \cdot \exp(-E/R\,T)$$

Aus (IX, 55) und (IX, 56) erhält man zur Bestimmung der stationären Temperatur die Gleichung:

$$\frac{k(T)\cdot\sigma}{V\,S} + \ln\left[1 - \frac{\alpha\,\sigma(T-T_0)}{Q\,V\,S\,C_0}\right] = 0 \qquad\qquad (IX, 57)$$

Wir setzen nun weiterhin den Fall $E \gg R\,T$ voraus und ziehen die bereits einige Male benutzte Näherungsdarstellung heran:

$$k = z \cdot \exp(-E/R\,T) \simeq z \cdot \exp(-E/R\,T_0) \cdot \exp\Theta \qquad (IX, 58)$$

Mit Θ ist dabei die dimensionslose Temperatur

$$\Theta = \frac{E}{R\,T_0} \cdot \frac{T-T_0}{T_0}$$

bezeichnet.

Mit diesem Näherungsausdruck kann die Gl. (IX, 57) auf die Form

$$\zeta = -\ln(1 - \nu\,\Theta)\,e^{-\Theta} \equiv f(\Theta;\nu) \qquad\qquad (IX, 59)$$

gebracht werden, worin zur Abkürzung die dimensionslosen Parameter

$$\zeta = \frac{\sigma \cdot z \cdot \exp(-E/R\,T_0)}{V\,S} \qquad\qquad (IX, 59\,a)$$

$$\nu = \frac{R\,T_0^2}{E} \cdot \frac{\alpha \cdot \sigma}{Q\,V\,S\,C_0} \qquad\qquad (IX, 59\,b)$$

eingeführt sind, von denen die Temperatur der Reaktionsoberfläche abhängt.

Eine nähere Diskussion der Funktion $f(\Theta;\nu)$ zeigt, daß sie in einem gewissen Bereiche des ν-Parameters zwei Extrema aufweist. Das hat zur Folge, daß die Gl. (IX, 59) für einen vorgegebenen ζ-Wert entweder nur eine oder zugleich drei verschiedene Lösungen besitzt, von denen jedoch nur zwei Lösungen stabilen Verhältnissen entsprechen.

Die beiden Extrema von $f(\Theta;\nu)$ nehmen hier, in Analogie zu den vorangegangenen Untersuchungen, eine Sonderstellung ein. An diesen Punkten erfolgt der spontane Übergang von einem Betriebszustand zu dem anderen. Ihre Lage erhält man aus der Bedingung $\partial f/\partial\Theta = 0$. Es folgt daraus die Beziehung

$$x_{kr} \cdot \ln x_{kr} + \nu = 0 \qquad\qquad (IX, 60)$$

wobei mit x der Ausdruck

$$0 < x \equiv 1 - \nu\,\Theta \leq 1 \qquad\qquad (IX, 60\,a)$$

bezeichnet ist.

Die Abb. 30 bringt die graphische Lösung der Gl.(IX, 60): jedem ν-Wert können dort zwei kritische Werte der Größe x_{kr} entnommen werden. Die kritischen Bedingungen des Zündens und des Löschens treten nur

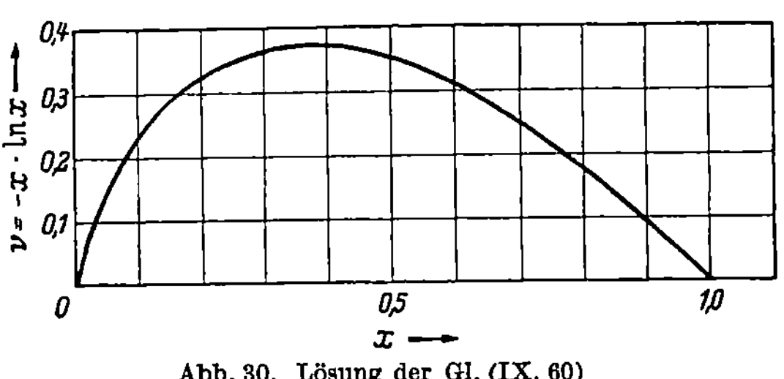

Abb. 30. Lösung der Gl. (IX, 60)

bei den Werten des ν-Parameters auf, die kleiner als $1/e$ sind. Die den kritischen Bedingungen entsprechenden Temperaturen des oberen und unteren Reaktionsverlaufes erhält man, indem die gewonnenen x-Werte in die Gl. (IX, 60a) eingesetzt werden. Die entsprechenden Werte des ζ-Parameters erhält man aus der Beziehung (IX, 59).

Es empfiehlt sich, für praktische Berechnungen an Stelle des ζ-Parameters einen neuen dimensionslosen Parameter δ

$$\delta = \frac{\zeta}{\nu} = \frac{E}{R\,T_0^2} \cdot \frac{Q}{\alpha} \cdot C_0 \cdot z \cdot \exp\left(-\frac{E}{R\,T_0}\right) \qquad (IX, 61)$$

einzuführen. Während die beiden ersten Parameter ζ und ν auch von der

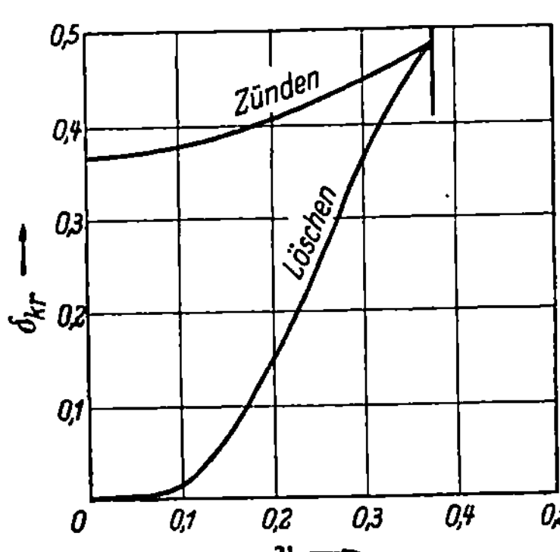

Abb. 31. Kritische Zünd- und Löschbedingungen für eine poröse Schicht oder einen Kanal

Strömungsgeschwindigkeit V abhängen, wird der neue δ-Parameter nur von der Temperatur, dem Druck, der Zusammensetzung des Gasgemisches und den Bedingungen der Wärmeübertragung beeinflußt. Dieser Parameter ist völlig analog dem gleichbezeichneten Parameter der Theorie der thermischen Entflammung bei homogenen Reaktionen (s. Kap. VI).

In der Abb. 31 sind die kritischen Werte des δ-Parameters in Abhängigkeit des dazugehörigen ν-Parameters dargestellt. Der obere Kurvenast entspricht der kritischen Bedingung des Zündens, der untere Kurvenast der kritischen Bedingung des Löschens. Für den Wert $\nu = 0$ strebt $\delta_{Zünd}$ dem Wert $1/e$ zu.

Anwendungen

Die Frage des thermischen Betriebszustandes der reagierenden Oberfläche eines Festkörpers und der Zünd- und Löschbedingungen hat eine unmittelbare praktische Bedeutung sowohl für den Verbrennungsprozeß der *Kohle* [*1*], [*6*] als auch für einige andere stark exotherme heterogen-katalytische Vorgänge, z. B. bei der Kontaktoxydation des *Ammoniaks* zur *Salpetersäure* und der *Alkohole* zu entsprechenden *Aldehyden* und *Ketonen*. Bei diesen Prozessen sind die hohen Temperaturen der Reaktionsoberfläche ohne weiteres zulässig, da der Reaktionsverlauf dadurch nicht gestört wird. Aus diesem Grunde führt man diese Vorgänge stets im oberen Temperaturzustand im Diffusionsgebiet bei starken Temperaturunterschieden zwischen der Reaktionsfläche und dem umgebenden Gas.

Anders ist es bei einigen Prozessen, wie beispielsweise bei der synthetischen Herstellung von *Benzin* aus *Wassergas* oder bei der katalytischen Oxydation der *Kohlenwasserstoffe* zu *Aldehyden*, *Alkoholen* und *Oxyden*. Hier ist eine starke Erwärmung der Reaktionsoberfläche unerwünscht, da die Reaktion bei den hohen Temperaturen in entgegengesetzter Richtung verläuft. Man ist daher bestrebt, entweder die Reaktion im unteren Temperaturzustand zu führen oder die Oberfläche intensiv zu kühlen.

Die Charakterisierung der heterogenen exothermen Prozesse hinsichtlich ihres Betriebszustandes kann mit Hilfe des dimensionslosen Parameters ξ (IX, 11) vorgenommen werden. Bei kleinen Werten dieses Parameters zeichnen sich die Prozesse durch eine schwache Erwärmung der Oberfläche aus. Der Reaktionsverlauf kann dabei durch äußere Bedingungen stetig beeinflußt werden. In solchen Fällen können der Temperaturunterschied zwischen der Oberfläche und dem Reaktionsgas sowie die Temperaturverteilung innerhalb des Kontaktkörpers außer acht gelassen werden. Bei der Berechnung der Kontaktapparate kann man dabei von räumlich konstanter Temperatur ausgehen. Dagegen kann bei größeren Werten des ξ-Parameters eine starke Erwärmung der Oberfläche auftreten, so daß sich unter Umständen große Temperaturunterschiede innerhalb der Apparatur ergeben.

Wie die Formel (IX, 11) zeigt ist der ξ-Parameter proportional der Konzentration der limitierenden Stoffkomponente; man kann daher den Wert dieses Parameters herunterdrücken, indem man die Reaktionskomponente mit einem inerten Gas verdünnt. Bei hinreichend starker Verdünnung kann der ξ-Parameter derart kleine Werte annehmen (bei den Reaktionen erster Ordnung muß der Parameter unter 4 liegen), daß der Unterschied zwischen den beiden Temperaturzuständen verschwindet. Aus diesem Grunde sucht man die technische Durchführung der stark exothermen Prozesse, die keine hohen Temperaturen vertragen, in stark verdünnten Gasgemischen vorzunehmen.

Betriebszustand der Kontakt-Apparate

Bei den üblichen Kontaktapparaten, die im wesentlichen ein mit Kontaktmasse gefülltes Rohr darstellen, sind die Bedingungen, die bei der Reaktionsführung im unteren Betriebszustand, d. h. im kinetischen

Reaktionsgebiet eingehalten werden müssen, praktisch mit denen identisch, die in Kap. VI bis VII für stationäre Temperaturverteilung aufgestellt worden sind.

Dort ist gezeigt worden, daß ein stationäres Temperaturfeld in einem unendlich langen Zylinder nur für Werte $\delta < 2$ bestehen kann. Unter λ in (VI, 14) ist die effektive Wärmeleitzahl der Kontaktmasse zu verstehen, die alle Arten der Wärmeübertragung in der Kontaktmasse erfaßt.

Die in die Formel (VI, 14) eingehende Reaktionsgeschwindigkeit $z \cdot \exp(-E/RT_0)$ ist auf die Volumeneinheit der Kontaktmasse bezogen. Wie ersichtlich, muß bei einer Erweiterung des Querschnittes des Reaktionsrohres zugleich dafür gesorgt werden, daß die Reaktionsgeschwindigkeit, etwa durch Temperaturherabsetzung oder Verminderung der Aktivität der Kontaktmasse, vermindert wird, damit der δ-Parameter den kritischen Wert nicht überschreitet. Die Reaktionsgeschwindigkeit muß dabei umgekehrt proportional der zweiten Potenz des Radius verändert werden, so daß die gesamte pro Zeiteinheit erzielte Ausbeute über dem ganzen Querschnitt des Reaktionsrohres unverändert bleibt. Daraus geht hervor, daß die Erwärmung der Kontaktmasse eine Schranke für die Reaktionsausbeute pro Längeneinheit des Reaktionsrohres bildet. Aus (VI, 14—16) geht hervor, daß die Reaktionswärme, die pro Längeneinheit des Rohres erzeugt wird, der Bedingung

$$Q \cdot \pi\, r^2 \cdot z \cdot \exp\!\left(-\frac{E}{R\,T_0}\right) < \pi \cdot \frac{\lambda}{E/R\,T_0^2} \cdot \delta_{kr}$$

genügen muß, damit das Rohr im unteren Betriebszustand arbeitet.

Die Herabsetzung der Reaktionsgeschwindigkeit kann beispielsweise durch die Verminderung der Aktivität der Kontaktmasse oder durch die Verdünnung der Reaktionskomponente mit einem inerten Gas herbeigeführt werden. Es ist dabei wichtig, zu wissen, daß die Erhöhung der Reaktionsausbeute im unteren Temperaturzustand nicht durch eine Vergrößerung des Querschnittes des Reaktionsrohres erzielt werden kann. Man muß vielmehr entweder ein längeres Reaktionsrohr oder eine größere Anzahl von Rohren gleichbleibenden Querschnittes verwenden.

Eine tatsächliche Intensivierung des Prozesses kann im unteren Temperaturzustand nur durch entsprechende Intensivierung der Wärmeabführung erzielt werden, was am einfachsten durch die Erhöhung der effektiven Wärmeleitzahl der Kontaktmasse herbeigeführt werden kann.

Eine stärkere Intensivierung des Prozesses kann erreicht werden in Apparaten mit einer intensiven, nach außen gerichteten Wärmeabführung. Dieses setzt eine Sonderkonstruktion der Apparate voraus, wobei der Katalysator zweckmäßigerweise auf einer Fläche aufgetragen wird, die von der Rückseite intensiv gekühlt wird. In solchen Apparaturen kann der Wert des ξ-Parameters so stark herabgesetzt werden, daß selbst die Prozesse, die keine nennenswerte Erwärmung der Oberfläche zulassen, im Diffusionsgebiet auf dem oberen Temperaturregime gefahren werden können.

In der Technik haben die Apparate dieser Art noch nicht die ihnen zukommende Anwendung gefunden, was in erster Linie darauf zurückzuführen ist, daß sie eine sehr genaue Wärmeberechnung erfordern, die bei dem heutigen Stand unserer Kenntnisse kaum durchzuführen ist.

Die Erwärmung der Kontaktapparate wurde von DAMKÖHLER [11] behandelt; er beschränkt sich dabei auf die Erwärmung im Mittelpunkt des Apparates, indem er eine parabolische Temperaturverteilung voraussetzt. Bei geringen Erwärmungen der Kontaktmasse führt eine derartige Behandlung des Problems ebenfalls zu der Schlußfolgerung, daß die Apparateabmessungen klein zu halten sind und daß die Wärmeleitfähigkeit der Kontaktmasse möglichst groß sein muß. In der Arbeit von DAMKÖHLER ist jedoch nicht beachtet worden, daß der Reaktionsverlauf im kinetischen Gebiet nur bei beschränkter Erwärmung der Kontaktmasse durchführbar ist, und daß bei der Erhöhung der Temperatur, sei es durch die Vergrößerung der Apparatedimensionen oder durch die Erhöhung der Reaktionsgeschwindigkeit, ein Umschlag vom unteren zum oberen Betriebszustand, wie dies in der Praxis beobachtet wird, auftreten kann.

Verbrennung der Kohle

Die entwickelten allgemeinen Überlegungen können auf den wichtigsten heterogenen Verbrennungsprozeß — die Verbrennung der Kohle — angewandt werden. Die unmittelbare Anwendung unserer kritischen Bedingungen kann allerdings durch die Beteiligung von flüchtigen Komponenten und von CO an dem Zündvorgang problematisch werden. Dieser Umstand ist besonders wichtig bei der Entflammung des Kohlenstaubes, da hier die relative Geschwindigkeit des Gases zu den Kohleteilchen gering ist und ein derartiges Teilchen praktisch von einer Schutzhülle umgeben ist, die aus den Verbrennungsprodukten gebildet wird. Je größer die relative Geschwindigkeit der Gasströmung zu der Kohlenoberfläche ist, desto geringer sind diese Komplikationen.

Im Augenblick der Entflammung verläuft die Reaktion $C + O_2$ noch im kinetischen Gebiet; es ist auch kaum anzunehmen, daß die Entwicklung der flüchtigen Komponenten dabei so intensiv vor sich geht, daß sie bereits im Diffusionsgebiet liegt. Wenn wir daher annehmen, daß auch dieser Vorgang noch im kinetischen Gebiet liegt, so folgt daraus, daß die unmittelbare Nähe der Kohlenoberfläche noch nicht wesentlich mit Abgasen angereichert ist.

Von GRODSOWSKI und TSCHUCHANOW [12] wurde festgestellt, daß, je nach den Bedingungen, die Verbrennung der Kohle unterschiedlich verläuft und dabei auch unterschiedliche Reaktionsprodukte entstehen. Bei niedrigen Temperaturen der umgebenden Gasströmung, bei geringen Sauerstoffkonzentrationen und kleinen Strömungsgeschwindigkeiten beobachtet man einen Prozeß, dessen Geschwindigkeit sehr stark von der Temperatur abhängt, und bei dem sich ein Gemisch aus CO und CO_2 bildet. Bei hohen Sauerstoffkonzentrationen, großen Strömungsgeschwindigkeiten und hohen Temperaturen ist dagegen die Reaktionsgeschwindigkeit praktisch temperaturunabhängig, erweist sich aber proportional der Strömungsgeschwindigkeit des Gases. Dabei steigt der CO-Gehalt im Gasgemisch rapide an.

Es zeigt sich jedoch, daß die experimentellen Daten von TSCHUCHANOW und seinen Mitarbeitern [13] mit unseren theoretischen Aussagen gut übereinstimmen [1], so daß es sich nicht um zwei verschiedene Reaktionen, sondern lediglich um zwei verschiedene Betriebszustände ein und derselben Reaktion handelt. Der Übergang von der Oxydation zur Verbrennung der Kohle findet unter Bedingungen statt, die in der Nähe der kritischen Bedingung des Zündens liegen.

Die rapide Zunahme des CO-Gehaltes in Abgasen beim Übergang vom unteren Betriebszustand zu dem oberen erklärt sich, wie dies bereits LANG [14] vermutet hat, durch den sprunghaften Anstieg der Oberflächentemperatur. Da unter den uns hier interessierenden Bedingungen die Wärmeabgabe der Kohlenoberfläche hauptsächlich mittels der Wärmestrahlung erfolgt, führt eine Erhöhung der Strömungsgeschwindigkeit und die damit verbundene Intensivierung des Verbrennungsprozesses zum Temperaturanstieg der Kohlenoberfläche. Die Folge davon ist der stark zunehmende CO-Gehalt.

Die lokale Erwärmung der Kohleoberfläche kann nicht mit einem Thermopaar gemessen werden, welches in die Kohle eingeführt wird. Ein solches Thermopaar würde sich im thermischen Gleichgewicht mit der Umgebung befinden und daher eine Mitteltemperatur zwischen der Temperatur der Oberfläche und der des umströmenden Gases anzeigen. Die einzige Möglichkeit der unmittelbaren Temperaturmessung der Oberfläche besteht in der optischen Bestimmung mit einem Pyrometer. Derartige Messungen sind bislang nur an einzelnen Kohlekügelchen bei geringen Strömungsgeschwindigkeiten durchgeführt worden, wobei naturgemäß nur verhältnismäßig geringe Temperaturen der Oberfläche beobachtet wurden. Ein intensives Durchblasen der brennenden Kohlenschicht zeigt überzeugend, daß es sich dabei um erhebliche lokale Erwärmung der Kohleoberfläche handelt.

Die von TSCHUCHANOW und KARSHAWINA [13] beobachtete starke Abhängigkeit der Verbrennungsgeschwindigkeit von der Sauerstoffkonzentration und der Strömungsgeschwindigkeit ist vermutlich dadurch zu erklären, daß in beiden Fällen die Temperatur der Oberfläche aus naheliegenden Gründen ansteigt.

In gemeinschaftlicher Arbeit mit KLIBANOWA [*18*] haben wir die kritischen Bedingungen des Zündens an *Kohlefäden* im Sauerstoff- und Luftstrom untersucht. In dieser Arbeit wurden der Temperaturzustand und die kritischen Bedingungen zum Studium der Reaktion zwischen dem Kohlenstoff und dem Sauerstoff bei normalem Druck herangezogen. Aus der Abhängigkeit der Zündtemperatur von der Strömungsgeschwindigkeit wurde die Aktivierungsenergie bestimmt. In Verbindung mit der Sauerstoffkonzentration ergab sich, daß die Reaktion jedenfalls nach einer *gebrochenen* Ordnung verläuft. Die letzte Schlußfolgerung wird auch durch den Umstand bekräftigt, daß die kritischen Bedingungen bei einem Sauerstoffgehalt von 2,5 % beobachtet werden konnten und erst bei 0,8 % nicht mehr in Erscheinung traten, was dem Wert $\xi = 2,67$ (IX, 11) entspricht. Wir haben bereits an einer früheren Stelle erwähnt, daß nach BUBEN [*8*] die kritischen Bedingungen nur bei Werten des ξ-Parameters auftreten können, die größer als $\left(1 + \sqrt{m}\right)^2$ sind, wobei m die Reaktionsordnung bedeutet. Man sieht unmittelbar, daß die Reaktionsordnung der von uns beobachteten Reaktionen kleiner als 1 ist, da bereits bei der Reaktion erster Ordnung der kleinste Wert des ξ-Parameters gleich 4 wäre.

Katalytische Oxydation des Isopropylalkohols

Das größte Interesse vom Standpunkt unserer Theorie verdienen die stark exothermen katalytischen Reaktionen. Diese Prozesse werden gewöhnlich im oberen Betriebszustand geführt. Zwischen dem Gas und der Oberfläche des Katalysators herrscht dabei ein großer Temperaturunterschied; der Prozeß ist autothermisch und erfordert keine zusätzlichen Heizquellen. Da dabei die kritischen Erscheinungen des Zündens und Löschens auftreten können, ist die Temperaturregelung durch die Änderung der Wärmeübergangszahl mitunter recht schwierig. Wird die Temperatur der Oberfläche zu stark herabgesetzt, so kann dies zum Löschen führen und der Prozeß wird dadurch unterbrochen. Es existiert ein gewisser Temperaturbereich, welcher in Anbetracht der Labilität des Prozesses praktisch nicht realisiert werden kann. Je größer die Aktivierungsenergie der Reaktion ist, desto schmäler ist das stabile Temperaturgebiet und desto schwieriger ist die Durchführung der Temperaturregelung.

Diese, auf unserer allgemeinen Theorie beruhenden Überlegungen haben sich bei der Entwicklung des technologischen Prozesses der katalytischen Oxydation des *Isopropylalkohols* zum *Azeton* als nützlich erwiesen [*9*].

Ein typisches Beispiel der exothermen Katalyse stellt in der anorgani-

14*

schen Technologie die Oxydation des *Ammoniaks* zur *Salpetersäure* dar. Das Gleiche gilt in der organischen Technologie für die katalytische Oxydation der *Alkohole* zu *Aldehyden* und *Ketonen.* Der einfachste Prozeß — die Überführung von *Methanol* in *Formaldehyd* — hat schon seit längerer Zeit allgemeine Verbreitung gefunden. In der letzten Zeit gewinnt auch der Prozeß der katalytischen Oxydation von *Isopropyl- alkohol* zu *Azeton* an Bedeutung. Alle diese Prozesse werden gewöhnlich an metallischen Katalysatoren durchgeführt. Bei Oxydation von Ammoniak wird Platin verwendet und bei Alkoholreaktionen Kupfer oder Silber.

Anfangs führte man die katalytische Oxydation von Alkoholen an *Kupfer*-Katalysatoren durch. Es zeigte sich aber, daß eine thermische Regelung dieser Prozesse recht schwierig war: während bei der hohen Temperatur des Katalysators eine Reihe von unerwünschten Neben- reaktionen auftrat (Bildung von Säuren, Azetaldehyd, Kohlensäure und Wasser), die die Ausbeute verringerten, erwies sich eine Herabsetzung der Temperatur des Katalysators als undurchführbar. Selbst bei starker Erwärmung war der Prozeß thermisch äußerst labil.

Diese, auf den ersten Blick paradox erscheinende Sachlage konnte mit Hilfe unserer Theorie des thermischen Zustandes der heterogenen exo- thermen Reaktionen geklärt werden. Die Ursache für die aufgetretenen Schwierigkeiten lag darin, daß die Kupferkatalysatoren zwar eine *hohe* Aktivierungsenergie, jedoch eine *geringe* absolute Reaktionsgeschwindig- keit bedingen. Dieser Umstand hat zur Folge, daß der obere Betriebs- zustand nur bei extrem hohen Temperaturen stabil ist. Jeder Versuch, die Temperatur des Katalysators herabzusetzen, führte dabei unweiger- lich zum Löschen der Oberfläche.

Bei Oxydation des *Isopropylalkohols* erwies sich eine stationäre auto- thermische Durchführung des Prozesses am Kupferkatalysator als völlig unmöglich. Die technische Durchführung ohne zusätzliche Heizung ge- lang hier nur dank der eigentümlichen Erscheinung des *Wanderns der Reaktionszone*: Zu diesem Zwecke wurde die Katalysatorschicht sehr dick gehalten, so daß sich die Reaktionszone innerhalb dieser Schicht ver- schieben konnte. Durch das Umschalten der Strömungsrichtung des Luft-Alkoholgemisches wurde die Reaktionszone abwechselnd in ent- gegengesetzter Richtung verlagert. Bei dieser Prozeßführung war die Einhaltung des thermischen Zustandes erleichtert, da die jeweils außer- halb der Reaktionszone liegende Kontaktmasse als Wärmeaustauscher fungierte.

Alle diese Schwierigkeiten wurden beim Übergang zu *Silber*-Katalysa- toren beseitigt. Die geringere Aktivierungsenergie, die die Katalyse an Silber auszeichnet, ermöglicht eine stabile Temperaturregelung in einem bedeutend größeren Temperaturbereich, ohne daß dabei das Löschen zu befürchten wäre. Es konnten daher bedeutend niedrigere Betriebstemperaturen erreicht werden, so daß zugleich eine wesentliche Abschwächung der Nebenreaktionen und somit eine erhöhte Ausbeute erzielt werden konnten. Wir müssen es uns im Rahmen dieses Buches versagen, auf eine Reihe von weiteren Fragen rein chemischer Natur einzugehen, die mit der Durchführung dieses Verfahrens [9] zusammenhängen.

Katalytische Gasanalysatoren

Eine weitere wichtige Anwendung der Theorie des thermischen Zustandes der heterogenen exothermen Reaktionen stellt die Entwicklung von katalytischen Gasanalysatoren dar. Ihre Wirkungsweise beruht darauf, daß aus der Erwärmung der Katalysatoroberfläche die Konzentration des zu bestimmenden Gases, welches an der Oberfläche reagiert, ermittelt wird.

Aus unserer Theorie folgt, daß es wünschenswert ist, den Gasanalysator im oberen stationären Betriebszustand arbeiten zu lassen, da in diesem Fall seine Anzeige weder von der Aktivität des Katalysators noch von der Strömungsgeschwindigkeit des Gases abhängig ist.

Ein derartiges Gerät ist von BRESSLER und SINOWJEW [10] für die Sauerstoffanalyse entwickelt worden.

Schrifttum

[1] FRANK-KAMENECKIJ: Ž. techn. fiz. Bd. 9 (1939) S. 1457.
[2] FRANK-KAMENECKIJ: Dokl. AN SSSR Bd. 30 (1941) S. 729.
[3] BUBEN: Sborn. rabot po fiz. chim. (dopoln. tom Ž. fiz. chim. 1946), (1947) S. 148, 154.
[4] KARŽAVIN: Rasčety po technologii svjazannogo azota (Berechnung zur Technologie des gebundenen Stickstoffes) ONTI, M. 1935.
[5] ACKERMAN: VDI, Forschungsheft Nr. 382 (1937), S. 1.
[6] BLINOV: Tr. Voronežsk. univ. Bd. XI vyp. 1 (1939).
[7] DAVIES: Philos. Mag. J. Sci. Bd. 17 (1934) S. 233; Bd. 19 (1935) S. 309; Bd. 23 (1937) S. 409.
[8] BUBEN: Ž. fiz. chim. Bd. 19 (1945) S. 250.
[9] FRANK-KAMENECKIJ, KRENCEL', ZVEREV: Chim. promyšl. Nr. 1 (1946) S. 31.
[10] BRESLER, ZINOVJEV: Bjull. Glavkisloroda, Nr. 2 (1945) S. 24.
[11] DAMKÖHLER: in EUKEN-JACOBS Chemie-Ingenieur Bd. III, 1 (1937) S. 448.
[12] GRODZOVSKIJ, ČUCHANOV: Ž. prikl. chim. Nr. 8 (1934) S. 1398; Chim. tverd. topl. Nr. 9 (1936) S. 902; Nr. 10 (1936) S. 986.
[13] ČUCHANOV: in PREDVODITELEV: Process gorenija uglja (Prozeß der Kohleverbrennung), ONTI, 1938.
[14] LANG: Z. physik. Chem. Bd. 2 (1888) S. 181.
[15] ZEL'DOVIČ: Ž. eksp.-teoret. fiz. Bd. 11 (1941) S. 493, 501.
[16] TODES, MARGOLIS: Izv. AN SSSR, Otd. chim. nauk. Nr. 1 (1946) S. 47; Nr. 3 (1946) S. 275.
[17] MAYERS: Trans. A.S.M.E. Bd. 59 (1937) S. 279; Ind. Engng. Chem. Bd. 32 (1940) S. 563.
[18] KLIBANOVA, FRANK-KAMENETZKY: Acta physicochim. URSS Bd. 18 (1943) S. 387.

Kapitel X

Periodische Prozesse in der chemischen Kinetik

Bedingungen für kleine oszillierend auftretende Abweichungen des chemischen Prozesses von seinem stationären Verlauf

Hier soll die Frage nach dem zeitlichen Verlauf einer zusammengesetzten Reaktion in einer allgemeinen, von uns vorgeschlagenen Form [1] untersucht werden. Wir bezeichnen mit x_i die Konzentrationen einzelner sich an der Reaktion beteiligender Zwischenprodukte, wobei auch die Reaktionswärme als eine chemische Komponente behandelt und die Temperatur des Systems als die dazugehörige Konzentration hinzugenommen wird.

Die Reaktionskinetik wird durch ein System von kinetischen Gleichungen

$$\frac{d x_i}{d t} = F_i(x_k) \tag{X,1}$$

bestimmt, worin x_k die Gesamtheit der x-Größen bedeutet.

Werden die rechten Seiten des Gleichungssystems gleich Null gesetzt, so erhält man ein Gleichungssystem, deren Lösungen X_i — sofern sie physikalisch sinnvoll sind — den stationären bzw. den quasistationären Konzentrationswerten entsprechen.

Die tatsächliche Reaktionskinetik kann entweder diesen quasistationären Verlauf anstreben oder — sofern gewisse Bedingungen erfüllt sind [1] — einen oszillierenden Charakter annehmen.

Bei den reaktionskinetischen Untersuchungen wird gewöhnlich stillschweigend die erste Möglichkeit als gegeben vorausgesetzt und man operiert mit den quasistationären Werten X_i, die nicht explizite von der Zeit abhängen und sich nur infolge der Konzentrationsänderungen der Ausgangsstoffe langsam verändern.

Wir wollen hier die Bedingungen für das Auftreten von periodischen Schwankungen im Reaktionsablauf aufstellen. Es sei

$$\varepsilon_i \equiv x_i - X_i \tag{X,2}$$

die Abweichung der Konzentration von ihrem quasistationären Wert. Für kleine ε-Werte kann das Gleichungssystem (X,1) angenähert auf die Form

$$\frac{d \varepsilon_i}{d t} = \sum_k \left(\frac{\partial F_i}{\partial x_k} \right)_{x=X} \cdot \varepsilon_k \equiv \sum_k f_{ik} \cdot \varepsilon_k \tag{X,3}$$

gebracht werden. Die Größen $f_{ik} \equiv (\partial F_i/\partial x_k)_{x=X}$ bestimmen den zeitlichen Ablauf des Prozesses, so daß man sie als kinetische Koeffizienten und ihre Matrix als reaktionskinetische Matrix bezeichnen kann.

In der Theorie der linearen Gleichungssysteme wird gezeigt, daß die Lösung des Systems (X, 3) die Form

$$\varepsilon_i = \sum_k C_{ik} \cdot \exp(\mu_k t) \qquad (X, 4)$$

hat, wobei C_{ik} gewisse Konstanten und μ_k die Wurzeln der charakteristischen Gleichung

$$\begin{vmatrix} f_{11} - \mu & f_{12} & f_{13} \cdots \\ f_{21} & f_{22} - \mu & f_{23} \cdots \\ f_{31} & f_{32} & f_{33} - \mu \cdots \\ \cdot \ \cdot \ \cdot \ \cdot \ \cdot \ \cdot \ \cdot \ \cdot \ \cdot \ \cdot \end{vmatrix} = 0 \qquad (X, 5)$$

sind.

Der Charakter des Reaktionsablaufes hängt von den μ_k-Wurzeln ab. Während die reellen Wurzeln den monotonen Reaktionsverlauf bedingen, weisen die komplexen Wurzeln auf den oszillierenden Charakter des Reaktionsverlaufes hin. Ist dabei der reelle Teil negativ — so handelt es sich um gedämpfte periodische Schwankungen, so daß sich schließlich der quasistationäre Verlauf stabilisiert.

Hingegen bedeutet der positive reelle Teil der Wurzeln, daß die Schwankungsamplitude entweder mit der Zeit unbegrenzt anwächst bis die Ausgangssubstanzen erschöpft werden oder einem Grenzwert zustrebt, der von den Anfangsbedingungen nicht mehr abhängt (der sogenannte *Grenzzyklus*). Ein derartiger Reaktionsverlauf wird als *stationärer selbsterregender Schwankungsprozeß* bezeichnet.

Wir betrachten nunmehr den einfachsten Fall, wenn das System (X, 1) nur aus zwei Gleichungen besteht. Die charakteristische Gl. (X, 5) lautet hier

$$\mu^2 - (f_{11} + f_{22})\mu + f_{11} f_{22} - f_{12} f_{21} = 0 \qquad (X, 6)$$

und ihre Wurzeln lauten nach einer kurzen Umformung

$$\mu = \frac{f_{11} + f_{22}}{2} \pm \sqrt{\frac{(f_{11} - f_{22})^2}{4} + f_{12} f_{21}} \qquad (X, 7)$$

Daraus folgt unmittelbar, daß die periodischen Schwankungen nur auftreten können, sofern f_{12} und f_{21} entgegengesetztes Vorzeichen haben und die Beziehung

$$2 \cdot \sqrt{-f_{12} \cdot f_{21}} > |f_{11} - f_{22}| \qquad (X, 8)$$

befriedigt ist.

Man kann die periodischen chemischen Prozesse in zwei Gruppen aufteilen: Zu der ersten gehören solche Vorgänge, bei denen die periodischen Schwankungen nur infolge der Konzentrationsänderungen auftreten. In die zweite Gruppe fallen Vorgänge, deren periodischer Charakter auch wesentlich durch die Wärmetönung und die periodische

Änderung der Temperatur bedingt wird. Man spricht in diesem Zusammenhang von den rein *kinetischen* und von den *thermokinetischen* periodischen Schwankungen.

Relaxationsbedingte periodische Schwankungen

Neben den erläuterten kinetischen periodischen Schwankungen gibt es noch Relaxationsschwankungen, die durch die stetige aber begrenzte Zufuhr des Reaktionsgemisches in das Reaktionsgefäß bedingt sind.

Solche Vorgänge wurden u. a. von RAYLEIGH [2] bei der *Oxydation* der *Phosphordämpfe* und von TOKAREW und NEKRASSOW [3] bei der *Oxydation von Wasserstoff* beobachtet.

Diese Vorgänge können stets dort auftreten, wo es den unteren Entflammungspunkt gibt. Bei der stetigen Zufuhr des Gemisches in das Reaktionsgefäß nimmt der Partialdruck der Reaktionskomponenten allmählich zu, bis der kritische Wert erreicht wird und die Zündung des Gemisches erfolgt. Dabei wird die Reaktionskomponente praktisch verbraucht, so daß das frisch hinzukommende Gemisch zunächst nicht reagiert und angereichert wird, bis der kritische Wert abermals erreicht ist usw.

Derartige Relaxationsvorgänge sollen hier nicht näher behandelt werden, und wir kehren zu den rein kinetischen Vorgängen zurück.

Das Volterra-Lotka-System

Das einfachste kinetische Schema der periodischen Schwankungen ohne thermische Wirkung läßt sich für eine autokatalytische Reaktion über zwei aktive Zwischenprodukte X und Y angeben.

Die Reaktion möge nach dem Schema

$$A \rightarrow X \rightarrow Y \rightarrow B$$

verlaufen; für die Konzentrationen der beiden Zwischenprodukte x und y können die kinetischen Gleichungen

$$\frac{dx}{dt} = k_1 \cdot a x - k_2 \cdot x y$$

$$\frac{dy}{dt} = k_2 \cdot x y - k_3 \cdot a y$$

(X, 9)

aufgestellt werden, wobei a die Konzentration vom Ausgangsstoff und k_1, k_2, k_3 die Geschwindigkeitskonstanten einzelner Reaktionen sind. Die quasistationären Konzentrationen haben die Werte

$$X = \frac{k_3}{k_2} \cdot a \qquad Y = \frac{k_1}{k_2} \cdot a \qquad (X, 10)$$

Für die kinetischen Koeffizienten f_{ik} erhält man

$$
\left.
\begin{aligned}
f_{11} &= k_1 a - k_2 Y = 0 \\
f_{12} &= -k_2 X = -k_3 a \\
f_{21} &= k_2 Y = k_1 a \\
f_{22} &= k_2 X - k_3 a = 0
\end{aligned}
\right\} \qquad (X, 11)
$$

Wie ersichtlich, wird die Bedingung (X, 8) bei beliebigen Werten der k-Konstanten erfüllt. Die kinetischen Gleichungen (X, 9) beschreiben somit einen periodischen Prozeß. Für kleine Amplituden beträgt die *Frequenz* des periodischen Vorganges

$$
\nu = \frac{a}{2\pi} \cdot \sqrt{k_1 \cdot k_3} \qquad (X, 12)
$$

Das Gleichungssystem (X, 9) wurde von LOTKA [4] und VOLTERRA [5] in Verbindung mit einer mathematischen Theorie des biologischen Existenzkampfes untersucht, wobei die Rolle der Zwischenprodukte X und Y zwei Tierarten spielten, die sich gegenseitig auffressen. LOTKA hat als erster darauf hingewiesen [6], daß diese Gleichungen auch in der chemischen Kinetik Anwendung finden können.

Wir schlugen zur Deutung der *kalten Flamme* und der *zweistufigen Oxydation der höheren Kohlenwasserstoffverbindungen* einen Reaktionsmechanismus vor, der zu den kinetischen Gleichungen (X, 9) führt. Wir nehmen dabei an, daß beispielsweise die *Oxydation* von *Benzin* durch Autokatalyse mit zwei Zwischenprodukten erfolgt. Als erstes aktives Zwischenprodukt wurden organische *Peroxyde* und als zweites *Aldehyde* festgestellt.

Periodische Vorgänge bei der Oxydation der Kohlenwasserstoffe

Eine Reihe der bekannt gewordenen experimentellen Untersuchungen bestätigt die Möglichkeit von periodisch verlaufenden chemischen Reaktionen. So haben u. a. NEWITT und TORNES [9], GERBER und PIŠČIK im Laboratorium von NEJMAN [10], DAY und PEASE [11] beobachtet, daß beim Einlaß des *Propan-Luft-* bzw. des *Propan-Sauerstoffgemisches* in ein Gefäß, welches auf eine bestimmte Temperatur vorgewärmt ist, eine Folge von kurzzeitigen Entflammungen auftritt (kalte Flamme). Es konnte bei solchen Versuchsbedingungen nur eine beschränkte Anzahl von Zündungen stattfinden, da der Vorgang infolge des eintretenden Verbrauches der Reaktionsstoffe zum Erliegen kam.

Zusammen mit GERWART [12] haben wir periodische Pulsation der kalten Flamme in einem „turbulenten Reaktor" unter ständiger Zuführung von *Benzindämpfen* und Luft bzw. Sauerstoff beobachtet. Die periodischen Vorgänge verliefen mit einer wohldefinierten Frequenz über längere Zeitabstände.

Einige bei diesen Vorgängen beobachtete quantitative Gesetzmäßigkeiten stimmen mit den Folgerungen aus dem von uns vorgeschlagenen System der kinetischen Gleichungen (X, 9) befriedigend überein. So nimmt die *Frequenz* des periodischen Vorganges in einer theoretisch zu erwartenden Weise mit steigendem Sauerstoffgehalt sowie mit steigender Temperatur zu. Die beobachtete Temperaturabhängigkeit kann durch das ARRHENIUSsche Gesetz mit der Aktivierungsenergie von 15500 kal/Mol beschrieben werden.

Andererseits ist es unverständlich, daß die Frequenz von dem im Reaktor herrschenden Druck unabhängig war und daß sie mit zunehmenden Abmessungen des Gefäßes geringer wurde.

Das Gleichungssystem (X, 9) hat einen prinzipiellen schwerwiegenden Mangel: die Amplitude der periodischen Schwankungen hängt darin von den Anfangsbedingungen ab. Durch Hinzunahme von beliebig kleinen Termen höherer Ordnung wird der Prozeß entweder gedämpft oder aufgeschaukelt. Im letzten Fall ist dieses Aufschaukeln physikalisch begrenzt, so daß sich eine stabile von den Anfangsbedingungen unabhängige Amplitude einstellt. Unsere mit SALNIKOW [*13*] durchgeführte mathematische Analyse hat gezeigt, daß die Zusatzterme nullter und erster Ordnung in x und y stets zur Dämpfung führen und erst positive quadratische Glieder das Aufschaukeln und somit das Entstehen eines selbsttätigen Grenzzyklus ermöglichen.

Der wirkliche Vorgang, den wir mit dem Gleichungssystem (X, 9) zu erfassen suchen, enthält mit Sicherheit — wenn auch noch so schwach ausgeprägte — Nebenreaktionen. [So muß z. B. das Zwischenprodukt X auf eine andere Weise erst gebildet werden, damit die Reaktion nach (X, 9) überhaupt erst in Gang gebracht wird. Bei $x = 0$ kann die Reaktion nach (X, 9) gar nicht erst beginnen.] Die Tatsache, daß es sich dabei doch um einen stationären Grenzzyklus handelt, würde uns im Rahmen des Systems (X, 9) zu der ad hoc Annahme einer Autokatalyse zweiter Ordnung (nach der Terminologie von SEMENOW [*14*] handelt es sich dann um eine Wechselwirkung der Reaktionsketten) zwingen.

GORELIK hat als erster die Vermutung ausgesprochen, daß diese Schwierigkeit behoben werden könnte, falls auch die Wärmeentwicklung und die damit verbundene Änderung der Reaktionsgeschwindigkeit mit berücksichtigt wird. Dieser Gedanke ist allerdings bislang mathematisch noch nicht durchgeführt worden.

Thermokinetische periodische Vorgänge

Als thermokinetische periodische Vorgänge bezeichnen wir *solche* chemischen Prozesse, deren periodischer Verlauf nicht nur durch periodisch schwankende Konzentrationen, sondern auch durch periodische Temperaturschwankungen bedingt wird.

Die einfachsten periodischen thermokinetischen Vorgänge treten bereits bei einer Reaktion $A \to X \to B$ auf, sofern die zweite Reaktionsstufe eine stärkere Temperaturabhängigkeit aufweist als die erste. Der Reaktionsverlauf ist in diesem Fall durch die Gleichungen

$$\left.\begin{aligned}
\frac{dx}{dt} &= f(T) - k(T) \cdot x \\
\frac{dT}{dt} &= \frac{q(x)}{c\,\varrho} - \frac{\alpha\,S}{c\,\varrho\,\omega} \cdot (T - T_0)
\end{aligned}\right\} \quad (X, 13)$$

gegeben. Es bedeuten hier: f und k die Reaktionsgeschwindigkeiten beider Reaktionsstufen, q die Geschwindigkeit der Wärmeentwicklung, α die Wärmeübergangszahl, T und T_0 die Temperatur des Reaktionsgemisches und der Umgebung, c die spez. Wärme des Gemisches, ϱ seine Dichte, ω das Volumen des Reaktionssystems und S die Wärmeaustauschfläche.

Wenn die Wärmetönung der zweiten Reaktionsstufe sowie ihre Temperaturabhängigkeit stärker sind als die der ersten Reaktionsstufe, kann der Vorgang einen periodischen Charakter bekommen: die etwa angesammelte Menge von X bedingt eine Intensivierung der zweiten Stufe, die durch die Erwärmung des Gemisches weiter beschleunigt wird. Hierdurch sinkt die Konzentration des Zwischenproduktes. Die zweite Reaktionsstufe wird dabei abgebremst, es tritt eine Abkühlung des Systems ein, so daß der Verbrauch des Zwischenproduktes verringert und seine Konzentration wiederum erhöht wird. Alsdann wiederholt sich der Vorgang von neuem. Diese Überlegungen werden durch mathematische Untersuchung bestätigt; es kann gezeigt werden, daß sich unter gewissen Bedingungen ein autoperiodischer Grenzzyklus einstellt.

Nach dem Gesetz von ARRHENIUS können die kinetischen Koeffizienten in $(X, 13)$ durch die Beziehungen

$$f = z_1 \cdot \exp(-E_1/R\,T)$$
$$k = z_2 \cdot \exp(-E_2/R\,T)$$

mit

$$E_2 > E_1$$

dargestellt werden; die Wärmeentwicklung ist dann durch den Ausdruck

$$q = Q_1 \cdot z_1 \cdot \exp(-E_1/R\,T) + Q_2 \cdot z_2 \cdot \exp(-E_2/R\,T)$$

gegeben, worin Q_1 und Q_2 die Wärmetönung beider Reaktionsstufen bedeuten. SALNIKOW hat das Gleichungssystem $(X, 13)$ für den Fall $Q_1 = 0$ näher untersucht und zeigte, daß es zu periodischen Vorgängen führen kann, die unter gewissen Bedingungen den autoperiodischen Charakter erhalten können.

Diese Untersuchungen werden mit dem Ziel weiter geführt, zu klären, ob die erläuterten periodischen Vorgänge bei *Oxydation von höheren*

Kohlenwasserstoffen als ein thermokinetischer Prozeß gedeutet werden können.

Ein weiteres Anwendungsgebiet für die thermokinetischen Prozesse bietet unter Umständen die *astrophysikalische* Theorie der Sterne.

Nach BETHE [*15*] kommen als Energiequellen im Inneren der Sterne zwei Kernreaktionen in Betracht: Reaktionen zwischen den leichten Kernen (unmittelbare Verschmelzung zweier Protonen und die anschließenden Reaktionen) und Reaktionen unter Beteiligung von . schweren Kernen (Kohlenstoffzyklus von BETHE), wobei die Reaktionen erster Gruppe eine wesentlich geringere Temperaturabhängigkeit haben als die der zweiten Gruppe.

BETHE geht von der Annahme aus, daß die Konzentration der schweren Kerne im Stern konstant ist. Wenn man jedoch diese Voraussetzung als nicht bindend erachtet und ferner gewisse hypothetische Prozesse der Entstehung und der Weiterumwandlung der schweren Kerne voraussetzt, so kann man damit rechnen, daß auch in den Sternen sich autoperiodische Vorgänge vom Typ (X, 13), deren Reaktionskinetik dem Gesetz von ATKINSON entspricht, abspielen können.

Die erwähnten hypothetischen Kernreaktionen lassen sich mit gewisser Wahrscheinlichkeit angeben.

In diesem Fall würden periodische Vorgänge — auch solche mit sehr langen Perioden, die sich der Beobachtung entziehen — eine bedeutend wichtige Rolle bei der Entwicklung der Sterne spielen als dies gewöhnlich angenommen wird.

Schrifttum

[*1*] FRANK-KAMENECKIJ: Ž. fiz. chim. Bd. 14 (1940) S. 695.
[*2*] RAYLEIGH: Proc. Roy. Soc., London, Ser. A Bd. 99 (1921) S. 372.
[*3*] TOKAREV, NEKRASOV: Ž. fiz. chim. Bd. 8 (1936) S. 504.
[*4*] LOTKA: Elements of physical biology. Baltimore 1925.
[*5*] VOLTERRA: Leçons sur la théorie mathematique de la lutte pour la vie, Paris 1932.
[*6*] LOTKA: J. Amer. chem. Soc. Bd. 42 (1920) S. 1595.
[*7*] FRANK-KAMENECKIJ: Dokl. AN SSSR Bd. 25 (1939) S. 672.
[*8*] FRANK-KAMENECKIJ: Ž. fiz. chim. Bd. 14 (1940) S. 30.
[*9*] NEWITT: TORNES: J. chem. Soc. 1937, S. 1669.
[*10*] PIŠČIK: Diplomn. rab., Leningrad ind. inst., 1939.
[*11*] DAY, PEASE: J. Amer. chem. Soc. Bd. 62 (1940) S. 2234.
[*12*] GERVART, FRANK-KAMENECKIJ: Izv. AN SSSR, otd. chim. nauk, Nr. 4 (1942) S. 210.
[*13*] FRANK-KAMENECKIJ, SAL'NIKOV: Ž. fiz. chim. Bd. 17 (1943) S. 79.
[*14*] SEMENOV: Cepnye reakcii (Kettenreaktionen), ONTI, 1934.
[*15*] BETHE: Phys. Rev. Bd. 55 (1939) S. 434.

Namenverzeichnis

Abramovič IX
Abramson 49
Ackerman 191, 213
Ajdarov 47, 48, 49
Amelin 92, 93
Andronov IX
Apin 162, 167
Arrhenius 3, 35, 40, 130, 131, 142, 150, 153, 170, 171, 179, 183, 219
Atkinson 220

Bernstejn 27
Bessel 54, 158
Bethe 220
Blasius 26, 114, 122
Blinov 41, 207, 213
Bljumberg IX, 166, 167
Boreskov VII, 1
Bredig 78
Bressler 180, 213
Bridgman 29
Brunner 46
Buben IX, 1, 2, 31, 46, 47, 48, 83, 85, 93, 101, 127, 180, 187, 188, 191, 194, 199, 200, 201, 202, 211, 213
Burke 176, 177

Chapman 94, 95, 96, 100
Chariton 162, 167
Chilton 1
Chitrin 41
Čirkov 164, 167
Clusius 94
Colburn 1
Cowling 94, 96, 100
Čuchanov 62, 84, 180, 209, 210, 312
Cuchanova 38, 39, 41, 83

Damköhler VII, 1, 31, 32, 83, 88, 93, 176, 177, 209, 213
Daniell 140, 142, 148, 169, 177
Davies 199, 213
Davis G. 34, 83
Davis G. S. 79, 84
Day 217, 220
D'jakonov 33, 84
Drinberg 74, 83
Dubinskij 41

Eagle 102, 127
Ejgenson 8, 32
Elbe VII, 54
Elovič VII, 79, 84
Enskog 94, 95
Euler 11, 12
Evans 77, 83

Fairley 65, 84
Ferguson 102, 127
Fick 9
Fischbeck VII, 34, 83
Fok 149, 167
Fourier 8, 98
Frank-Kameneckij 1, 2, 4, 7, 8, 31, 33, 34, 35, 38, 42, 46, 47, 48, 49, 83, 84, 92, 93, 101, 122, 127, 129, 148, 161, 166, 167, 170, 174, 177, 178, 180, 207, 210, 211, 213, 217, 220
Freundlich 8
Fridman IX

Gardner 74, 83
Gerber 217
Gervart 217, 220

Gol'danskij IX, 79, 84
Golovina 41
Goodmunesen 41
Gorelik 218
Grodzovskij 62, 84, 180, 209, 213
Guchman 8, 31
Gurney 78, 83

Harris 165, 167
Hellund 98, 100
Henry 80
Herzfeld 32, 40, 83
Hinshelwood 5
Hofmann 102, 115, 117, 127
Holden 75, 83
Hottel VII, 34, 42, 43, 45, 83
Howard 46, 83

Jakovlev 162, 163, 167
Jelovitsch VII, 74, 84
Jouguet 148, 169, 177

Kappenberg 74, 83
Kármán 104, 117, 118, 123, 127
Karžavin 189, 213
Karžavina 210
Kassel 54
Keldyš IX
King 46, 49, 58, 83
Kirpičev 8, 32
Klibanova IX, 2, 31, 42, 84, 180, 211, 213
Knorre VII, IX, 27, 32
Knudsen 73
Kokočašvili 165
Kolmogorov 125, 169, 177
Kontorova 131, 148, 149, 150, 167

Kostjunin 49
Kraussold 21
Krencel 1, 31, 180, 211, 213
Kuprijanoff 115, 127

Lagrange 12
Landau IX, 110, 111, 123, 125, 127
Lang 210, 213
Langmuir 7
Le Chatelier 129
Lévêque 22, 23, 32, 47
Levič 2, 31, 32, 47, 83, 110, 111, 123, 127
Lewis 54
Lifšic 110, 125, 127
Lohrisch 20
Lomonossov 2
Lotka 217, 220

Margolis 203, 204, 213
Margoulis 14, 32
Mattioli 117, 127
Maxwell 89, 91, 95
Mayers VII, 41, 203, 213
McAdams 25
Micheev 8, 32
Minskij IX, 176, 177
Mott 78, 83

Nakyama 47, 59, 83
Nalbandjan 49, 84
Nejman IX, 166, 167, 217
Nekrasov 216, 220
Nernst 46
Newitt 217, 220
Newton 12
Nikolaev 41
Nikuradse 116, 117, 118, 121, 123
Noyes 46
Nusselt 23, 169, 177

Oldenberg 164, 165, 167
Onsager 95

Paneth 32, 40, 83
Parker 42, 43, 45, 83
Pease 165, 167, 217, 220
Petrovskij 169, 177
Piščik 217, 220
Piskunov 169, 177
Pletenev 58, 83

Pohlhausen 24, 32
Poiseuille 18, 22
Pomerancew IX
Prandtl 111, 113, 114, 115, 122, 123, 127
Predvoditelev VII, 32, 38, 39, 83, 213
Priestley 75, 83
Pšežeckij 74, 84

Rayleigh 216, 220
Reynolds 21
Rice 129, 148; 162, 166, 167
Rojter 73, 83
Rubinštejn Ja. 22, 23, 32
Rubinštejn R. 74, 84

Sagulin 129
Sal'nikov IX, 218, 219, 220
Savinov 41
Ščelkin 176, 177
Schack 49
Schubina 49, 84
Schumann VII, 176, 177
Schwejkowskij 11, 127
Seldowitsch VII, IX, 1, 2, 8, 31, 66, 67, 73, 83, 142, 146, 148, 162, 163, 167, 170, 172, 174, 177, 179, 204, 213
Semečkova 40, 84
Semenov VIII, IX, 2, 4, 5, 31, 32, 49, 50, 51, 54, 55, 84, 129, 148, 149, 157, 167, 172, 175, 177, 180, 218, 220
Shabrowa 79, 84
Shaworonkow VII
Sherwood VII
Sinov'ev 180, 213
Siskin 165, 167
Smith 41
Sokol'skij 24, 25
Sommers 164, 165, 167
Sosunov 58, 83
Stephan 73, 84, 89, 93
Storch 54
Šubina 49, 84
Švejkovskij 11, 127
Sverev 1, 31, 180, 211, 213
Sysin 204

Taffanel 148
Temkin VII
Ten Bosch 114, 127
Todes VII, 129, 131, 148, 149, 150, 157, 167, 201, 204, 213
Tokarev 216, 220
Tornes 217
Tschirkow 164, 167
Tschuchanow 62, 84, 180, 209, 210, 213
Tu 34, 41, 83
Tunickij 126, 127

Uchida 47, 59, 83

Valova 49
Vaničev IX
Van 't Hoff 129, 148
Velikanov 11, 127
Vitman 39
Voevodskij IX
Volterra 217, 220
Voronkov 165, 177
Vulis VII, IX, 33, 39, 40, 41, 70, 77, 83, 84
Vyrubov 24, 25, 32

Wallot 29
Walowa 49
Wanitschew IX
Welikanow 11, 127
Witman 39
Wojewodski IX
Woronkow 175, 177
Wulis VII, IX, 33, 39, 40, 41, 70, 77, 83, 84
Wyrubow 24, 25, 32

Yamasaki 59

Žabrova 79, 84
Zagulin 29
Žavoronkov VII
Zel'dovič VII, IX, 1, 2, 8, 31, 66, 67, 73, 83, 142, 146, 148, 162, 163, 167, 170, 172, 174, 177, 179, 204, 213
Zinov'ev 180, 213
Ziskin 165, 167
Zuchanowa 38, 39, 41, 83
Zverev 1, 31, 180, 211, 213
Zysin 204

Sachverzeichnis

Adsorptionsisotherme 7
Ähnlichkeitstheorie 28, 104, 144
Äthylazid 162
Äthylenperoxyd 165
Aktivierungsenergie 3
— bei Reaktionen in porösen Körpern 69
Alkohole 207
Ammoniak, Oxydation zu Salpetersäure 64, 207, 211
—-Luftgemisch 200
Analogie von REYNOLDS 21, 112
Außenströmungsproblem 18, 24, 26
Austauschkoeffizient der Turbulenz 11
Autokatalyse 4
— bei der Diffusionsausbreitung der Flamme 147
Azetylen 166
Azomethan 162

Benzin 207, 217
Brom-Wasserstoff-Gemisch 165

Diffusion durch Poren 76
—, effektive 66
Diffusions-kinetik 2
—-reaktionsgebiet 35
—-schicht 18, 102
—-stöchiometrie 57
—-wärmeleitung 94, 191
—-zahl 9
Dimensionsanalysis 28, 128

Eindringtiefe der Reaktion 67
Entflammungstemperatur, kritische 151
Explosion, thermische 130, 149

Flammenfront
—, thermische Ausbreitung 137, 167
—, Diffusionsausbreitung 147
Flächensatz 175
Folgereaktionen 61

Gasanalysatoren, katalytische 213
Gleichgewichtsreaktionen 59
GRASHOF-Zahl 17
Grenzschicht 17
—, laminare Unterschicht 103

Hydrodynamik, chemische 2

Induktions-periode 6, 160
—-zeit, adiabatische 136
Innenströmungsproblem 18, 21, 26
Isopropyl-Alkohol 211

Katalyse
Kettenreaktionen 5
Kohle 38, 63, 209
Kohlenwasserstoffe 207
Kondensation 88, 92
Kontakt-Apparate 207
Konvektion 57, 190
—, erzwungene 15
—, freie 17, 133
—, im Schüttgut 26
Kupfer, Auflösen in Salpetersäure 47, 65

Labyrinthfaktor 71
Löschen der heterogenen Reaktion 182
Lösevorgang 46
—, Kupfer in ammoniakalischer Kupferlösung 47
—, — — Salpetersäure 47, 65

MARGOULIS-Zahl 14
Membranen
—, aktive und passive Diffusion 74
Methylnitrat 162
Mischungsweg 12

NUSSELT-Zahl 14

Osmose 74
Oxydschicht 77

Parallelreaktionen 61
Péclet-Zahl 23
Phosphor, Oxydation 216
Polygen 166
Poren-Diffusion 76
Poröse Körper 70
Prandtl-Zahl 15
Propan-Gemisch 217

Quasistationarität 52

Radius, hydraulischer 20, 125
Reaktionen, autokatalytische 64
—, endotherme 178
—, exotherme 178
—, Folge- 61
—, gebrochener Ordnung 42, 211
—, Gleichgewichts- 59
—, heterogene 2
—, mikroheterogene 78
—, Parallel- 61
—, polymolekulare 56
—, voneinander unabhängige 59
Reaktions-geschwindigkeit 2
— —, maximale 134
—-kinetik
— —, makroskopische 1
— —, wahre 1
—-kinetisches Gebiet 35
—-komponente, limitierende 58
—-ordnung 3
—-verlauf in porösen Körpern 70
—-widerstand 34

Reynolds-Zahl 15

Schmidt-Zahl 15
Schubspannung 19
Schüttgut 27
Schwankungsgeschwindigkeit 12
Schwefelwasserstoff 162
Sekretion 75
Stanton-Zahl 14
Stephan-Strom 84, 194
— — bei den Feststoffkomponenten 198
Stickoxydul 162
Stoffübergangszahl 13
Strömungskern 17

Temperaturleitzahl 10
Thermodiffusion 94, 191
Turbulenz, Austauschkoeffizient der 11
—, reine 15

Verbrennung 128
— der Kohle 38, 63, 209
—, turbulente 176

Wärmeübergangszahl 12
Wasserstoff 164, 216
—-Brom-Gemisch 164
—-Luft-Gemisch 200
Widerstandszahl 19

Zähigkeit, kinematische 10
Zeitkonstante der Wärmeabgabe 136
Zünden der heterogenen Reaktion 182